中等职业学校电气安装维修理论与实践一体化教材

电气设备安装与维修

王　建　赵金周　主编

机械工业出版社

本书根据中等职业学校电气控制与维修专业理论实践一体化课程教学大纲，参照国家职业标准编写。主要内容包括：三相异步电动机典型控制电路及其安装、调试与维修，直流电动机典型控制电路及其安装、调试与维修，常用机床控制电路的检修，电动机控制电路的设计与测绘等。每一章后面都配有相应的技能训练和复习思考题供教学使用，充分体现理论与实践有机结合的教学模式；通过联系生产实际，突出操作技能，重视学生动手能力的培养。

另外，本书配有教学电子课件，包括教案、复习思考题答案、期中与期末模拟试题等，读者可以从机械工业出版社网站下载（网址为：http://www.cmpbook.com）。

本书既可作为中等职业学校电气控制与维修专业教材，也可作为成人高校或职业技术学院相关专业的教材，还可供有关专业技术人员参考和使用。

图书在版编目（CIP）数据

电气设备安装与维修/王建，赵金周主编. —北京：机械工业出版社，2007.5（2025.8重印）
中等职业学校电气安装维修理论与实践一体化教材
ISBN 978-7-111-21348-2

Ⅰ. 电… Ⅱ. ①王…②赵… Ⅲ. ①电气设备-设备安装-专业学校-教材②电气设备-维修-专业学校-教材 Ⅳ. TM0

中国版本图书馆 CIP 数据核字（2007）第 056115 号

机械工业出版社（北京市百万庄大街22号　邮政编码100037）
策划编辑：朱　华　王振国
责任编辑：王振国　版式设计：冉晓华　责任校对：张莉娟
封面设计：马精明　责任印制：单爱军
北京盛通数码印刷有限公司印刷
2025年8月第1版·第13次印刷
184mm×260mm · 13.25 印张 · 316 千字
标准书号：ISBN 978-7-111-21348-2
定价：35.00元

电话服务　　　　　　　　　　网络服务
客服电话：010-88361066　　　机　工　官　网：www.cmpbook.com
　　　　　010-88379833　　　机　工　官　博：weibo.com/cmp1952
　　　　　010-68326294　　　金　书　网：www.golden-book.com
封底无防伪标均为盗版　　　机工教育服务网：www.cmpedu.com

中等职业学校电气安装维修理论与实践一体化
教 材 编 审 委 员 会

主 任 委 员：王　建

副主任委员：赵承荻　李　伟

委　　　员：（排名不分先后）

　　　　　　陈惠群　施利春　郭瑞红　郭　赟　陈秀梅
　　　　　　吕书勇　陈应华　徐　彤　荆宏智　朱　华
　　　　　　张　凯　刘　勇　赵金周　张　明　李宏民

本 书 主 编：王　建　赵金周

副　主　编：李　伟　李宏民　张　凯

参 编 人 员：王春晖　张　宏　施利春　李　珊　孙　凯
　　　　　　祁和义　王　一　刘洛丽　席正茂

本 书 主 审：侯艳丽

序

进入 21 世纪，我国逐渐成为"世界制造中心"，制造业赖以生存与发展的生产技术主力军是技能型人才队伍。而制造业向消费市场提供的机床、装备机械、电气设备及各种含有电力拖动与电气控制的产品中，其电气系统都占有很大的分量和起着关键作用。要想完成装备中电气系统的研发、试制、安装、维修、操作及使用，就必须有大量的电工类专业技能人才参与。鉴于我国制造业及其他工业企业的人才结构状况，维修电工、机电一体化以及电子技术专业技能人才严重缺乏，尤其是经过培训并获得职业技能资格证书的高技能人才更为奇缺，这种格局已成为制约我国工业经济快速发展的瓶颈。因此，国务院先后召开了"全国职业教育工作会议"和"全国加快培养高技能人才座谈会议"，明确提出在"十一五"期间培养技师和高级技师 190 万人，培养高级工 800 万人，使我国高技能人才总量达到 2800 万人的宏伟目标。

众所周知，高职院校、技师学院、中职学校是培养和造就中高级技能人才的主要阵地，而教材则是使这些学校向学生传授知识与技能的主要工具之一，也是人们接受终身教育和职场发展的学习工具，编写一套既能适应时代要求，又能有效地提高人才培养效果的好教材，就等于为推进技能人才培养提供了成才就业的金钥匙。

随着现代科学技术的不断发展，在电气技术方面电子元器件及变换技术的产生，电动机由直流发电机——电动机调速向各类交流调速方向快速发展；电气控制方面由接触器控制系统向可编程序控制器（PLC）系统发展；机床电气控制也由接触器控制系统向数控机床系统、计算机数控（CNC）机床快速转化。各类职业技术院校针对现代工业企业对技能人才具有极大需求的特点，大胆提出了"知识宽广够用，重在应用技能为本"的人才培养理念；又根据电气技术不断发展，人才培训理念创新和企业人才需求"特点"的时代要求，将原来的专业理论课与技能训练课分别开设的教学内容及教学模式，逐步调整为专业理论与技能训练一体化的教学内容和教学模式。因此，我们组织了长期工作在教学第一线的专家和有丰富教学经验的教师编写了这套适合中、高级技能人才培养的电气安装与维修专业的理论与实践一体化教材。

这套教材在编写原则上，着重强调了理论与实训一体化的知识内容同步、训练同步的模式。教材内容以文字、数据、图、表格相结合的方式展示给学生，以此提高学生的学习兴趣和认知的亲和力。而且，还参照相关国家职业标准规定的知识层次，但在内容上又不完全拘泥于标准，以此照顾到初级、中级技能人才接受知识和技能培训的需要，为各类技能人才培训搭建一个阶梯型架构。同时，也为满足培训、考工和读者自学的需要提供教材的配套。最后，在教材编写过程中尽可能多地充实新知识、新技术、新工艺、新内容，力求增强技术知识的领先性和实用性，重在教会接受培训的人员掌握一些新知识与新技能。本套教材主要作为中等职业学校的教材，也可作为技师学院、高职学校选用参考。

在本套教材的编写过程中，得到了许多学校领导、专家、老师的指导及帮助，在此谨向他们表示衷心的感谢。

由于我们的水平和编写时间有限，教材中难免存在错误和不足之处，诚请从事职业教育的专家、老师和广大读者批评指正。

中等职业学校电气安装维修理论与实践一体化

教材编审委员会

目 录

序

绪论 ··· 1

第一章 三相异步电动机典型控制电路及其安装、调试与维修 ············ 4

第一节 三相笼型异步电动机的正转控制电路及其安装与维修 ············ 4
一、电路图的识读 ··· 4
二、手动正转控制电路 ·· 6
三、点动控制电路 ··· 14
四、自锁控制电路 ··· 18
五、具有过载保护的接触器自锁正转控制电路 ····································· 19

技能训练1 三相笼型异步电动机的手动控制电路的安装 ······················ 21
技能训练2 三相异步电动机具有过载保护自锁控制电路的安装 ············ 24
技能训练3 三相异步电动机具有过载保护自锁控制电路的检修 ············ 28

第二节 三相笼型异步电动机的正反转控制电路及其安装与维修 ········· 33
一、倒顺开关控制电路 ·· 33
二、接触器联锁正反转控制电路 ·· 35
三、按钮联锁正反转控制电路 ·· 36
四、接触器、按钮双重联锁正反转控制电路 ·· 36

技能训练4 按钮、接触器双重联锁正反转控制电路的安装与检修 ········· 38

第三节 位置控制与自动循环控制电路及其安装与维修 ····················· 42
一、位置开关 ··· 42
二、位置控制电路 ··· 43
三、自动循环控制电路 ·· 44

技能训练5 工作台自动往返控制电路的安装与检修 ···························· 46

第四节 顺序控制与多地控制电路及其安装与维修 ··························· 49
一、顺序控制电路 ··· 49
二、多地控制电路 ··· 51

技能训练6 顺序控制电路的安装 ··· 52
技能训练7 多地控制电路的安装与检修 ·· 53

第五节 三相笼型异步电动机减压起动控制电路及其安装与维修 ········· 55
一、减压起动的概念 ·· 55
二、自耦变压器减压起动控制电路 ··· 55
三、丫—△减压起动控制电路 ·· 62
四、延边△减压起动控制电路 ·· 63

技能训练8 用时间继电器自动控制丫—△减压起动控制电路的安装 ······ 65

技能训练9　用时间继电器自动控制Y—△减压起动控制电路的检修 ·················· 68
第六节　三相笼型多速异步电动机的控制电路及其安装与维修 ······················ 70
　一、双速异步电动机的控制电路 ·· 70
　二、三速异步电动机的控制电路 ·· 72
技能训练10　双速异步电动机控制电路的安装 ·· 74
技能训练11　双速异步电动机控制电路的检修 ·· 75
第七节　三相异步电动机的制动控制电路及其安装、调试与维修 ·················· 78
　一、机械制动 ·· 78
　二、电气制动 ·· 79
技能训练12　单向起动反接制动控制电路的安装 ·· 85
技能训练13　无变压器单相半波整流能耗制动自动控制电路的安装 ················ 88
技能训练14　断电延时带直流能耗制动Y—△减压起动控制电路的检修 ········· 89
第八节　三相绕线转子异步电动机的起动与调速控制电路及其安装、
　　　　调试与维修 ·· 91
　一、三相绕线转子异步电动机的起动控制电路 ··· 92
　二、凸轮控制器控制的绕线转子异步电动机电路 ····································· 96
技能训练15　时间继电器控制的转子绕组串接电阻起动电路的安装 ················ 99
技能训练16　凸轮控制器控制的绕线转子异步电动机电路的安装与检修 ······ 101
本章小结 ··· 105
复习思考题 ·· 108

第二章　直流电动机典型控制电路及其安装、调试与维修 116

第一节　并励直流电动机基本控制电路 ··· 116
　一、并励直流电动机的起动控制电路 ·· 116
　二、并励直流电动机的调速控制电路 ·· 117
　三、并励直流电动机的正反转控制电路 ·· 119
　四、并励直流电动机的制动控制电路 ·· 119
技能训练17　并励直流电动机起动、调速基本控制电路的安装 ···················· 122
技能训练18　并励直流电动机正反转控制电路的安装 ···································· 124
技能训练19　并励直流电动机制动控制电路的安装与检修 ···························· 125
第二节　串励直流电动机的基本控制电路 ··· 127
　一、串励直流电动机的起动、调速控制电路 ·· 127
　二、串励直流电动机的正反转控制电路 ·· 128
　三、串励直流电动机的制动控制电路 ·· 129
技能训练20　串励直流电动机起动、调速控制电路的安装 ···························· 132
技能训练21　串励直流电动机正反转控制电路的安装 ···································· 133
技能训练22　串励电动机能耗制动控制电路的安装 ·· 134
技能训练23　串励电动机反接制动控制电路的安装与检修 ···························· 135
本章小结 ··· 141

复习思考题 ·· 142

第三章　常用机床控制电路的检修 ·· 143

第一节　车床控制电路的检修 ·· 143
　　一、CA6140 型卧式车床的主要结构和运动形式 ·· 143
　　二、CA6140 型卧式车床电气控制电路的分析 ··· 144
　　三、CA6140 型卧式车床常见电气故障的检修 ··· 147
　　四、CA6140 型卧式车床的调试 ·· 151
　技能训练 24　CA6140 型卧式车床控制电路的检修 ·· 154
第二节　钻床控制电路的检修 ·· 155
　　一、Z3050 型摇臂钻床的主要结构和运动形式 ·· 155
　　二、Z3050 型摇臂钻床电气控制电路的分析 ··· 156
　　三、Z3050 型摇臂钻床常见电气故障的检修 ··· 160
　技能训练 25　Z3050 型摇臂钻床控制电路的检修 ·· 161
第三节　铣床控制电路的检修 ·· 162
　　一、X6132 型万能铣床的主要结构 ··· 162
　　二、X6132 型万能铣床电气控制电路的分析 ··· 162
　　三、X6132 型万能铣床常见电气故障的检修 ··· 167
　技能训练 26　X6132 型万能铣床控制电路的检修 ·· 169
　本章小结 ·· 172
　复习思考题 ·· 173

第四章　电动机控制电路的设计与测绘 ·· 175

第一节　电动机控制电路的设计 ··· 175
　　一、控制电路设计的原则和方法 ·· 175
　　二、电气控制电路的设计步骤 ··· 176
　　三、设计控制电路时的注意事项 ·· 178
　　四、选择电动机及元器件 ·· 180
　技能训练 27　电气控制电路的设计与安装 ·· 187
第二节　电动机控制电路的测绘 ··· 190
　　一、电动机控制电路的测绘要求 ·· 191
　　二、电动机控制电路的测绘方法 ·· 191
　　三、测绘电气控制电路时的注意事项 ··· 191
　技能训练 28　电气控制电路的测绘 ··· 192
　本章小结 ·· 197
　复习思考题 ·· 199

参考文献 ··· 201

绪 论

一、电气控制系统及其组成

在工、农业和交通运输等部门中,大量使用着各种生产机械,如车床、钻床、铣床、造纸机、轧钢机等,而生产机械基本上都采用电动机拖动,用电动机拖动生产机械并使之按控制要求运转称为电力拖动。

1. 电力拖动系统的组成

电力拖动系统主要由电源、电动机、生产机械的工作机构、传动机构以及电气控制电路组成,如图 0-1 所示。

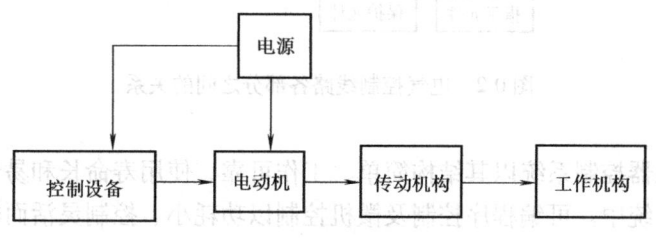

图 0-1 电力拖动系统的组成

(1) 电源　电源分别为主电路和控制电路提供电源。

(2) 电动机　电动机是生产机械的原动机,其作用是将电能转换为机械能。

(3) 电气控制设备　电气控制设备是用来控制电动机的运行,是由各种低压控制电器按一定要求和规律组成的控制电路和设备。

(4) 传动机构　传动机构是用来传递电动机与生产机构之间的动力。

2. 电气控制电路的构成和特点

电气自动化控制包括:继电器、接触器构成的控制,电子元器件构成的可编程序控制、微机构成的控制等,其中微机构成的电气控制代表了目前电气控制系统的前沿。

电气控制电路可分为主电路和控制电路。一般电气控制电路由以下部分构成:

(1) 电源及保护部分　分别为主电路和控制电路提供电源,并为主电路和控制电路提供相应的保护,以保证设备线路在发生短路故障时及时切断电源。

(2) 控制部分　一般指接在主电路中的开关或其他电气设备,使得控制系统输出信号得到响应。

(3) 测量与执行部分　由传感器、变换元件等组成,专门测量外部参量,如检测温度的温度继电器、检测位置的位置开关等。通过对测量信号的分析与判断,给出相应的运行结果。当设备出现故障时,给出相应的信息,必要时切断电源。

(4) 指示部分　分为故障指示、状态指示和操作指示等,可以是灯光指示,也可以是声音指示或其他指示。

（5）受令部分　即接受操作命令的部分。一般为主令电器，如按钮、主令开关等。

电气控制电路各组成部分之间的关系如图 0-2 所示。

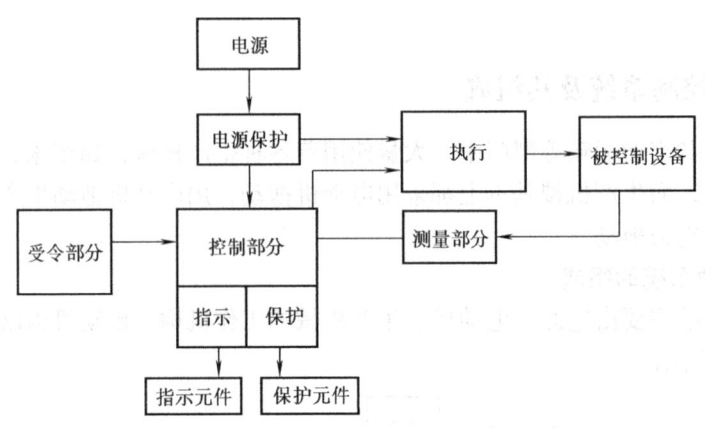

图 0-2　电气控制线路各部分之间的关系

继电器、接触器控制系统以其结构简单、工作可靠、使用寿命长和易于维修而广泛应用于各种电气控制系统中。可编程序控制及微机控制以功耗小、控制灵活而容易实现较复杂的控制，也广泛应用于大型机械设备的电气控制系统中。常见的电气控制电路板如图 0-3 所示。

3. 机床电气控制系统

机床控制是电气控制的一个重要组成部分，其主要任务是实现对主轴的转速和进给量的控制，还要完成如各种保护、冷却、照明等系统的控制，机床的电气控制系统就是用电气手段为机床提供动力，实现上述控制任务的系统。

20 世纪 40 年代以前，机床等设备主要采用继电器、接触器控制。这种控制系统可以实现生产机械的各种运动控制，并可实现逻辑控制、联锁控制和异地控制等，大大地提高了机床的自动化水平，技术简单，便于控制，至今仍被广泛的采用。

20 世纪 40 年代以后，发电机、电动机、交磁放大机—电动机直流调速系统，以其优良的调速性能，被广泛应用于电气控制系统中，不仅提高了生产设备的加工性能，还简化了生产设备传动机构。

20 世纪 60 年代开始发展起来的电力电子器件及其变换技术的发展和矢量控制技术的应用，交流调速系统有了很大的发展，在调速性能上完全可以和直流调速系统相媲美。已开始逐步取代直流电动机调速系统。

近几年出现的可编程序控制器已广泛应用于电气控制系统中，并正在逐步取代继电器－接触器控制系统。

可以预见，随着科学技术的发展，电气控制技术将继续向更高的自动化方向发展，以不断提高生产设备的加工精度、生产效率和自动化水平。

图 0-3 电气控制电路板
1—断路器 2—熔断器 3—接触器 4—继电器 5—变压器 6—伺服控制单元

二、本课程的性质、内容和要求

本课程是中等职业技术学校电气维修专业的一门集理论与技能训练为一体的课程。主要内容包括：交流电动机控制电路的安装、调试与维修；直流电动机控制电路的安装、调试与维修；常用机床电气控制电路的检修与调试；电气控制电路的设计与测绘等。

通过本课程的学习，掌握电气控制电路有关的专业理论知识和操作技能，培养理论联系实际和分析解决问题的能力，达到国家职业标准对中级工的职业要求，其具体的基本要求是：

1）掌握常用低压电器的功能、结构、原理、选用和维修方法。
2）掌握交流电动机控制电路的工作原理，并熟练进行安装、调试与维修。
3）掌握直流电动机控制电路的工作原理，并熟练进行安装、调试与维修。
4）掌握电力拖动控制电路的设计方法与测绘方法。

三、学习中应注意的问题

1）正确处理理论学习与技能训练的关系，要突出技能训练。
2）注意理论联系实际，注重培养独立分析问题和解决问题的能力。
3）在技能训练中，注意培养爱护工具和设备、安全文明生产的好习惯，严格执行电工安全操作规程。

第一章　三相异步电动机典型控制电路及其安装、调试与维修

学习目标

在生产实践中，一台生产机械的控制电路可以比较复杂或简单，但总是由一些基本控制电路有机地组合起来，电动机常见的基本控制电路有以下几种：点动控制电路、正转控制电路、正反转控制电路、位置控制电路、多地控制电路、减压起动控制电路、调速控制电路和制动控制电路等。

本章的学习目标：
1. 识读三相交流电动机的典型控制电路图。
2. 掌握安装三相交流电动机典型控制电路的技能。
3. 掌握维修三相交流电动机的典型控制电路的技能。

第一节　三相笼型异步电动机的正转控制电路及其安装与维修

一、电路图的识读

1. 电路图

电路图是根据生产机械运动形式对电气控制系统的要求，采用国家统一规定的电气图形符号和文字符号，按照电气设备和电器的工作顺序，详细表示电路、设备或成套装置的全部基本组成的连接关系，而不考虑其实际位置的一种简图。

电路图能充分表达电气设备和电器的用途、作用和工作原理，是电气线路安装、调试和维修的理论依据。

识读电路图时应遵循以下原则：

1) 电路图一般分电源电路、主电路和辅助电路三部分进行绘制。

①电源电路画成水平线，三相交流电源相序 L1、L2、L3 自上而下依次画出，中性线 N 和保护地线 PE 依次画在相线之下。直流电源的"＋"端画在上边，"－"端在下边画出。电源开关要水平画出。

②主电路是指受电的动力装置及控制、保护电器的支路等，它是由主熔断器、接触器的主触头、热继电器的热元件以及电动机等组成。主电路通过的电流是电动机的工作电流，其

电流较大。主电路要画在电路图的左侧并垂直于电源电路。

③辅助电路一般包括控制主电路工作状态的控制电路；显示主电路工作状态的指示电路；提供机床设备局部照明的照明电路等。它是由主令电器的触头、接触器线圈及辅助触头、继电器线圈及触头、指示灯和照明灯等组成。辅助电路通过的电流都较小，一般不超过5A。画辅助电路时，辅助电路要跨接在两相电源线之间，一般按照控制电路、指示电路和照明电路的顺序依次垂直画在主电路的右侧，且电路中与下边电源线相连的耗能元件（如接触器和继电器的线圈、指示灯、照明灯等）要画在电路图的下方，而电器的触头要画在耗能元件与上边电源线之间。为读图方便，一般应按照自左至右、自上而下的排列来表示操作顺序。

2）电路图中，各电器的触头位置都按电路未通电或电器未受外力作用时的常态位置画出。分析原理时，应从触头的常态位置出发。

3）电路图中，不画出各电器元件实际的外形，而采用国家标准统一规定的电气图形符号。

4）电路图中，同一电器的各元件不按它们的实际位置画在一起，而是按其在线路中所起的作用分画在不同电路中，但它们的动作却是相互关联的，因此，必须标注相同的文字符号。若图中相同的电器较多时，需要在电器文字符号后面加注不同的数字，以示区别，如KM1、KM2等。

5）画电路图时，应尽可能减少线条和避免线条出现交叉。对有直接电联系的交叉导线的连接点，要用小黑圆点表示；无直接电联系的交叉导线则不画小黑点。

6）电路图采用电路编号法，即对电路中的各个接点用字母或数字编号。

①主电路在采用电源开关的出线端按相序依次编号为U11、V11、W11。然后按从上至下、从左至右的顺序，每经过一个电器元件后，编号要递增，如U12、V12、W12；U13、V13、W13……单台三相交流电动机（或设备）的三根引出线按相序依次编号为U、V、W。对于多台电动机引出线的编号，为了不致引起误解和混淆，可在字母前用不同的数字加以区别，如1U、1V、1W；2U、2V、2W……

②辅助电路编号按"等电位"原则从上至下、从左至右的顺序用数字依次编号，每经过一个电器元件后，编号要依次递增。控制电路编号的起始数字必须是1，其他辅助电路编号的起始数字依次递增100，如照明电路编号从101开始；指示电路编号从201开始等。

2. 接线图

接线图是根据电气设备和电器元件的实际位置和安装情况绘制的，只用来表示电气设备和电器元件的位置、配线方式和接线方式，而不明显表示电气动作原理。主要用于安装接线、线路的检查维修和故障处理。绘制、识读接线图应遵循以下原则：

1）接线图中一般示出如下内容：电气设备和电器元件的相对位置、文字符号、端子号、导线号、导线类型、导线截面积、屏蔽和导线绞合等。

2）所有的电气设备和电器元件都按其所在的实际位置绘制在图纸上，且同一电器的各元件根据其实际结构，使用与电路图相同的图形符号画在一起，并用点划线框上，其文字符号以及接线端子的编号应与电路图中的标志一致，以便对照检查接线。

3）接线图中的导线有单根导线、导线组（或线扎）、电缆等之分，可用连续线和中断线来表示。凡导线走向相同的可以合并，用线束来表示，达到接线端子板或电器元件的连接点时可以再分别画出。在用线束来表示导线组、电缆等时可用加粗的线条表示，在不引起误解的情况下也可采用部分加粗。另外，导线及线管的型号、根数和规格应标注清楚。

3. 布置图

布置图是根据电器元件在控制板上的实际安装位置，采用简化的外形符号（如正方形、矩形、圆形等）而绘制的一种简图。它不表达各电器元件的具体结构、作用、接线情况以及工作原理，主要用于电器元件的布置和安装。图中各电器的文字符号必须与电路图和接线图的标注相一致。

在实际中，电路图、接线图和布置图要结合起来使用。

电路图、接线图和布置图有哪些联系？它们在电气图中各起什么作用？

二、手动正转控制电路

手动正转控制电路是通过低压开关来控制电动机的起动和停止的，工厂中常用来控制三相电风扇和砂轮机等设备。常见的手动正转控制电路如图1-1所示。

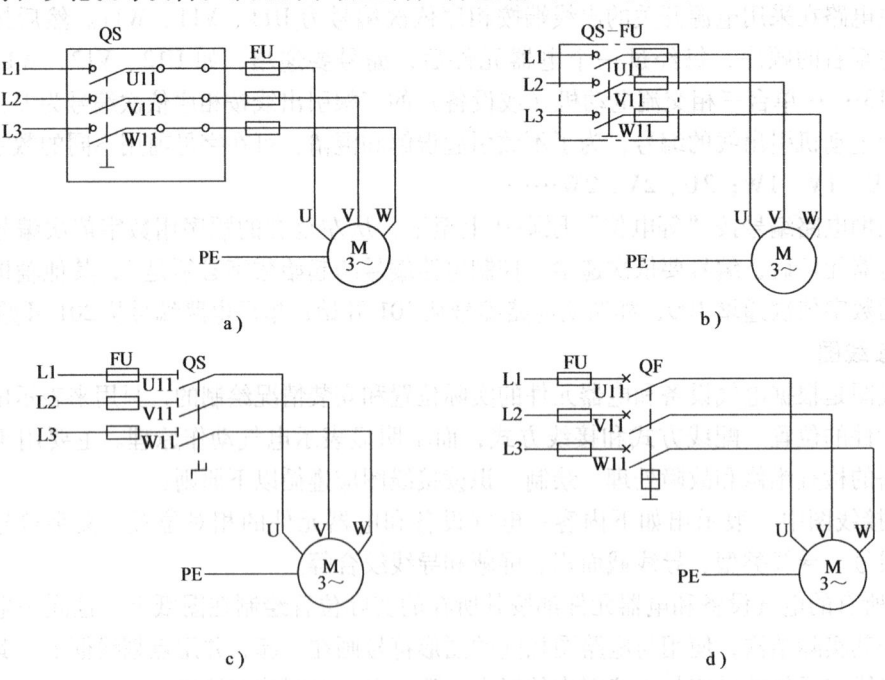

图1-1 手动正转控制电路
a）用开启式负荷开关控制 b）用封闭式负荷开关控制
c）用组合开关控制 d）用低压断路器控制

1. 低压开关

低压开关主要作隔离、转换及接通和分断电路用，多数用作机床电路的电源开关和局部照明电路的开关，有时也可用来直接控制小容量电动机的起动、停止和正反转。低压开关一般为非自动切换电器，常用的有刀开关、组合开关和低压断路器。

最常用的刀开关是由刀开关和熔断器组合而成的负荷开关。负荷开关又分为开启式和封闭式两种。

（1）开启式负荷开关　开启式负荷开关简称刀开关。生产中常用的是HK系列开启式负荷开关，适用于照明、电热设备及小容量电动机控制电路中，供手动和不频繁接通和分断电路，并起短路保护作用。HK系列负荷开关由刀开关和熔断器组合而成，其结构和图形符号如图1-2所示。开启式负荷开关的结构简单，价格便宜，在一般的照明电路和功率小于5.5kW的电动机控制电路中被广泛采用。但这种开关没有专门的灭弧装置，其刀式动触头和静夹座易被电弧灼伤引起接触不良，因此不宜用于操作频繁的电路。

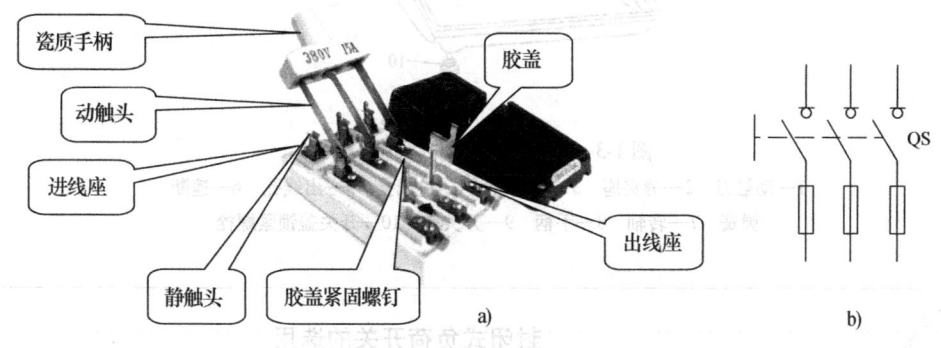

图1-2　开启式负荷开关
a）结构　b）图形符号

开启式负荷开关型号及含义如下：

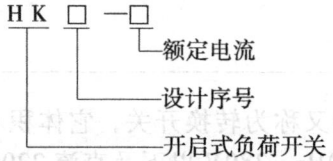

（2）封闭式负荷开关　封闭式负荷开关是在开启式负荷开关的基础之上改进设计的一种开关。其灭弧性能、操作性能、通断能力和安全防护性能都优于开启式负荷开关。因其外壳多为铸铁或用薄钢板冲压而成，故俗称封闭式负荷开关。可用于手动不频繁的接通和断开带负荷的电路以及作为线路末端的短路保护，也可用于控制15kW以下的交流电动机不频繁的直接起动和停止。

封闭式负荷开关型号及含义如下：

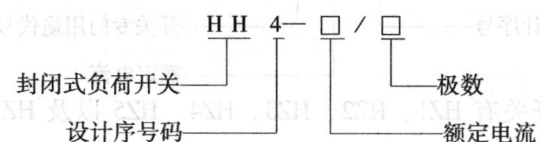

常用的封闭式负荷开关有：HH3、HH4 系列。其中 HH4 系列为全国统一设计产品，其结构如图1-3 所示。它主要由刀开关、熔断器、操作机构和外壳组成。它具有两个特点：一是采用储能分合闸方式，提高开关的通断能力，延长其使用寿命；二是设置了联锁装置，确保了操作安全。

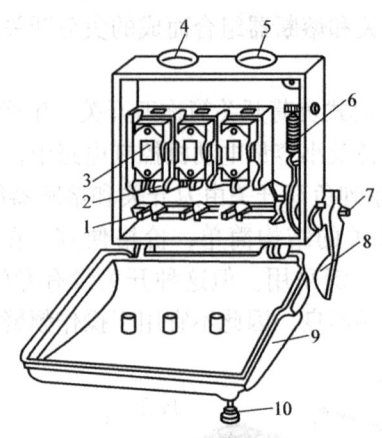

图1-3　HH 系列封闭式负荷开关
1—动触刀　2—静夹座　3—熔断器　4—进线孔　5—出线孔　6—速断弹簧　7—转轴　8—手柄　9—开关盖　10—开关盖锁紧螺栓

封闭式负荷开关的选用

选用封闭式负荷开关时应使其额定电压不应小于线路工作电压；用于照明、电热负荷的控制时，开关额定电流应不小于所有负载额定电流之和；用于控制电动机时，开关的额定电流应不小于电动机额定电流的 3 倍。

小知识

（3）组合开关　组合开关又称为转换开关，它体积小，触头对数多，接线方式灵活，操作方便，常用于交流 50Hz、380V 以下及直流 220V 以下的电气线路中，供手动不频繁的接通和断开电路、换接电源和负载以及控制 5kW 以下的交流电动机的起动、停止和正反转。

组合开关的型号和含义如下：

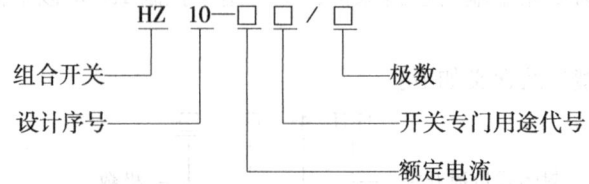

HZ 系列组合开关有 HZ1、HZ2、HZ3、HZ4、HZ5 以及 HZ10 等系列产品。其中

HZ10 系列是全国统一设计产品，具有性能可靠、结构简单、组合性强、寿命长等优点，目前在生产中得到广泛应用。

HZ10—10/3 型组合开关的外形与结构如图 1-4 所示。开关的三对静触头分别安装在三层绝缘垫板上，并附有接线柱，用于与电源及用电设备相连接。动触头是由磷铜片（或硬纯铜片）和具有良好灭弧性能的绝缘钢纸板铆合而成，并和绝缘垫板一起套在附有手柄的方形绝缘转轴上。手柄和转轴能在平行于安装面的平面内沿顺时针或逆时针方向转动 90°，从而带动三个动触头分别与三对静触头保持接触或分离，以实现接通或分断电路的目的。开关的顶盖部分是由滑板、凸轮、扭簧和手柄等构成的操作机构。由于采用了扭簧储能，可使触头快速闭合或分断，从而提高了开关的通断能力。组合开关的绝缘垫板可以一层层组合起来，并按不同的方式配置触头，可得到不同的控制要求。HZ10—10/3 型组合开关在电路中的符号如图 1-4c 所示。

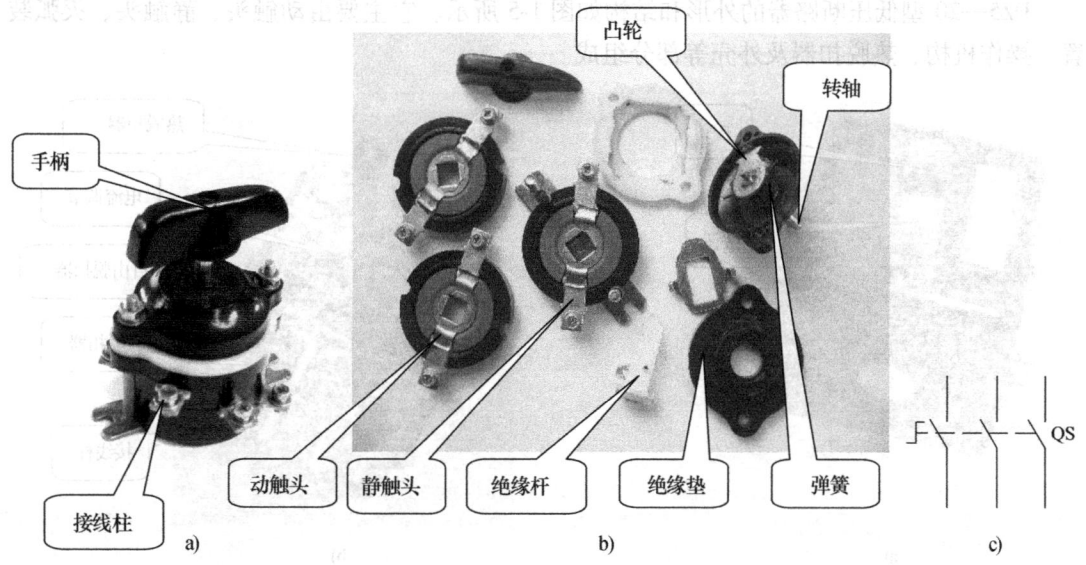

图 1-4　HZ10—10/3 型组合开关
a）外形　b）结构　c）图形符号

组合开关中，有一类是专为小容量三相异步电动机的正反转而设计的，如 HZ3—132 型组合开关，俗称倒顺开关或可逆开关。

（4）低压断路器　低压断路器简称断路器。它是低压配电网络和电力拖动系统中常用的一种配电电器，它集控制和多种保护功能于一体，在正常情况下可用于不频繁接通和断开电路以及控制电动机的运行。当电路发生短路、过载和失电压等故障时，能自动切断故障电路、保护电路和电气设备。低压断路器具有操作安全、安装使用方便、工作可靠、动作值可调、分断能力较高、兼顾多种保护、动作后不需要更换元件等优点，因此得到了广泛作用。

低压断路器按结构形式可分为塑壳式、框架式、限流式、直流快速式、灭磁式和漏电保护式等六类。

常用的低压断路器是 DZ 系列塑壳式断路器，如 DZ5 系列和 DZ10 系列。其中，DZ5 为小电流系列，额定电流为 10~50A；DZ10 为大电流系列，额定电流有 100A、250A、600A 三种。低压断路器的型号及含义如下：

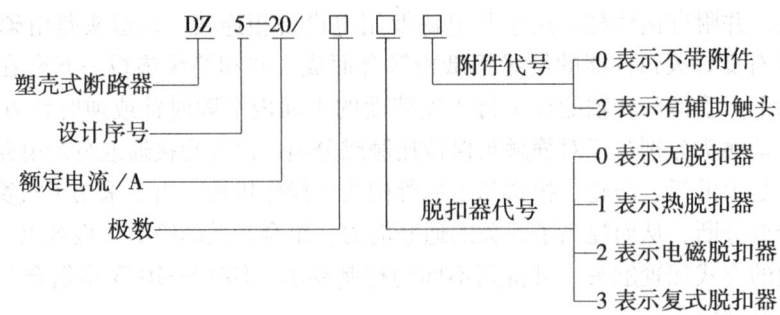

DZ5—20 型低压断路器的外形和结构如图 1-5 所示。它主要由动触头、静触头、灭弧装置、操作机构、热脱扣器及外壳等部分组成。

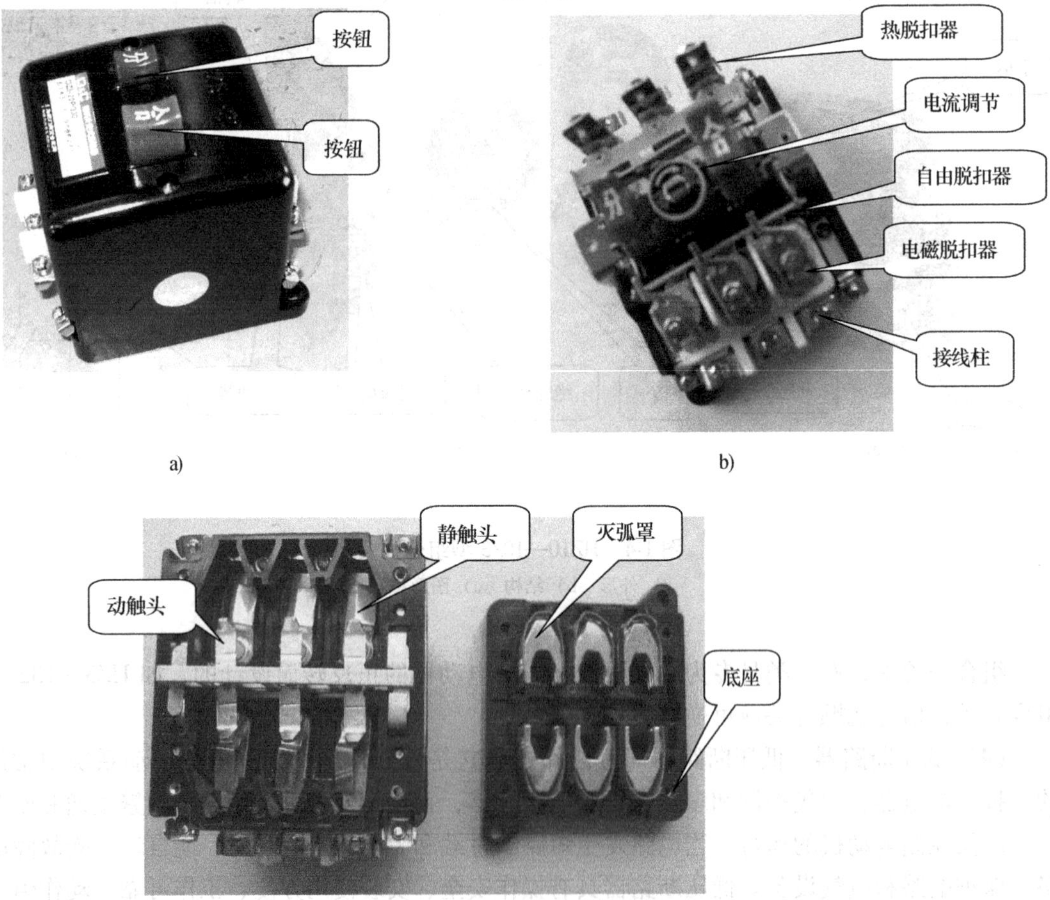

图 1-5　DZ5—20 型低压断路器
a) 外形　b) 正面结构　c) 内部结构

断路器的工作原理如图 1-6 所示，使用时断路器的三对主触头串联在被控制的三相电路中，按下接通按钮时，外力使锁扣克服弹簧的反作用力，将固定在锁扣上面的静触头闭合，并由锁扣锁住搭钩使动静触头保持闭合，于是开关处于接通状态。

当线路发生过载时，过载电流流过热元件产生一定的热量，使双金属片受热向上弯曲，通过杠杆推动搭钩与锁扣脱开，在反作用弹簧的作用下，动、静触头分开，从而切断电路，保护电气设备。

当线路发生短路故障时，短路电流使电磁脱扣器产生强大的吸力将衔铁吸合，通过杠杆推动搭钩与锁扣分开，从而切断电路，实现短路保护。低压断路器出厂时，电磁脱扣瞬时整定电流一般为 10 倍的额定电流 I_N。

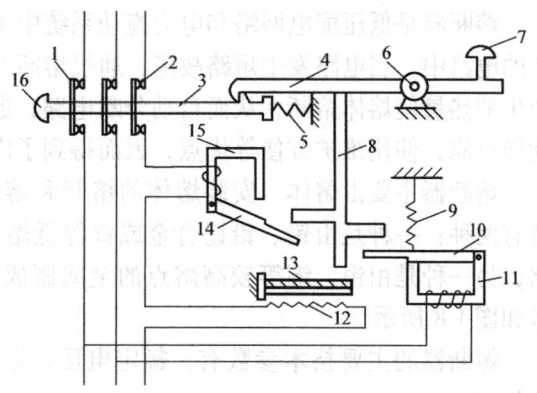

图 1-6　低压断路器的工作原理示意图

1—动触头　2—静触头　3—锁扣　4—搭钩　5—反作用弹簧　6—转轴座　7—分断按钮　8—杠杆　9—拉力弹簧　10—欠电压脱扣器衔铁　11—欠电压脱扣器　12—热元件　13—双金属片　14—电磁脱扣器衔铁　15—电磁脱扣器　16—接通按钮

欠电压脱扣器的动作过程与电磁脱扣器的动作过程正相反。因此，对于具有欠电压脱扣器的断路器，在欠电压脱扣器两端电压或电压过低时，不能接通电路。低压断路器的符号如图 1-7 所示。

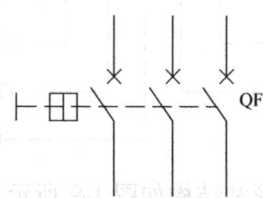

图 1-7　低压断路器的符号

断路器的选用

小知识

1) 断路器的工作电压大于或等于线路或电动机的额定电压。

2) 断路器的额定电流大于或等于线路的实际工作电流。

3) 热脱扣器的整定电流等于所控制的电动机或其他负载的额定电流。

4) 电磁脱扣器的瞬时动作整定电流大于负载电路正常工作时可能出现的峰值电流。

对于单台电动机的主电路，电磁脱扣器的额定电流 I_{NL} 可按下式选取：

$$I_{NL} \geq K I_{st}$$

式中　K——称为安全系数，对 DZ 型取 $K=1.7$，对 DW 型取 $K=1.35$；

　　　I_{st}——电动机的起动电流。

5) 断路器欠电压脱扣器的额定电压等于线路额定电压。

2. 熔断器

熔断器是低压配电网络和电力拖动系统中主要用作短路保护的电器。使用时串联在被保护的电路中，当电路发生短路故障，通过熔断器的电流达到或超过某一规定值时，以其自身产生的热量使熔体熔断，从而自动分断电路，起到保护作用。它具有结构简单，价格便宜，动作可靠，使用维护方便等优点，因而得到了广泛的应用。

熔断器主要由熔体、安装熔体的熔管和熔座三部分组成。熔体的材料通常有两种：一种是由铅、铅锡合金或锌等低熔点材料制成，多用于小电流电路；另一种是由银、铜等较高熔点的金属制成，多用于大电流。熔断器的符号如图 1-8 所示。

熔断器的主要技术参数有：额定电压、额定电流、分断能力和时间—电流特性。

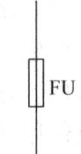

图 1-8 熔断器符号

额定电压是指保证熔断器能长期正常工作的电压。额定电流是指保证熔断器长期正常工作的电流。它是由熔断器各部分长期工作的允许温升决定的。

熔断器按结构形式分为半封闭插入式、无填料封闭管式、有填料封闭管式。常用的低压熔断器有以下几种：

（1）RC1A 系列插入式熔断器　RC1A 系列插入式熔断器属于半封闭插入式，型号及含义如下：

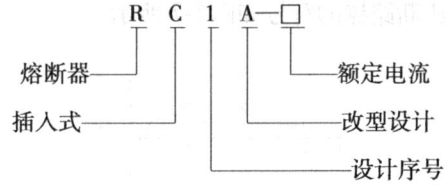

RC1A 系列插入式熔断器的外形和结构如图 1-9 所示。它由瓷座、瓷盖、动触头、静触头和熔丝五部分组成。主要用于交流 50Hz、额定电压 380V 及以下、额定电流 200A 及以下的低压线路的末端或分支电路中，作为电气设备的短路保护及一定程度的过载保护。

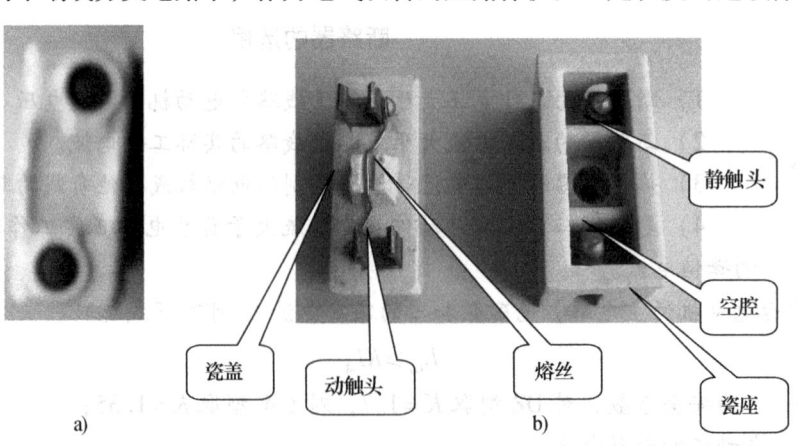

图 1-9 RC1A 系列插入式熔断器
a）外形　b）结构

(2) RL1 系列螺旋式熔断器 RL1 系列螺旋式熔断器的型号及含义如下：

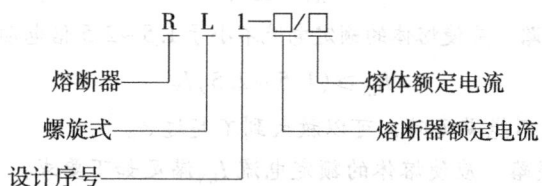

它属于有填料封闭管式熔断器，主要由瓷帽、熔断管、瓷套、上接线座、下接线座及瓷座等部分组成，其结构如图 1-10 所示。

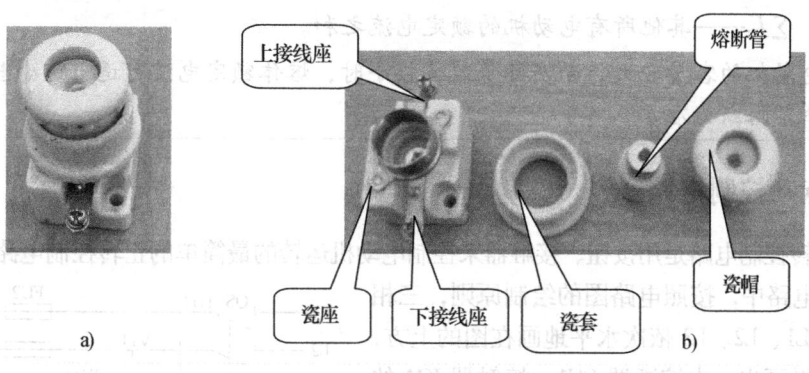

图 1-10 RL1 系列螺旋式熔断器
a) 外形 b) 结构

RL1 系列熔断器的分断能力较高，结构紧凑，体积小，安装面积小，更换熔体方便，工作安全可靠，广泛用于控制箱、配电屏、机床设备及振动较大的场合，在交流额定电压 550V、额定电流 200A 及以下的电路中，作为短路保护器件。

常见的熔断器还有 RM10 系列无填料封闭管式熔断器和快速熔断器。RM10 系列无填料封闭管式熔断器主要由熔断管、熔体、夹头及夹座等部分组成。它适用于交流 50Hz、额定电压 380V 或直流 440V 及以下电压等级的动力网络和成套配电设备中，作为导线、电缆及较大容量的电气设备的短路和连续过载保护。快速熔断器又称为半导体保护用熔断器，主要用于半导体功率元件的过电流保护。它的结构简单，使用方便，动作灵敏可靠。目前常用的快速熔断器有 RS0、RS3、RLS2 等系列。

小知识

熔断器的选用

熔断器选用时应根据使用环境和负载性质选择适合类型；熔体额定电流的选择应根据负载性质选择；熔断器的额定电压必须大于或等于线路的额定电压，熔断器的额定电流必须大于或等于所装熔体的额定电流；熔断器的分断能力应大于电路中可能出现的最大短路电流。

对于不同的负载，熔体按以下原则选用：

(1) 照明和电热线路 应使熔体的额定电流 I_{RN} 稍大于所有负载的额定电流 I_N 之和。

$$I_{RN} \geqslant \sum I_N$$

(2) 单台电动机线路　应使熔体的额定电流不小于1.5~2.5倍电动机的额定电流I_N，即

$$I_{RN} \geqslant (1.5 \sim 2.5)I_N$$

起动系数取2.5仍不能满足时，可以放大到不超过3。

(3) 多台电动机线路　应使熔体的额定电流I_{RN}满足如下要求：

$$I_{RN} \geqslant (1.5 \sim 2.5)I_{NMAX} + \sum I_N$$

式中　I_{NMAX}——最大一台电动机的额定电流；

$\sum I_N$——其他所有电动机的额定电流之和。

如果电动机的容量较大，而实际负载又较小时，熔体额定电流可适当选小些，小到以起动时熔体不熔断为准。

三、点动控制电路

点动正转控制电路是用按钮、接触器来控制电动机运转的最简单的正转控制电路，如图1-11所示，在该电路中，按照电路图的绘制原则，三相交流电源线L1、L2、L3依次水平地画在图的上方，电源开关水平画出；由熔断器FU1、接触器KM的三对主触头和电动机组成的主电路，垂直电源线画在图的左侧；由起动按钮SB、接触器KM的线圈组成的控制电路跨接在L1和L2的两条电源线之间垂直画在主电路的右侧，且耗能元件KM的线圈与下边电源线L2相连画在电路的下方，起动按钮SB则画在控制电路中。为表示接触器的线圈和主触头是同一电器，在它们的图形符号旁边标注了相同的文字符号KM。线路按规定在各接点进行了编号。图中没有专门的指示电路和照明电路。

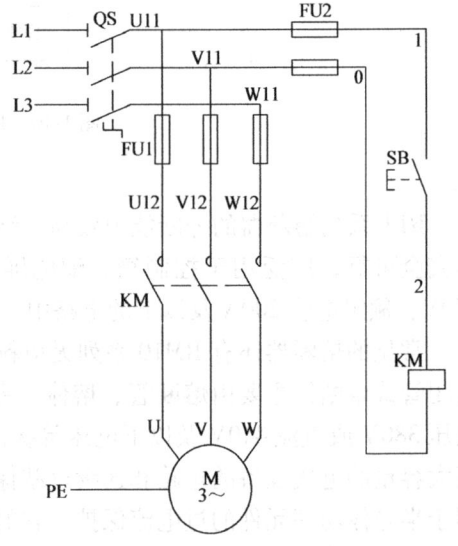

图1-11　点动控制电路

1. 交流接触器

接触器是一种自动的电磁式开关，适用于远距离频繁地接通或断开交、直流主电路及大容量控制电路。它不仅能实现远距离自动操作和欠电压释放保护功能，而且还具有控制容量大、工作可靠、操作效率高、使用寿命长等优点，在电力拖动系统中得到了广泛的应用。

常用的交流接触器有CJ10、CJ12和CJ20等系列以及从国外引进先进生产技术生产的B系列、3TB系列等，其外形如图1-12所示。

交流接触器的型号及含义如下：

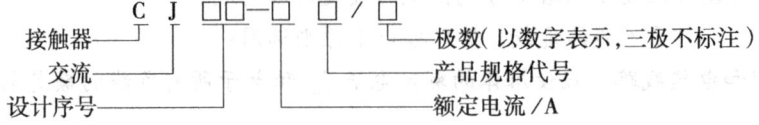

第一章 三相异步电动机典型控制电路及其安装、调试与维修

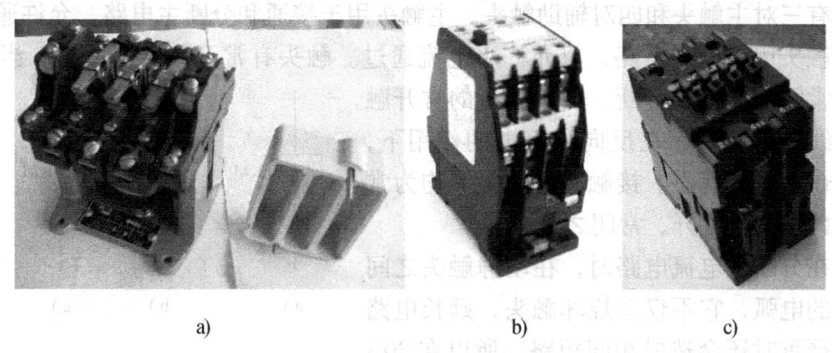

图 1-12 交流接触器外形
a) CJ 系列 b) 3TB 系列 c) B 系列

接触器是利用在电磁力作用下吸合和反向弹簧作用下释放，使触头闭合和分断，实现电路接通和断开的。

交流接触器主要由电磁系统、触头系统、灭弧装置及辅助部件构成。CJ10—20 型交流接触器的结构如图 1-13 所示。电磁系统是由线圈、静铁心、动铁心（又称为衔铁）等组成。线圈通电时产生磁场，动铁心被吸向静铁心，带动触头控制电路的接通与分断。为了限制涡流的影响，动、静铁心采用 E 形硅钢片叠压铆接而成。动铁心被吸合时会使衔铁发生振动，为了克服这一缺点，可在铁心端面上嵌入一只铜环，一般称之为短路环。

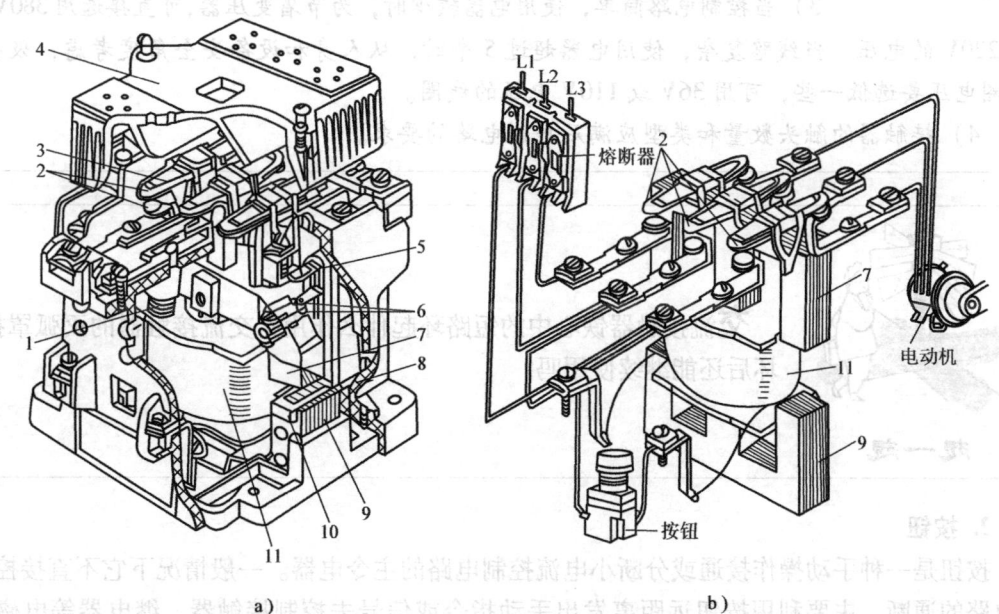

图 1-13 交流接触器的结构和工作原理
a) 结构 b) 工作原理
1—反作用弹簧 2—主触头 3—触头压力弹簧 4—灭弧罩 5—辅助常闭触头 6—辅助常开触头 7—动铁心 8—缓冲弹簧 9—静铁心 10—短路环 11—线圈

接触器有三对主触头和四对辅助触头，主触头用于接通和分断主电路，允许通过较大的电流；辅助触头用于控制电路，只允许小电流通过。触头有常开和常闭之分，当线圈通电时，所有的常闭触头首先分断，然后所有的常开触头闭合；当线圈断电时，在反向弹簧力的作用下，所有触头都恢复平常状态。接触器的主触头均为常开触头，辅助触头有常开、常闭之分。

接触器在分断大电流电路时，在动静触头之间会产生较大的电弧，它不仅会烧坏触头，延长电路分断时间，严重时还会造成相间短路，所以在20A以上的接触器上均装有陶瓷及复合材料灭弧罩，以迅速切断触头分断时所产生的电弧。

交流接触器在电路中的符号如图1-14所示。

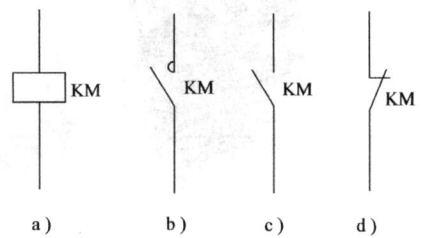

图1-14 接触器的符号
a）线圈 b）主触头 c）辅助常开触头 d）辅助常闭触头

交流接触器的选用

1）接触器主触头的额定电压应大于或等于控制电路的额定电压。

2）接触器控制电阻性负载时，主触头的额定电流应等于负载的额定电流；控制电动机时，主触头的额定电流应大于或稍大于电动机的额定电流。

3）当控制电路简单，使用电器较少时，为节省变压器，可直接选用380V或220V的电压。当线路复杂，使用电器超过5个时，从人身和设备安全角度考虑，吸引线圈电压要选低一些，可用36V或110V电压的线圈。

4）接触器的触头数量和类型应满足控制电路的要求。

交流接触器铁心中的短路环起什么作用？交流接触器的灭弧罩损坏后还能继续使用吗？

2. 按钮

按钮是一种手动操作接通或分断小电流控制电路的主令电器。一般情况下它不直接控制主电路的通断，主要利用按钮远距离发出手动指令或信号去控制接触器、继电器等电磁装置，实现主电路的分合、功能转换或电气联锁。

按钮的结构一般都是由按钮帽、复位弹簧、桥式动触头、外壳及支柱连杆等组成。按钮按静态时触头分合状况，可分为常开按钮（起动按钮）、常闭按钮（停止按钮）及复合按钮（常开、常闭组合为一体的按钮）。按钮的结构和符号如图1-15所示。

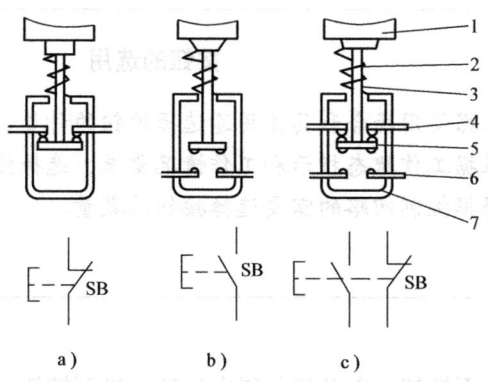

图 1-15 按钮的结构与符号
a）常闭按钮　b）常开按钮　c）复合按钮
1—按钮帽　2—复位弹簧　3—支柱连杆　4—常闭静触头　5—桥式动触头　6—常开静触头　7—外壳

另外，根据实际需要不同，可将单个按钮组成双联、三联或多联按钮，用于电动机的起动、停止及正转、反转、制动的控制。有的也可将若干按钮集中安装在一块控制板上，以实现集中控制，称为按钮站。常用按钮的外形如图 1-16 所示。

按钮上不同的颜色和符号标志是用来区分功能和作用的，便于操作人员识别，避免误操作。

按钮帽操动部分除常见的直上、直下的操动形式外，还有旋钮、自锁钮、钥匙钮等。旋钮分两位置、三位置、自复式三种。

按钮属于主令电器，主令电器是在自动控制系统中发出指令或信号的操纵电器。由于它是专门发号施令，故称为"主令电器"。主要用来切换控制电路，使电路接通或分断，实现对电力拖动系统的各种控制，以满足生产机械的要求。

常用的主令电器除按钮外，还有位置开关、万能转换开关和主令控制器等。

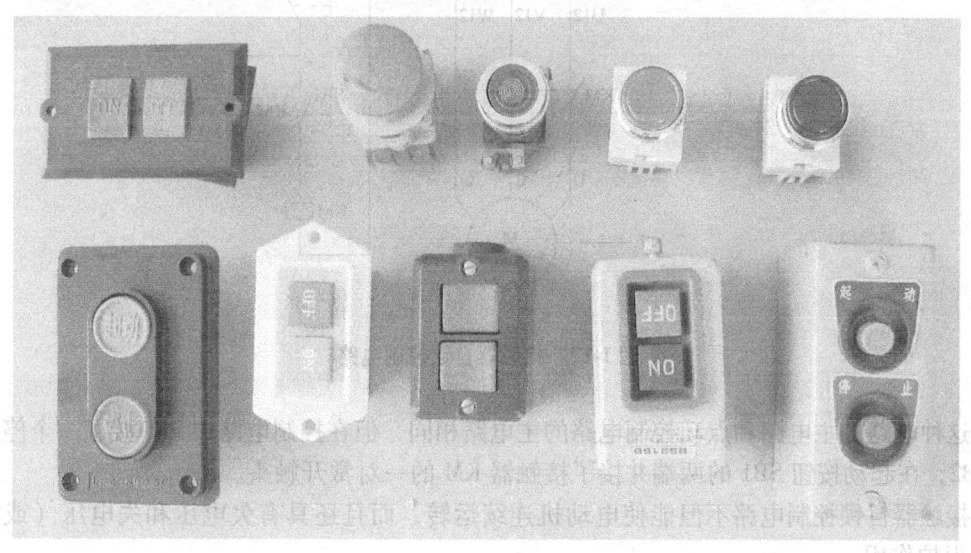

图 1-16 常用按钮的外形

按钮的选用

1) 根据使用场合和具体用途选择按钮的种类。
2) 根据工作状态指示和工作情况要求，选择按钮或指示灯的颜色。
3) 根据控制回路的需要选择按钮的数量。

小知识

3. 工作原理分析

所谓点动控制是指按下按钮，电动机就得电运转；松开按钮，电动机就失电停转。

如图 1-11 所示，当电动机 M 需要点动时，先合上组合开关 QS，此时电动机 M 尚未接通电源。按下起动按钮 SB，接触器 KM 的线圈得电，使衔铁吸合，同时带动接触器 KM 的三对主触头闭合，电动机 M 便接通电源起动运转。当电动机 M 需要停车时，只要松开起动按钮 SB，使接触器 KM 的线圈失电，衔铁在复位弹簧的作用下复位，带动接触器 KM 的三对主触头复位分断，电动机 M 失电停转。

四、自锁控制电路

若要求电动机起动后能连续运转时，则应采用接触器自锁控制电路，如图 1-17 所示。

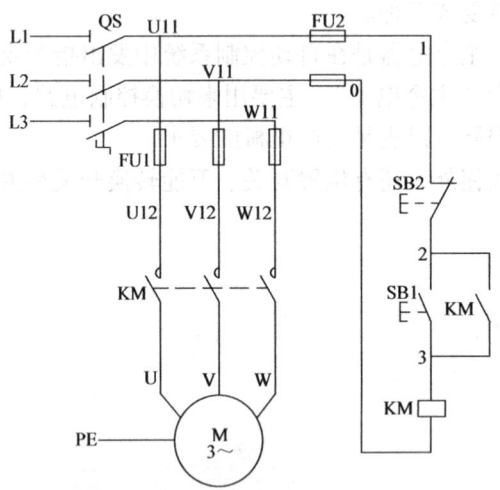

图 1-17 接触器自锁控制电路

这种电路的主电路和点动控制电路的主电路相同，但在控制电路中又串接了一个停止按钮 SB2，在起动按钮 SB1 的两端并接了接触器 KM 的一对常开触头。

接触器自锁控制电路不但能使电动机连续运转，而且还具有欠电压和失电压（或零电压）保护作用。

该电路的工作原理如下：

闭合电源开关 QS,并按下起动按钮 SB1 → 接触器 KM 线圈得电 → KM 主触头闭合 → 电动机 M 起动连续运转。
→ KM 常开辅助触头闭合

欠电压和失电压保护的概念

"欠电压"是指线路电压低于电动机应加的额定电压。"欠电压保护"是指当线路电压下降到低于某一数值时,电动机能自动切断电源停转,避免电动机在欠电压下运行的一种保护。失电压保护是指电动机在正常运行中,由于外界某种原因引起突然断电时,能自动切断电动机电源;当重新供电时,保证电动机不能自动起动的一种保护。

采用接触器自锁控制电路就可避免电动机在欠电压的情况下运行。因为当线路电压下降到低于额定电压的85%时,接触器线圈两端的电压也同样下降到此值,从而使接触器线圈磁通减弱,产生的电磁吸力减少,当电磁吸力减少到小于反作用弹簧的拉力时,动铁心被迫释放,主触头、自锁触头同时分断,自动切断主电路和控制电路,电动机失电停转,达到欠电压保护的作用。

接触器自锁控制电路也可实现失电压保护。因为接触器自锁触头和主触头在电源断电时已经断开,使主电路和控制电路都不能接通,所以在电源恢复供电时,电动机就不会自动起动运转,保证了人身和设备的安全。

五、具有过载保护的接触器自锁正转控制电路

过载保护是指当电动机出现过载时能自动切断电动机电源,使电动机停止转动的一种措施。具有过载保护的接触器自锁正转控制电路如图1-18所示。

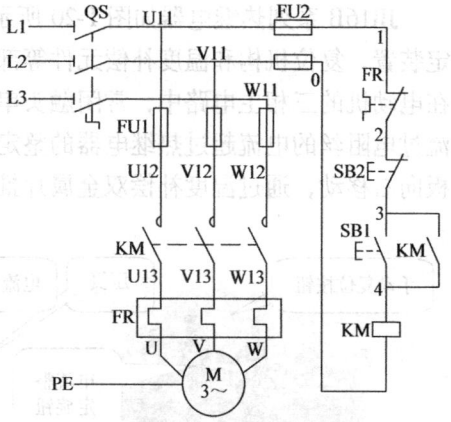

图1-18 具有过载保护的接触器自锁正转控制电路

1. 热继电器

热继电器是利用电流的热效应对电动机或其他用电设备进行过载保护的控制电器。热继电器主要用于电动机的过载保护、断相保护、电流不平衡运行保护及其他电气设备发热状态的控制。

热继电器的形式有多种,其中双金属片式应用最多。按极数划分热继电器可分为单极、两极和三极;按复位方式可分为自动复位式和手动复位式。

热继电器的型号及含义如下:

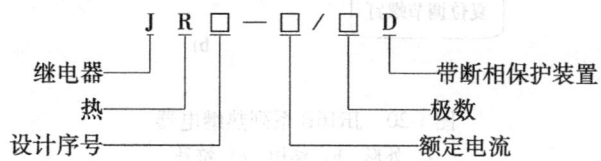

目前我国在生产中常用的热继电器有 JR16、JR20 等系列以及引进的 T 系列、3UA 等系列产品。它们均为双金属片式，如图 1-19 所示。

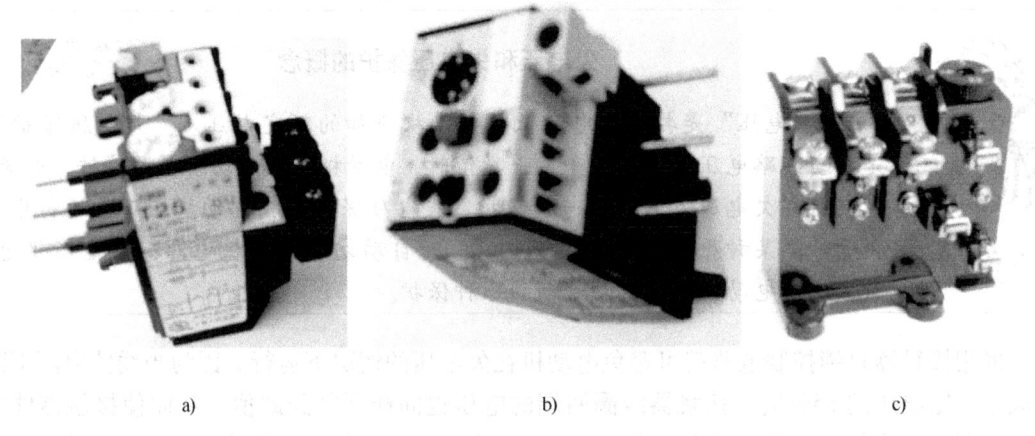

图 1-19　热继电器的外形
a) T 系列　b) JRS2（3UA）系列　c) JR16 系列

JR16B 系列热继电器如图 1-20 所示。它主要由热元件、动作机构、触头系统、电流整定装置，复位机构和温度补偿元件等部分组成。使用时，将热继电器的三相热元件分别串接在电动机的三相主电路中，常闭触头串接在控制电路的接触器线圈回路中。当电动机过载，流过电阻丝的电流超过热继电器的整定电流时，电阻丝发热，主双金属片向右弯曲，推动导板向右移动，通过温度补偿双金属片推动推杆绕轴转动，从而推动触头系统动作，动触头与

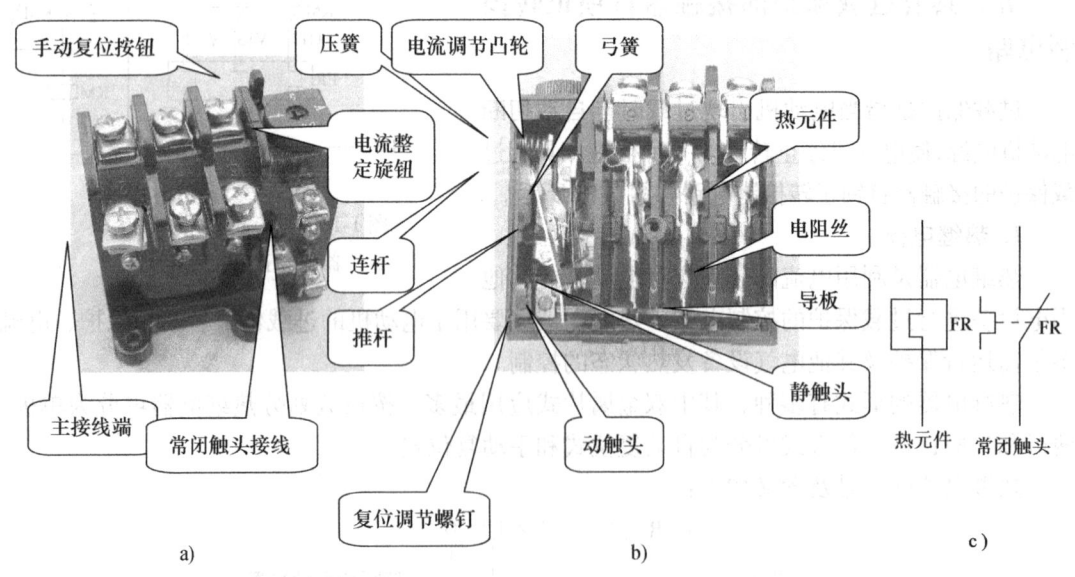

图 1-20　JR16B 系列热继电器
a) 外形　b) 结构　c) 符号

常闭静触头分开，使接触器线圈断电，接触器触头断开，将电源切除从而起保护作用。电源切除后，主双金属片逐渐冷却恢复原位，于是动触头在失去作用力的情况下，靠弓簧的弹性自动复位。除利用自动复位外，也可采用手动方法进行复位，即按一下复位按钮。

热继电器在电路中只能用于过载保护，不能用于短路保护。这是因为双金属片从升温到发生弯曲直到断开常闭触头需要一个时间过程，不可能在短路瞬间分断电路。

热继电器整定电流的大小可通过旋转电流整定旋钮来调节，旋钮上刻有整定电流值标尺。所谓热继电器的整定电流，是指热继电器连续工作而不动作的最大电流，超过整定电流，热继电器将在负载未达到其允许的过载极限之前动作。

小知识

热继电器的选用

1) 选择热继电器的额定电流时应根据电动机或其他用电设备的额定电流来确定。

2) 热继电器的热元件有两相或三相两种形式，在一般工作机械电路中可选用两相的热继电器，但是，当电动机作三角形联结并以熔断器作短路保护时，则选用带断相保护装置的三相热继电器。

2. 工作原理分析

该电路与接触器自锁正转控制电路的区别是增加了一个热继电器 FR，并把其热元件串接在主电路中，把常闭触头串接在控制电路中。因此，其工作原理与接触器自锁正转控制电路的原理相同。只是过载时，热继电器动作。

技能训练1　三相笼型异步电动机的手动控制电路的安装

一、训练目的

1. 掌握常用低压电器的使用与安装。
2. 掌握三相笼型异步电动机手动控制电路的安装技能。

二、训练器材

训练所需器材见表1-1。

表1-1　训练所需器材

序号	名称	型号与规格	单位	数量
1	三相四线电源	~3×380/220V、20A	处	1
2	三相电动机	Y112M—4，4kW、380V、8.7A，△联结或自定	台	1
3	配线板	500mm×600mm×20mm	块	1
4	组合开关	HZ10—25/3	个	1
5	开启式负荷开关	HK1—30/3，380V，30A，熔体直连	只	1
6	封闭式负荷开关	HH4—30/3，380V，30A，配20A熔体	只	1
7	低压断路器	DZ5—20/330，复式脱扣器，380V，20A，整定10A	只	1

(续)

序号	名称	型号与规格	单位	数量
8	瓷插式熔断器	RC1A—30/20，380V，30A，配20A熔体	套	3
9	接线端子排	JX2—1015，500V、10A、15节或配套自定	条	1
10	木螺钉	$\phi 3mm \times 20mm$；$\phi 3mm \times 15mm$	个	30
11	平垫圈	$\phi 4mm$	个	30
12	圆珠笔	自定	支	1
13	塑料铜线	BVR—2.5mm^2，颜色自定	m	20
14	穿线管及配套管夹	$\phi 16mm$	m	5
15	电工通用工具	验电笔、钢丝钳、螺钉旋具（一字形和十字形）、电工刀、尖嘴钳、活扳手、剥线钳等	套	1
16	万用表	自定	块	1
17	绝缘电阻表	型号自定，或500V、0~200MΩ	台	1
18	钳形电流表	0~50A	块	1

三、训练内容及步骤

（1）按表1-1配齐所用元件，并进行质量检查。

1）根据电动机的规格选配合适的低压开关。熔断器、导线及电线管的型号及规格要满足要求。

2）所选用的电器元件的外观应完整无损，且附件或备件应齐全。

3）用万用表、绝缘电阻表检测电器元件及电动机的有关技术数据是否符合要求。

（2）固定元件 在控制板上按图1-1安装电器元件，应安装牢固可靠，并符合工艺要求。

1）刀开关的安装

①刀开关应垂直安装，以便进行闭合操作时手柄的动作方向应从下向上；断开操作时手柄的动作方向应从上向下。不允许采用平装或倒装，以防止发生误合闸现象。

②接线时，电源进线应接在开关上面的进线端，用电设备应接在开关下面熔体上不带电处。

③刀开关用于电动机时，应将开关的熔体部分用导线直连，并在出线端另外加装熔断器作为短路保护。

④安装后应检查刀开关和静插座的接触是否良好与紧密。

⑤更换熔体的必须按原规格在刀开关断开的情况下进行。

2）封闭式负荷开关的安装

①封闭式负荷开关必须垂直安装，安装高度一般离地不低于1.3~1.5m，并以操作方便和安全为原则。

②接线时，应将电源进线接在刀开关静插座的接线端子上，用电设备应接在熔断器的出线端子上。

③开关外壳的接地螺钉上必须可靠接地。

3）组合开关的安装

①HZ10 型组合开关应安装在控制箱（或壳体）内，其操作手并柄最好伸出在控制箱的前面或侧面，使手柄在水平旋转时为断开状态。HZ3 型组合外壳必须可靠接地。

②若需在控制箱内进行操作，开关最好安装在箱内右上方，且它的上方最好不要安装其他电器，否则，应采用隔离或绝缘措施。

4）熔断器的安装

①熔断器应完整无损，接触紧密可靠，并应有额定电压、电流值的标志。

②瓷插式熔断器应垂直安装。螺旋式熔断器的电源进线应接在底座中心接线端子上，用电设备应接在螺旋壳的接线端子上。

③熔断器应装合格的熔体，不能用多根小规格的熔体代替一根大规格的熔体。

④安装熔断器时，各级熔体应相互配合，并做到下一级熔体应比上一级小。

⑤熔断器应安装在各相线上，在三相组成或二相三线控制的中性线上严禁安装熔断器，而在单相二线制的中性线上应该安装熔断器。

⑥熔断器兼作隔离目的使用时，应安装在控制开关电源的进线端；若仅作短路保护使用时，应安装在控制开关的出线端。

5）低压断路器的安装

①低压断路器应垂直于配电板安装，电源引线应接到上端，负载引线接到下端。

②低压断路器用作电源总开关或电动机控制开关时，在电源进线侧必须加装刀开关或熔断器等，以形成一个明显的断开点。

（3）布线　根据电动机的位置标划线路走向，标注电线管和控制板支持点的位置，并做好敷设和支持准备。

1）电线管的施工应按工艺要求进行，整个管路应连成一体并进行可靠接地。

2）管内导线不允许有接头，导线穿管时不要损伤绝缘层，导线穿好后管口应套上护圈。

（4）安装电动机并正确接线

1）控制板必须安装在操作时能看到电动机的地方，以确保安全操作。

2）电动机在座墩或底座上的固定必须牢固。在紧固地脚螺栓时，必须按对角线均匀受力，依次交错逐步拧紧。

3）连接控制开关至电动机的导线。

（5）连接电源线和接地线　电动机和控制开关的金属外壳以及连成一体的线管，应按规定要求连接到保护接地专用端子上。要认真检查安装质量，并用绝缘电阻表检查绝缘情况。

（6）交验及经教师检查后通电试车。

注意事项：

1）当控制开关远离电动机而看不到电动机运转情况时，必须另设开车的信号装置。

2）电动机使用的电源电压和绕组的接法必须与铭牌规定的相一致。

3）接线时，必须先接负载端，后接电源端；先接接地线，后接三相电源线。

4）通电试车时，必须先空载点动后再连续运行；当运行正常时再接上负载运行；若发现异常情况应立即断电检查。

5）安装开启式负荷开关时，应将开关的熔体部分用导线直连，并在出线端另外加装熔断器作短路保护；安装组合开关、低压断路器时，则在电源线进线侧加装熔断器。

技能训练2 三相异步电动机具有过载保护自锁控制电路的安装

一、训练目的

1. 掌握具有过载保护的自锁控制电路的安装技能。
2. 掌握板前明线布线的操作工艺。

二、训练器材

训练所需器材见表1-2。

表1-2 训练所需器材

序号	名称	型号与规格	单位	数量
1	三相四线电源	~3×380/220V、20A	处	1
2	三相电动机	Y112M—4，4kW，380V、8.7A，△联结或自定	台	1
3	配线板	500mm×600mm×20mm	块	1
4	组合开关	HZ10—25/3	个	1
5	熔断器FU1	RL1—60/25，380V，60A，熔体配25A	套	3
6	熔断器FU2	RL1—15/2	套	2
7	接触器KM1	CJ20—16，线圈电压380V，16A（CJX2、B系列等自定）	只	1
8	按钮SB1~SB3	LA10—3H，保护式、按钮数3	只	1
9	木螺钉	ϕ3mm×20mm；ϕ3mm×15mm	个	30
10	平垫圈	ϕ4mm	个	30
11	圆珠笔	自定	支	1
12	主电路导线	BVR—1.5mm^2（7×0.52mm）（黑色）	m	若干
13	控制电路导线	BV—1.0mm^2（7×0.43mm）	m	若干
14	按钮线	BV—0.75mm^2	m	若干
15	接地线	BVR—1.5mm^2（黄绿双色）	m	若干

三、训练内容和步骤

（1）电器元件检查 按表1-2配齐所用电器元件，并进行质量校验。

1）电器元件的技术数据（如型号、规格、额定电压、额定电流等）应完整并符合要求，外观无损伤，备件、附件齐全完好。

2）电器元件的电磁机构动作是否灵活，有无衔铁卡阻等不正常现象。用万用表检查电磁线圈的通断情况以及各触头的分合情况。

3）接触器线圈的额定电压与电源电压是否一致。

4）对电动机的质量进行常规检查。

（2）根据图 1-21a 所示固定元器件 在控制板上按布置图安装电器元件，并贴上醒目的文字符号。电器元件安装完毕的点动正转控制电路如图 1-21b 所示。

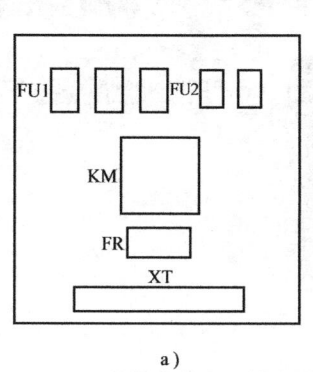
a）

b）

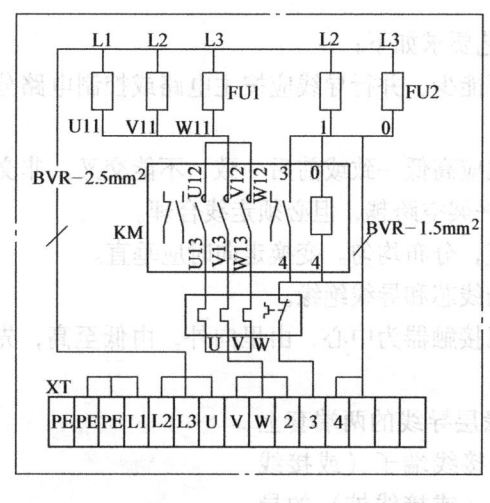
c）

图 1-21 具有过载保护的接触器自锁正转控制电路板
a）布置图 b）元件安装 c）接线图

（3）画出接线图 画出具有过载保护的接触器自锁正转控制电路接线图，如图 1-21c 所示。

（4）正确进行线路布线 先进行控制电路的配线，再安装主电路，最后接上按钮线，如图 1-22 和图 1-23 所示。

安装电器元件的工艺要求如下：

1）组合开关、熔断器的受电端子应安装在控制板的外侧，并使熔断器的受电端为底座的中心端。

2）各元件的安装位置应齐整，匀称，间距合理，便于元件的更换。

3）紧固各元件时要用力匀称，紧固程度适当。在紧固熔断器、接触器等易碎元件时，应一手按住元件一边轻轻摇动，另一手用螺钉旋具轮换旋紧对角线上的螺钉，直到手摇不动后再适当旋紧即可。

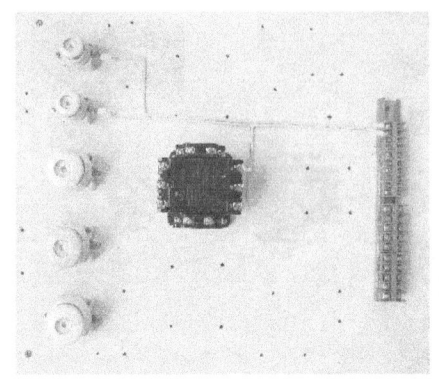

图 1-22　安装控制电路

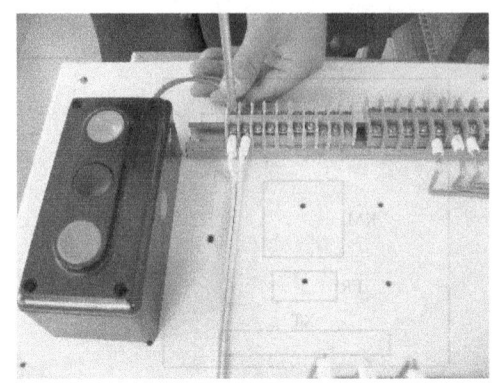

图 1-23　安装按钮线

板前明线布线的工艺要求如下：

1）布线通道应尽可能少，并行导线应按主电路或控制电路分类集中，单层密排，紧贴安装面布线。

2）同一平面的导线应高低一致或前后一致，不能交叉。非交叉不可时，该根导线应在接线端子引出时，就水平架空跨越，但必须走线合理。

3）布线应横平竖直，分布均匀。变换走向时应垂直。

4）布线时严禁损伤线芯和导线绝缘。

5）布线顺序一般以接触器为中心，由里向外，由低至高，先控制电路，后主电路，以不妨碍后续布线为原则。

6）在每根剥去绝缘层导线的两端套上编码套管。所有从一个接线端子（或接线桩）到另一个接线端子（或接线桩）的导线必须连续，中间无接头。

7）导线与接线端子或接线桩连接时，不得压绝缘层、不反圈及不露铜过长。

8）同一元件、同一回路的不同接点的导线间距离应保持一致。

9）一个电器元件的接线端子上的连接导线不得多于两根，每节接线端子板上的连接导线一般只允许连接一根。

图 1-24　控制电路板

（5）检验控制板内部布线的正确性　对于安装好的电路板（如图 1-24 所示），应根据电路图检验控制板内部布线的正确性。

（6）安装电动机　可靠连接电动机和各电器元件金属外壳的保护接地线。

(7) 连接电源、电动机等控制板外部的导线。

(8) 自检 安装完毕后的控制电路板,必须经过认真检查后,才允许通电试车,以防止错接、漏接造成不能正常运转和短路事故。

1) 按电路图或接线图从电源端开始,逐段核对接线及接线端子处线号是否正确,有无漏接、错接之处。检查导线接点是否符合要求,压接是否牢固。接触应良好,以免带负载运行时产生闪烁现象。

2) 用万用表检查线路的通断情况。对控制电路的检查(可断开主电路),可将表笔分别搭在 U11、V11 线端上,读数应为"∞"。按下 SB 时,读数应为接触器线圈的直流电阻值。然后,断开控制电路再检查主电路有无开路或短路现象,此时可用手动来代替接触器通电进行检查。

3) 用绝缘电阻表检查线路的绝缘电阻应不得小于 $1M\Omega$。

(9) 交验,检查无误后通电试车 试车前应检查与通电试车有关的电气设备是否有不安全的因素存在,若检查出应立即整改,然后方能试车。在通电试车时,要认真执行安全操作规程的有关规定,一人监护,一人操作。

1) 通电试车前,必须经过指导教师的许可,并由指导教师接通三相电源 L1、L2、L3,同时在现场监护。闭合上电源开关 QS 后,用验电笔检查熔断器的出线端,若氖管亮说明电源接通。按下 SB,观察接触器情况是否正常,是否符合线路功能要求,观察电器元件动作是否灵活,有无卡阻及噪声过大等现象,观察电动机运行是否正常等。但不得对线路接线是否正确进行带电检查。观察过程中,若有异常现象应立即停车。当电动机运转平稳后,用钳形电流表测量三相电流是否平衡。

2) 试车成功率以通电第一次按下按钮时计算。

3) 出现故障后,学生应独立进行检修。若需带电进行检查时,教师必须在现场进行监护。检修完毕后,若需再次停车,也应有教师在现场进行监护,并做好时间记录。

4) 通电试车完毕,停转,切断电源。先拆除三相电源线,再拆除电动机线。

注意事项:

1) 电动机及按钮的金属外壳必须可靠接地。接至电动机的导线必须穿在导线通道内加以保护,或采用四芯橡胶线或塑料护套线进行临时通电试验。

2) 电源线应接在螺旋式熔断器的下接线座上,出线端应接在上接线座上。

小技能

接触器的安装

(1) 安装前的检查

1) 检查接触器铭牌与线圈的技术数据是否符合实际使用要求。

2) 检查接触器外观,应无机械损伤;用手推动接触器可动部分时,接触器应动作灵活,无卡阻现象;灭弧罩应完整无损,固定牢固。

3) 将铁心极面上的防锈油脂或粘在极面上的污垢用煤油擦净,以免多次使用后衔铁被粘住,造成断电后不能释放。

4) 测量接触器的线圈电阻和绝缘电阻。

(2) 安装要点

1) 交流接触器一般应安装在垂直面上，倾斜度不得超过5°；若有散热孔，则应将有孔的放在垂直方向上，以利散热，并按规定留有适当的飞弧空间，以免飞弧烧坏相邻电器。

2) 安装和接线时，注意不要将零件失落或掉入接触器内部。安装孔的螺钉应装有弹簧垫圈和平垫圈并拧紧螺钉以防振动松脱。

3) 安装完毕，检查接线正确无误后，在主触头不带电的情况下操作几次，然后测量接触器的动作值和释放值，所测数值应符合产品的规定要求。

按钮的安装

1) 按钮安装在面板上时，应布置整齐，排列合理，可根据电动机起动的先后顺序，从上到下或从左到右排列。

2) 同一设备运动部件有几种不同的工作状态时，应使每一对相反状态的按钮安装在一组。

3) 按钮的安装应牢固，安装按钮的金属板或金属按钮盒必须可靠接地。

热继电器的安装

1) 热继电器的热元件应串接在主电路中，常闭触头应串接在控制电路中。

2) 热继电器的整定电流应按电动机的额定电流自行调整。绝对不允许弯折双金属片。

3) 在一般情况下，热继电器应置于手动复位的位置上。若需要自动复位时，可将复位调节螺钉沿顺时针方向向里旋转。

4) 热继电器因电动机过载动作后，若需再次起动电动机，必须待热元件冷却后，才能使热继电器复位。一般自动复位时间不大于5min；手动复位时间不大于2min。

技能训练3　三相异步电动机具有过载保护自锁控制电路的检修

一、训练目的

1. 掌握三相异步电动机控制电路故障的检查步骤。
2. 掌握三相异步电动机控制电路故障的检查方法。
3. 能够排除三相异步电动机具有过载保护的控制电路（见图1-18）可能发生的故障。在控制电路和主电路中各设置故障一处。故障现象为：按下SB1时，KM均不吸合。

二、训练步骤和内容

1. 电动机基本控制电路故障检修的一般步骤和方法

（1）用试验法观察故障现象，初步判定故障范围　试验法是在不扩大故障范围，不损坏电气设备和机械设备的前提下，对线路进行通电试验，通过观察电气设备和电器元件的动作，看它是否正常，各控制环节的动作程序是否符合要求，找出故障发生部位或回路。

(2) 逻辑分析法缩小故障范围 逻辑分析法是根据电气控制电路的工作原理、控制环节的动作顺序以及它们之间的联系，结合故障现象作具体的分析，迅速地缩小故障范围，从而判断出故障所在。这种方法是一种以准确为前提，以快为目的的检查方法，特别适用于对复杂线路的故障检查。

(3) 用测量法确定故障点 测量法是利用电工工具和仪表（如测电笔、万用表、钳形电流表、绝缘电阻表等）对线路进行带电或断电测量，是查找故障点的有效方法。

1) 电压分阶测量法。测量检查时，首先把万用表的转换开关置于交流电压 500V 的挡位上，然后按图 1-25 所示的方法进行测量。

断开主电路，接通控制电路的电源。若按下起动按钮 SB1 时，接触器 KM 不吸合，则说明电路有故障。

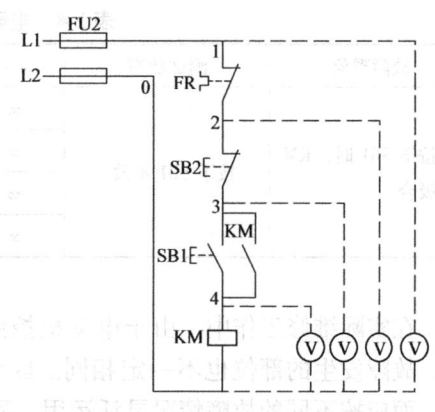

图 1-25 电压分阶测量法

检测时，需要两人配合进行。一人先用万用表测量 0 和 1 两点之间的电压，若电压为 380V，则说明控制电路的电源电压正常。然后由另一人按下 SB1 不放，一人把黑表笔接到 0 点上，红表笔依次接到 2、3、4 各点上，分别测出 0-2、0-3、0-4 两点之间的电压。根据其测量结果即可找出故障点。见表 1-3。

表 1-3 电压分阶测量法查找故障点

故障现象	测试状态	0-2	0-3	0-4	故障点
按下 SB1 时，KM 不吸合	按下 SB1 不放	0	0	0	FR 常闭触头接触不良
		380V	0	0	SB2 常闭触头接触不良
		380V	380V	0	SB1 接触不良
		380V	380V	380V	KM 线圈断路

这种测量方法像上（或下）台阶一样的依次测量电压，所以称之为电压分阶测量法。

2) 电阻分阶测量法。测量检查时，首先把万用表的转换开关置于倍率适当的电阻挡上，然后按图 1-26 所示方法进行测量。

断开主电路，接通控制电路电源，若按下起动按钮 SB1 时，接触器 KM 不吸合，则说明控制电路有故障。

检测时，首先切断控制电路电源，然后一人按下 SB1 不放，然后由另一人用万用表测出 0-2、0-3、0-4 两点之间的电阻值。根据测量结果可找出故障点，见表 1-4。

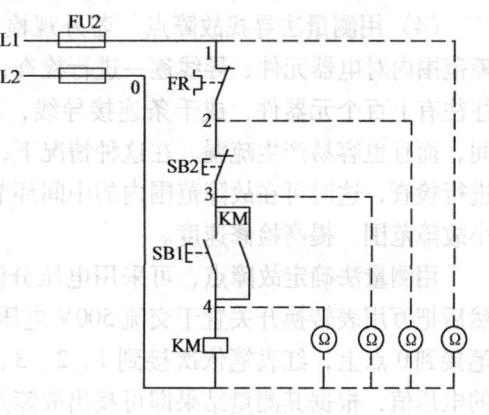

图 1-26 电阻分阶测量法

（4）根据故障点的不同情况，采取正确的维修方法排除故障。

（5）检修完毕，进行通电空载校验或局部空载校验。

（6）校验合格，通电正常运行。

表1-4 电阻分阶测量法查找故障点

故障现象	测试状态	0-1	0-2	0-3	0-4	故障点
按下SB1时，KM不吸合	按下SB1不放	∞	R	R	R	FR常闭触头接触不良
		∞	∞	R	R	SB2常闭触头接触不良
		∞	∞	∞	R	SB1接触不良
		∞	∞	∞	∞	KM线圈断路

在实际维修工作中，由于电动机控制电路的故障是多种多样的，即使是同一种故障现象，故障发生的部位也不一定相同。因此，采用以上故障检修方法和步骤时，不要生搬硬套，而应按不同的故障情况灵活运用，妥善处理，力求迅速、准确的找出故障点，查明故障原因，及时正确地排除故障。

2. 具有过载保护的接触器自锁正转控制电路的维修

（1）根据故障现象，进行故障调查研究　电气线路发生故障后，不要盲目地立即动手进行检修。在检修前，可以向指导教师询问故障现象，通过故障前后的操作情况和故障发生后的异常现象，来判断出故障可能发生的范围，进而准确地排除故障。

（2）在电路图上分析故障范围　依照基本电气线路的工作原理，运用逻辑分析方法对故障现象作出具体分析，划出可疑范围，提高维修的针对性，确定并缩小故障范围。这样可以收到既准确又快速的效果。分析电路时，通常先从主电路入手，再了解控制电路的形式。根据故障现象（按下SB1时，KM均不吸合），可以初步判断出故障点可能在控制电路的公共支路上。

（3）通过试验观察法对故障进一步分析，缩小故障范围　在不扩大故障范围、不损伤电气设备的前提下，可进行直接通电试验，或除去负载（从控制箱接线端子板上卸下）通电试验，分清故障可能发生的部位。

（4）用测量法寻找故障点　若外观检查没有发现故障点时，就应根据故障原因，在故障范围内对电器元件、导线逐一进行检查，一般能很快找到故障点。但对复杂的线路而言，往往有上百个元器件、成千条连接导线，若采取逐一检查的方法，不仅需要耗费大量的时间，而且也容易产生疏漏。在这种情况下，当故障的可疑范围较大时，不必按部就班地逐级进行检查，这时可在故障范围内的中间环节进行检查，来判断故障发生在哪一部分，从而缩小故障范围，提高检修速度。

用测量法确定故障点，可采用电压分阶测量法，如图1-25所示。先合上电源开关QS，然后把万用表转换开关置于交流500V电压挡，一人按下SB1不放，另一人把万用表的黑表笔接到0点上，红表笔依次接到1、2、3、4各点，分别测量0-1、0-2、0-3、0-4各阶之间的电压值，根据其测量结果即可找出故障点，见表1-5。

（5）故障排除　根据故障点的情况，采取正确的检修方法，排除故障，见表1-6。

(6) 通电试车 对故障点进行检修后,并通电试车。

表 1-5 用电压分阶测量法查找故障点

故障现象	测试状态	0-2	0-3	0-4	故障点
按下 SB1 时,KM 不吸合	按下 SB1 不放	0	0		FU2 断开
		380V	0	0	FR 常闭触头接触不良
		380V	0	0	SB2 常闭触头接触不良
		380V	380V	0	SB1 接触不良
		380V	380V	380V	KM 线圈断路

表 1-6 检修故障

故障现象	故障排除措施
FU2 熔断,可查明原因	排除故障后更换相同规格的熔体
FR 常闭触头接触不良	若按下复位按钮时,热继电器常闭触头不能复位,则说明热继电器已损坏,可更换同型号的热继电器,并调整好其整定电流值;若按下复位按钮时,热继电器常闭触头复位,则说明热继电器完好,可继续使用,但要查明 FR 常闭触头动作的原因并排除
SB2 接触不良	更换按钮 SB2
SB1 接触不良	更换按钮 SB1
KM 线圈断路	更换规格相同的线圈或接触器

(7) 用同样的方法和步骤检修主电路

1) 用试验法观察下一个故障现象。合上电源开关 QS,按下 SB1 时,电动机转速极低甚至不转,并发出"嗡嗡"声,应立即切断电源。

2) 用逻辑法确定故障范围:根据故障现象,结合电路作出具体分析,判断故障范围可能在电源电路和主电路上。

3) 用测电笔确定故障点:先断开电源开关 QS,用测电笔检验主电路无电后,拆除电动机的负载线并恢复好绝缘。再合上电源开关 QS,按下按钮 SB1,然后用测电笔从上至下依次测试 U11、V11、W11、U12、V12、W12、U13、V13、W13、U、V、W 各接点;当测到 W13 时,发现测电笔的氖泡不亮,即说明连接接触器输出端 W13 与热继电器受电端 W13 的导线开路。

4) 根据故障点的情况,采取正确的检修方法,排除故障:更换同规格的连接接触器输出端 W13 与热继电器受电端 W13 的导线。

5) 检修完毕后,交验。

6) 通电试车。重新连接好电动机的负载线,经指导教师许可后,并在指导教师的监护下通电试车。合上电源开关 QS,按下 SB1,观察线路和电动机的运行是否正常,控制环节的动作顺序是否要求,用钳形电流表测电动机三相电流是否平衡等。经检验合格后,电动机正常运行。

(8) 第二故障点的确定与排除 进行故障分析后,确定第二个故障点范围,并进行检测与维修。

(9) 最后，技能训练操作结束，整理现场，作好维修记录。

三、注意事项

1）在排除故障的过程中，故障分析、排除故障的思路和方法要正确。

2）用测电笔检测电路故障时，必须检查测电笔是否符合使用要求。

3）不能随意更改线路和带电触摸电器元件。

4）仪表使用要正确，以防止引起错误判断。

5）带电检修故障时，必须有教师在现场监护，并要确保用电安全。

交流接触器的拆卸及检修

小实践

1. 拆卸

1）松去灭弧罩紧固螺钉，取下灭弧罩。

2）拉紧主触头定位的弹簧夹，取下主触头及主触头压力弹簧片。拆卸主触头时必须将主触头横向旋转45°后取下。

3）松去辅助常开静触头的线桩螺钉，取下常开静触头。

4）松去接触器底部的盖板螺钉，取下盖板，在松盖板螺钉时，要用手按着盖板，并慢慢放松。

5）取下静铁心缓冲绝缘纸片、静铁心及静铁心支架。

6）取下缓冲弹簧。

7）拔出线圈接线端的弹簧夹片，取下线圈。

8）取下反作用弹簧，抽出动铁心和支架。

9）在支架上取下动铁心定位销。

10）取下动铁心及缓冲绝缘纸片。

2. 检修

1）拆卸后用干净布蘸少许汽油擦去动、静铁心端面上的油垢。

2）检查动、静铁心吻合后，铁心柱间是否留有 $0.02 \sim 0.05$ mm 的气隙，否则应用锉刀修出气隙。

3）检查灭弧罩有无破裂或烧损，清除灭弧罩内的金属飞溅物和颗粒。

4）检查触头的磨损程度，磨损严重时应更换触头。若不需更换、则清除触头表面上烧毛的颗粒。

5）清除铁心端面的油污，检查铁心有无变形及端面接触是否平整。

6）检查触头压力弹簧和反作用弹簧是否变形或弹簧弹力不足，如有需要则更换弹簧。

3. 触头压力的测量和调整

用纸条凭经验判断触头压力是否合适。将一张厚约 0.1mm 比触头稍宽的纸条夹在 CJ10—20 型接触器的触头间，使触头处于闭合位置，用手拉动纸条，若触头压力合适，稍用力纸条即可拉出。若纸条很容易被拉出，说明触头压力不够。若纸条被拉断，说明触头压力太大。可调整触头弹簧或更换弹簧，直至符合要求。

4. 操作提示

1) 对接触器进行检查，发现问题应及时处理。

2) 拆卸时，应备有盛放零的容器，以免失落零件；拆装过程中，不允许硬撬，以免损坏电器。

3) 用锉刀修正铁心端面时，应以与铁心硅钢片相平行的方向进行锉削。

4) 装配顺序应与拆卸时相反。

5) 自检。用万用表欧姆挡检查线圈及各触头是否良好，并用手按主触头检查运动部分是否灵活，防止产生接触不良和有振动及噪声。

6) 通电校验。接触器应固定在校验板上，必须在不大于 1min 内，连续进行 10 次断开与闭合试验，如 10 次试验全部成功则为合格。通电校验时，应有指导教师监护，以确保用电安全。

第二节 三相笼型异步电动机的正反转控制电路及其安装与维修

正反转控制电路只能使电动机带动生产机械的运动部件朝一个方向旋转，但许多生产机械往往要求运动部件能向正、反两个方向运动。

当改变通入电动机定子绕组三相电源的相序，即把接入电动机三相电源进线中的任意两相对调接线时，就可使三相电动机实现反转。本节主要介绍倒顺开关控制电路、接触器正反转控制电路和双重联锁正反转控制电路的原理、安装与检修。

一、倒顺开关控制电路

倒顺开关控制电路如图 1-27 所示。图中 QS 为倒顺开关，其结构如图 1-28 所示。

开关手柄有"倒"、"停"、"顺"三个位置，手柄只能从"停"位置左转 45°或右转 45°。倒顺开关在电路中的图形符号如图 1-28d 所示。

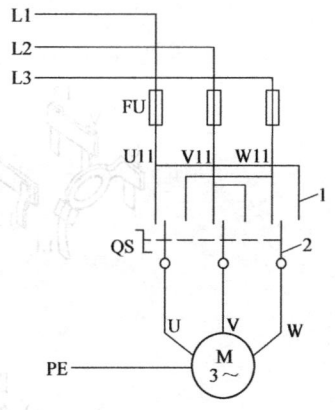

图 1-27 倒顺开关正反转控制电路

电路的工作原理：操作倒顺开关 QS，电路将出现不同的控制状态，见表 1-7。

值得注意的是，当电动机处于正转状态时，要使它反转，应先把手柄扳到"停"的位置，使电动机先停转，然后再把手柄扳到"倒"的位置，使它反转。若直接把手柄由"顺"

扳到"倒"的位置，电动机的定子绕组会因为电源突然反接而产生很大的反接电流，易使电动机定子绕组因过热而损坏。

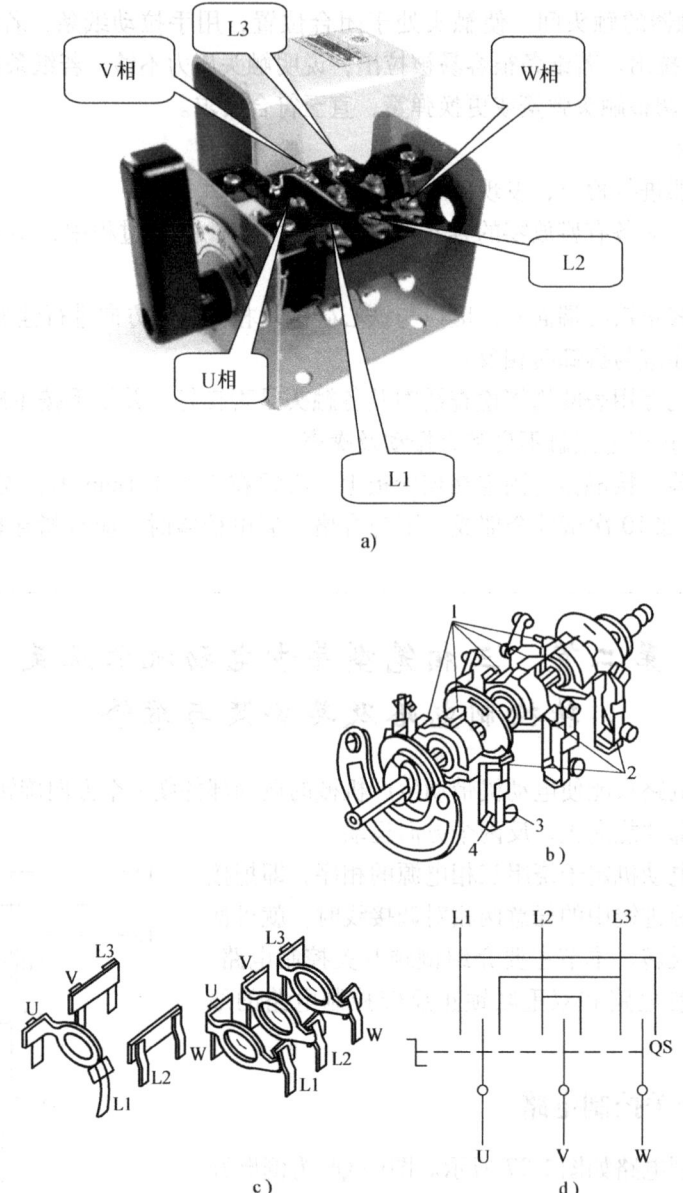

图 1-28 倒顺开关的结构及图形符号
a）外形 b）结构 c）触头结构 d）图形符号
1—动触头 2—静触头 3—调节螺钉 4—触头压力弹簧

表 1-7 倒顺开关控制正反转电路的状态

手柄位置	QS 状态	电路状态	电动机状态
停	QS 的动、静触头不接触	电路不通	电动机不转
顺	QS 的动触头和左边的静触头相接触	电路按 L1—U，L2—V，L3—W 接通	电动机正转
倒	QS 的动触头和右边的静触头相接触	电路按 L1—W，L2—V，L3—U 接通	电动机反转

二、接触器联锁正反转控制电路

倒顺开关正反转控制电路虽然所用电器较少，线路较简单，但它是一种手动控制电路，在频繁换向时，操作人员劳动强度大，操作不安全，所以这种电路一般用于控制额定电流10A、功率在3kW及以下的小功率电动机。在生产实践中更常用的是接触器联锁的正反转控制电路。

接触器联锁的正反转控制电路如图1-29所示。线路中采用了两个接触器，即正转用的接触器KM1和反转用的接触器KM2，它们分别由正转按钮SB1和反转按钮SB2控制。从主电路中可以看出，这两个接触器的主触头所接通的电源相序不同，KM1按L1—L2—L3相序接线，KM2按L3—L2—L1相序接线。相应的控制电路有两条：一条是由按钮SB1和KM1线圈等组成的正转控制电路；另一条是由按钮SB2和KM2线圈等组成的反转控制电路。

（1）电路特点　接触器KM1和KM2的主触头绝对不允许同时闭合，否则将造成两相电源（L1和L3）短路。为避免两个接触器KM1和KM2同时得电动作，可以在正、反转控制电路中分别串接了对方接触器的一对常闭辅助触头，这样，当一个接触器得电动作时，通过其常闭辅助触头使另一个接触器不能得电动作，接触器间这种相互制约的

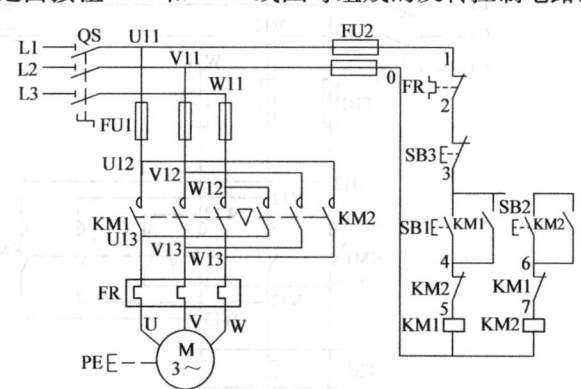

图1-29　接触器联锁的正反转控制电路

作用称为接触器联锁（或互锁）。实现联锁作用的常闭辅助触头称为联锁触头（或互锁触头）。

（2）工作原理　该电路的工作原理如下：

1）正转控制：

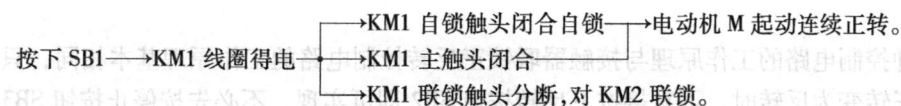

2）反转控制：

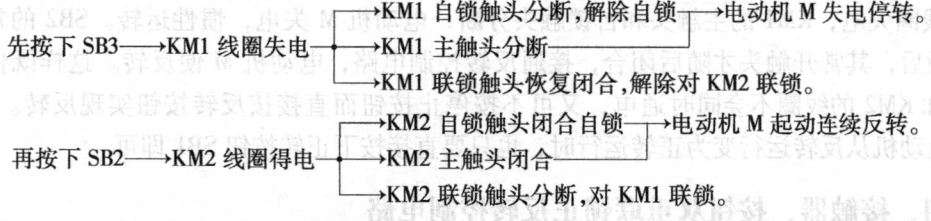

停止时，按下停止按钮SB3──→控制电路失电──→KM1（或KM2）主触头分断──→电动机M失电停转。

接触器联锁的正反转控制电路的优点是安全可靠，缺点是操作不便。这是因为当电动机

从正转变为反转时,必须先按下停止按钮,才能再按反转起动按钮,否则由于接触器的联锁作用,不能实现反转。为克服这一不足,可采用按钮联锁或按钮—接触器双重联锁的正反转控制电路。这种电路兼有两种联锁电路的优点。

三、按钮联锁正反转控制电路

为克服接触器联锁正反转控制电路操作不方便的缺点,把正转按钮 SB1 和反转按钮 SB2 换成两个复合按钮,并使两个复合按钮的常闭触头代替接触器的联锁触头,就构成了按钮联锁正反转控制电路,如图 1-30 所示。

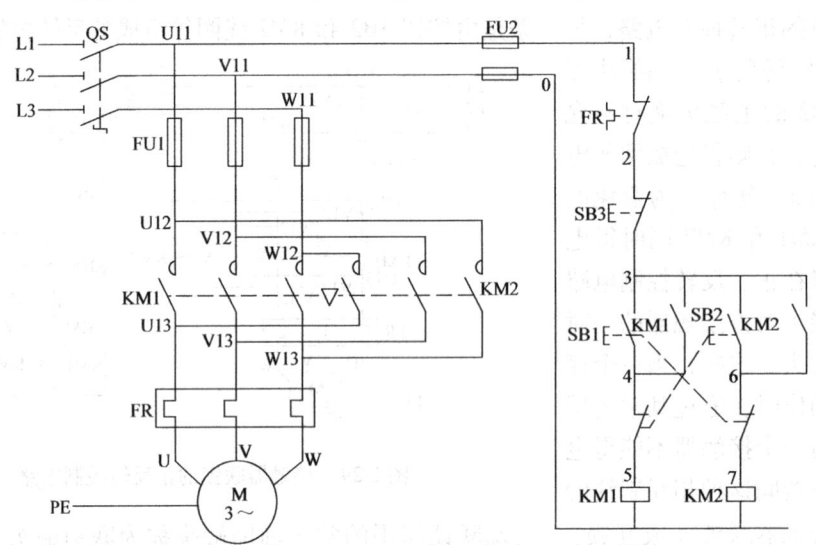

图 1-30 按钮联锁正反转控制电路

这种控制电路的工作原理与接触器联锁正反转控制电路的工作原理基本相同,只是当电动机从正转变为反转时,可直接按下反转按钮 SB2 即可实现,不必先按停止按钮 SB3。因为当按下反转按钮 SB2 时,串联在正转控制电路中 SB2 的常闭触头先分断,使正转接触器 KM1 线圈失电,KM1 的主触头和自锁触头分断,电动机 M 失电,惯性运转。SB2 的常闭触头分断后,其常开触头才随后闭合,接通反转控制电路,电动机 M 便反转。这样既保证了 KM1 和 KM2 的线圈不会同时通电,又可不按停止按钮而直接按反转按钮实现反转。同样,若使电动机从反转运行变为正转运行时,也只要直接按下正转按钮 SB1 即可。

四、接触器、按钮双重联锁正反转控制电路

为克服接触器联锁正反转控制电路和按钮联锁正反转控制电路的不足,在按钮联锁的基础上,又增加了接触器联锁,构成接触器、按钮双重联锁正反转控制电路,如图 1-31 所示。

这种电路兼有两种联锁控制电路的优点，操作方便，安全可靠。

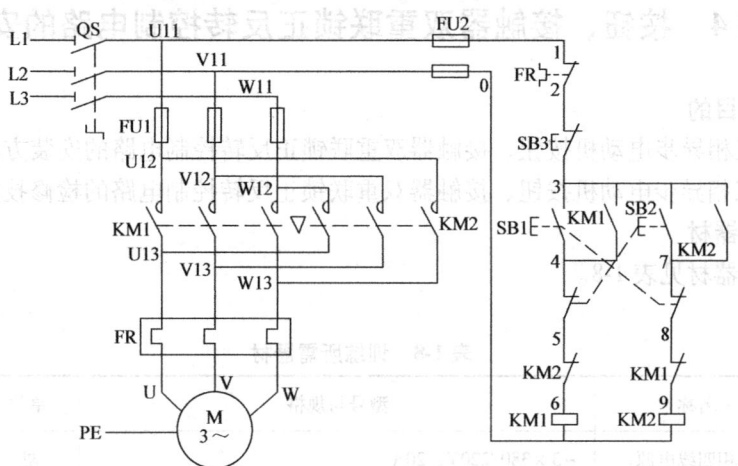

图 1-31 按钮、接触器双重联锁的正反转控制电路

按钮、接触器双重联锁的正反转控制电路的工作原理如下：

1) 正转控制：

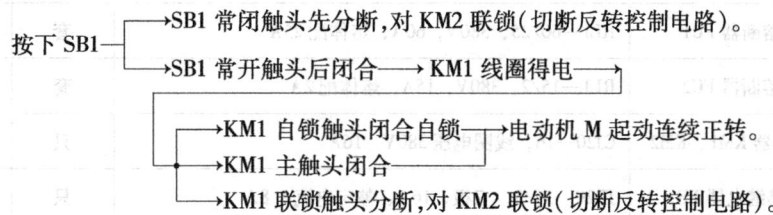

2) 反转控制：

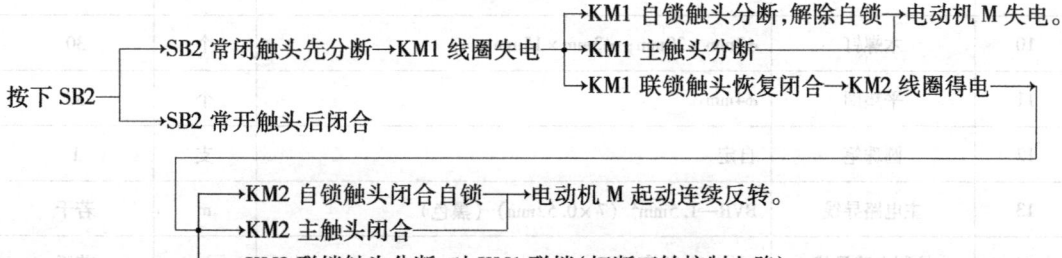

若要使电动机停止转动，应按下 SB3，整个控制电路失电，主触头分断，电动机 M 失电运转。

如何实现三相异步电动机正反转控制电路的联锁控制？三种正反转控制电路中性能最可靠的是哪一种电路？为什么？

技能训练4　按钮、接触器双重联锁正反转控制电路的安装与检修

一、训练目的
1. 掌握三相异步电动机按钮、接触器双重联锁正反转控制电路的安装方法。
2. 掌握三相异步电动机按钮、接触器双重联锁正反转控制电路的检修技能。

二、训练器材
训练所需器材见表1-8。

表1-8　训练所需器材

序号	名称	型号与规格	单位	数量
1	三相四线电源	~3×380/220V、20A	处	1
2	三相电动机	Y112M—4，4kW、380V、8.7A、△联结或自定	台	1
3	配线板	500mm×600mm×20mm	块	1
4	组合开关	HZ10—25/3	个	1
5	熔断器 FU1	RL1—60/25，380V、60A，熔体配25A	套	3
6	熔断器 FU2	RL1—15/2，380V、15A，熔体配2A	套	2
7	接触器 KM1、KM2	CJ20—16，线圈电压380V、16A	只	2
8	热继电器 FR	JR20—16/3、三极、16A、整定电流8.8A	只	1
9	按钮	LA10—3H，保护式、按钮数3	只	2
10	木螺钉	ϕ3mm×20mm；ϕ3mm×15mm	个	30
11	平垫圈	ϕ4mm	个	30
12	圆珠笔	自定	支	1
13	主电路导线	BVR—1.5mm^2（7×0.52mm）（黑色）	m	若干
14	控制电路导线	BV—1.0mm^2（7×0.43mm）	m	若干
15	按钮线	BV—0.75mm^2	m	若干
16	接地线	BVR—1.5mm^2（黄绿双色）	m	若干
17	行线槽	18mm×25mm	m	若干
18	编码套管	自定	m	若干

三、训练内容与步骤
1. 安装

(1) 准备元器件 按表 1-8 配齐所用元件，并进行质量检验，电器元件应完好无损，各项技术指标符合技术要求，否则应予以更换。

(2) 安装电器元件 画出布置图，根据布置图安装所有电器元件，并贴上醒目的文字符号，如图 1-32 所示。安装时，组合开关、熔断器的受电端子应安装在控制板的外侧；电器元件排列要整齐、匀称，间距合理，且便于更换，紧固电器元件时用力要均匀，紧固程度适当，做到既要使电器元件安装牢固，又不使电器元件损坏。

(3) 配线 画出接线图，根据接线图进行板前明线布线和套编码套管。做到布线横平竖直、整齐、分布均匀、紧贴安装面、走线合理；套编码套管要正确；严禁损伤线芯和导线绝缘；接点牢靠，不得松动，不得压绝缘层，不反圈及不露铜线过长等，配好线的控制板如图 1-33 所示，并对照电路图检查布线和接线的正确性。

图 1-32 元器件安装

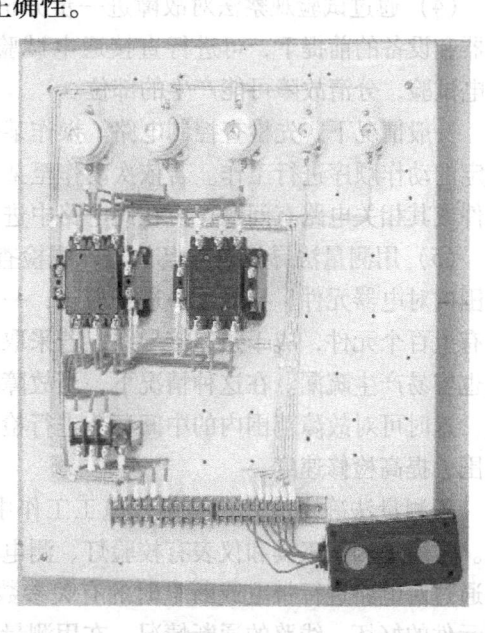

图 1-33 控制板

(4) 安装电动机 要做到安装牢固平稳，以防止在换向时产生滚动而引起事故。还要求可靠连接电动机和按钮金属外壳的保护接地线。

(5) 连接电源、电动机等控制板外部的接线 导线要敷设在导线通道内，或采用绝缘良好的橡皮绝缘线进行通电试验。

(6) 自检 安装完毕的控制电路板，必须按要求进行认真检查，确保无误后才允许通电试车。

(7) 交验合格后，通电试车 通电时，必须经指导教师同意后，由指导教师接通电源，并在现场进行监护。出现故障后，学生应独立进行检修。若需带电检查时，也必须有教师在现场监护。通电试车完毕，停转、断开电源。先拆除三相电源线，再拆除电动机负载线。

注意事项：
1) 螺旋式熔断器的接线必须正确，以确保用电安全。

2）接触器联锁触头的接线必须正确，否则将会造成主电路中两相电源短路事故。

2. 检修

（1）故障设置　在控制电路和主电路中人为设置自然电气故障各1处。

（2）根据故障现象，进行故障调查研究　电气线路发生故障后，不要盲目立即动手检修。在检修前，可以向指导教师询问故障现象，通过故障前后的操作情况和故障发生后的异常现象，来判断出故障发生的范围，进而准确地排除故障。

（3）在电路图上分析故障范围　依照基本电路的工作原理，运用逻辑分析方法对故障现象作具体分析，划定可疑范围，提高维修的针对性，确定并缩小故障范围，可以收到准而快的效果。分析电路时，通常先从主电路入手，再了解控制电路的形式。

（4）通过试验观察法对故障进一步分析，缩小故障范围　在不扩大故障范围、不损伤电器和设备的前提下，可进行直接通电试验，或除去负载（从控制箱接线端子板上卸下）通电试验，分清故障可能产生的部位。

一般情况下，先检查控制电路。操作某一只按钮时，线路中有关的接触器、继电器将按规定的动作顺序进行工作。若依次动作至某一电器时，发现动作不符合要求，即说明该电器元件或其相关电路有问题，再在此电路中进行逐项分析和检查，一般便可发现故障。

（5）用测量法寻找故障点　经外观检查没有发现故障点时，就根据故障原因，在故障范围内对电器元件、导线逐一进行检查，一般能很快找到故障点。但对复杂的线路而言，往往有上百个元件，成千条连接导线，若采取逐一检查的方法，不仅需要耗费大量的时间，而且也容易产生疏漏。在这种情况下，当故障的可疑范围较大时，不必按部就班地逐级进行检查，这时可对故障范围内的中间环节进行检查，来判断故障发生在哪一部分，从而缩小故障范围，提高检修速度。

用测量法确定故障点是维修电工工作中用来准确确定故障点的一种行之有效的检查方法。常用的测试工具和仪表有校验灯、测电笔、万用表、钳形电流表、绝缘电阻表等，主要是通过对电路进行带电或断电时的有关参数（如电压、电阻、电流等）的测量，来判断电器元件的好坏、线路的通断情况。在用测量法检查故障点时，一定要保证各种测量工具和仪表完好，使用方法正确，还要注意防止感应电的影响，以免产生误判断。

（6）对故障点进行检修后，并通电试车　找出故障点后，一定要针对不同故障情况和部位相应地采取正确的修复方法，应尽量做到复原。不要轻易采用更换电器元件和补线等方法，更不允许轻易改动电路或更换规格不同的电器元件，以防止产生人为故障。

（7）第二故障点的确定与排除　进行故障分析后，确定第二个故障点范围，进行检测、检修。

最后，技能训练操作结束，整理现场，做好维修记录。

注意事项：

1）在通电试验时，必须注意人身和设备的安全。要遵守安全操作规程，不得随意触动带电部位，要尽可能在切断电源的情况下进行，以免发生不良后果。

2）用电阻测量方法检查故障时，一定要先切断电源。测量高电阻电器元件时，要将万用表的电阻挡转换到适当挡位。所测电路若与其他电路并联时，必须将该电路与其他电路断开，否则所测电阻值不准确。用测量法检查故障点时，一定要保证各种测量工具和仪表完好，使用方法正确，还要注意防止感应电、回路电及其他并联支路的影响，以免产生误判断。

3）在找出故障点和修复故障时，应注意不能把找出的故障点作为寻找故障的终点，还必须进一步分析查明产生故障的根本原因。

4）通电试车时，要在指导教师的监护下进行，必须注意人身和设备的安全。严格遵守安全操作规程，不得随意触动带电部分，要尽可能切断电动机主电路电源，只在控制电路带电的情况下进行检查。

5）清理现场时，要先断开电路板总电源开关。整理电气线路，将检修过程涉及的各接线点重新紧固一遍；灭弧罩、熔断器帽等盖好旋紧；各导线整理规范美观。将板面的绝缘皮、废弃的线头等杂物清理干净。最后将电工工具、仪表和材料整齐摆放在桌面上，并清扫地面。

6）每次排除故障后，还应及时总结经验，并做好维修记录。记录的内容可包括：故障现象、部位、损坏的电器、故障原因、修复措施及修复后的运行情况等。

热继电器的校验

小实践

按图 1-34 所示电路连接好校验电路。将调压器的输出调到零位置。将热继电器置于手动复位状态，并将整定值旋钮置于额定值处。闭合电源开关 QS，指示灯 HL 亮。

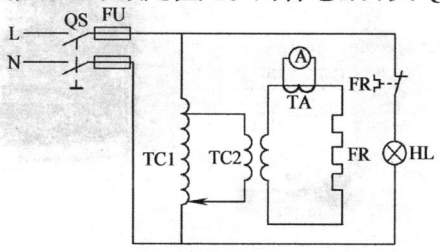

图 1-34 热继电器的校验

①将调压变压器输出电压从零升高，使热元件通过的电流升至额定值，1h 内热继电器应不动作；若 1h 内热继电器动作，则应将调节旋钮向整定值大的方向旋动。

②接着将电流升至 1.2 倍额定电流，热继电器应在 20min 内动作，指示灯 HL 熄灭；若 20min 内不动作，则应将调节旋钮向整定值小的位置旋动。

③将电流降至零，待热继电器冷却并复位后，快速调升电流至 6 倍额定值，先分断 QS 再闭合，其动作时间应大于 5s。

第三节　位置控制与自动循环控制电路及其安装与维修

在生产过程中，一些生产机械运动部件的行程或位置要受到限制，或者需要在一定范围内自动往返循环等，以便实现对工件的连续加工。本节介绍位置控制电路及工作台往返控制电路的安装与检修。

位置控制是一种利用生产机械的运动部件上的挡铁与位置开关碰撞，使其触头动作，来接通和断开电路，以实现对生产机械运动部件的位置和行程控制。

一、位置开关

位置开关是一种将机械信号转换为电信号，以控制运动部件的位置和行程的自动控制电器。位置开关包括行程开关和接近开关等。行程开关的种类很多，以运动形式分，有直动式和转动式；以触头性质可分为有触头和无触头的。

（1）型号及含义　常用的行程开关有 LX19 和 JLXK1 系列。

（2）结构及原理　各种行程开关的基本结构大体相同，都是由触头系统、操作机构和外壳组成。JLXK1 系列行程开关的外形如图 1-35 所示。

图 1-35　JLXK1 系列行程开关的外形

JLXK1—111 型行程开关的结构及图形符号如图 1-36 所示。当运动部件的挡铁碰压行程开关的滚轮 1 时，杠杆 2 连同转轴 3 一起转动，使凸轮 7 推动撞块 5，当撞块被压到一定位置时，推动微动开关 6 快速动作，使其常闭触头断开，常开触头闭合。

位置开关按其触头动作方式可分为蠕动型和瞬动型，两种类型触头的动作速度不同。JLXK1—111 型位置开关的分合速度取决于生产机械挡块触动操作头的移动速度，其缺点是当移动速度低于 0.4m/s 时，触头分合太慢易受电弧烧灼，从而降低触头的使用寿命。

为了使位置开关触头在生产机械缓慢运动时仍能快速分合，可以将触头动作设计成跳跃式瞬动结构，这样不但可以保证动作的可靠性及行程控制的位置精度，同时还可减少电弧对触头的灼伤。

(3) 选用 行程开关主要根据动作要求、安装位置及触头数量选择。

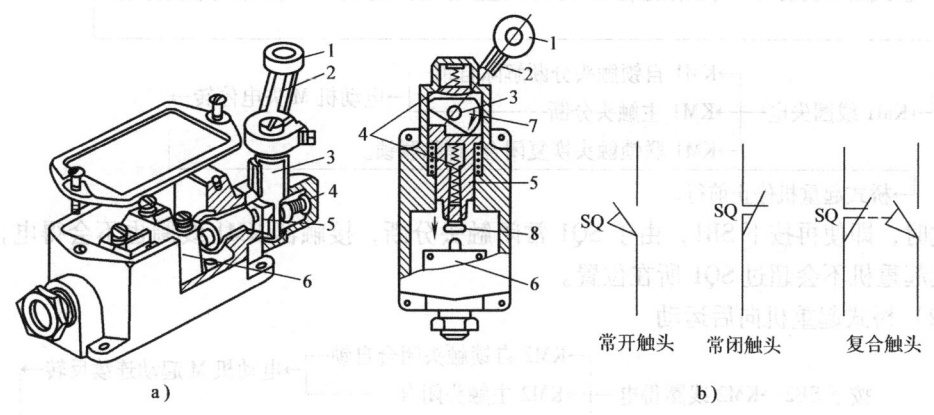

图 1-36 JLXK1—111 型行程开关
a) 结构 b) 图形符号
1—滚轮 2—杠杆 3—转轴 4—复位弹簧 5—撞块 6—微动开关
7—凸轮 8—调节螺钉

二、位置控制电路

位置控制电路如图 1-37 所示。

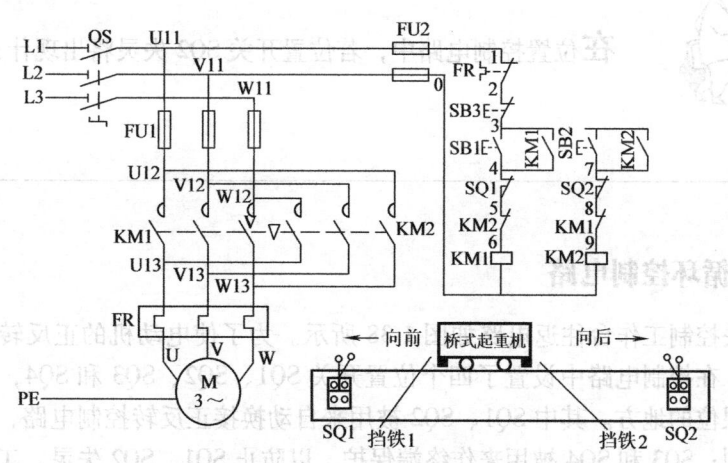

图 1-37 位置控制电路

该电路的工作原理如下：
(1) 桥式起重机向前运动

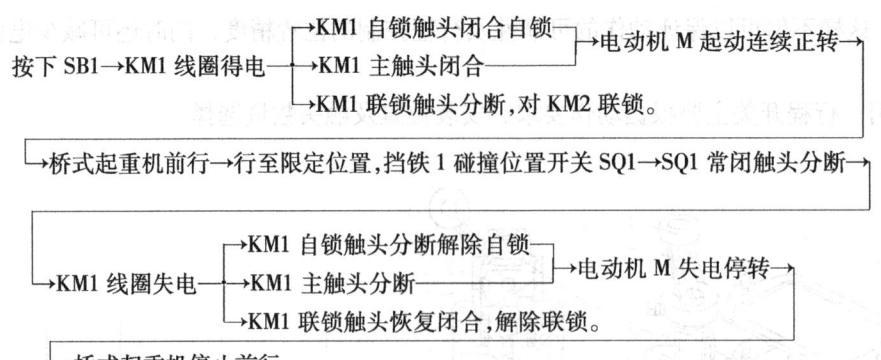

此时，即使再按下 SB1，由于 SQ1 常闭触头分断，接触器 KM1 线圈也不会得电，保证了桥式起重机不会超过 SQ1 所在位置。

（2）桥式起重机向后运动

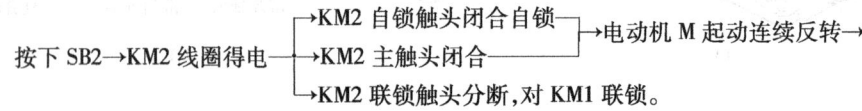

注意：若需要停车时只需按下 SB3 即可。

在位置控制电路中，若位置开关 SQ2 失灵将出现什么问题？

三、自动循环控制电路

由位置开关控制工作台往返电路如图 1-38 所示。为了使电动机的正反转控制与工作台的左右相配合，在控制电路中设置了四个位置开关 SQ1、SQ2、SQ3 和 SQ4，并把它们安装在工作台需要限位的地方。其中 SQ1、SQ2 被用来自动换接正反转控制电路，实现工作台自动往返行程控制；SQ3 和 SQ4 被用来作终端保护，以防止 SQ1、SQ2 失灵，工作台越过限定位置而造成事故。在工作台边的 T 型槽中装有两块挡铁，挡铁 1 只能和 SQ1、SQ3 相碰，挡铁 2 只能和 SQ2、SQ4 相碰。当工作台达到限定位置时，挡铁碰撞位置开关，使其触头动作，自动换接电动机正反转控制电路，通过机械机构使工作台自动往返运动。工作台行程可通过移动挡铁位置来调节。

第一章 三相异步电动机典型控制电路及其安装、调试与维修

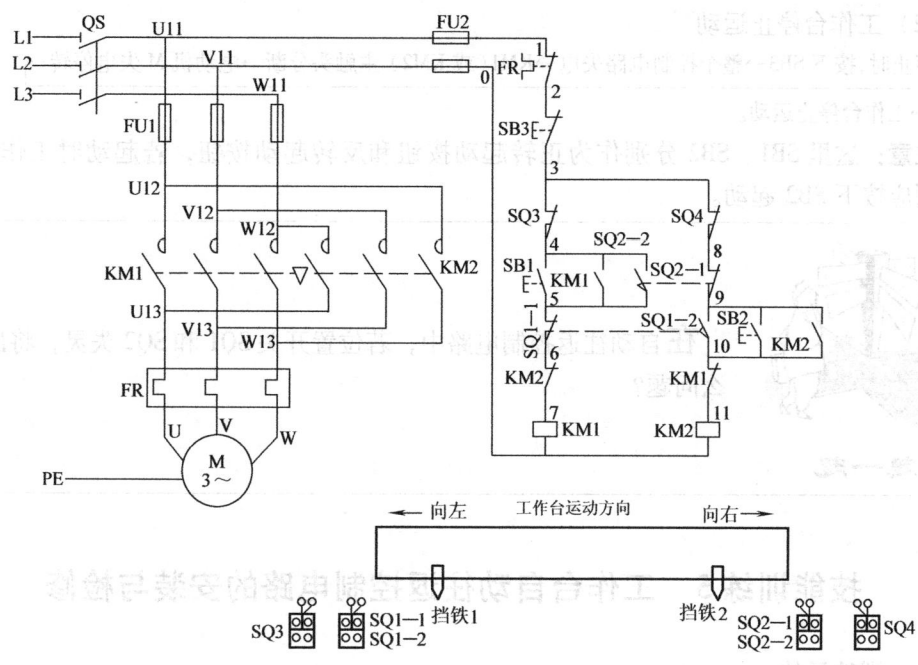

图 1-38 工作台自动往返控制电路

该电路的工作原理如下：

（1）工作台往复运动

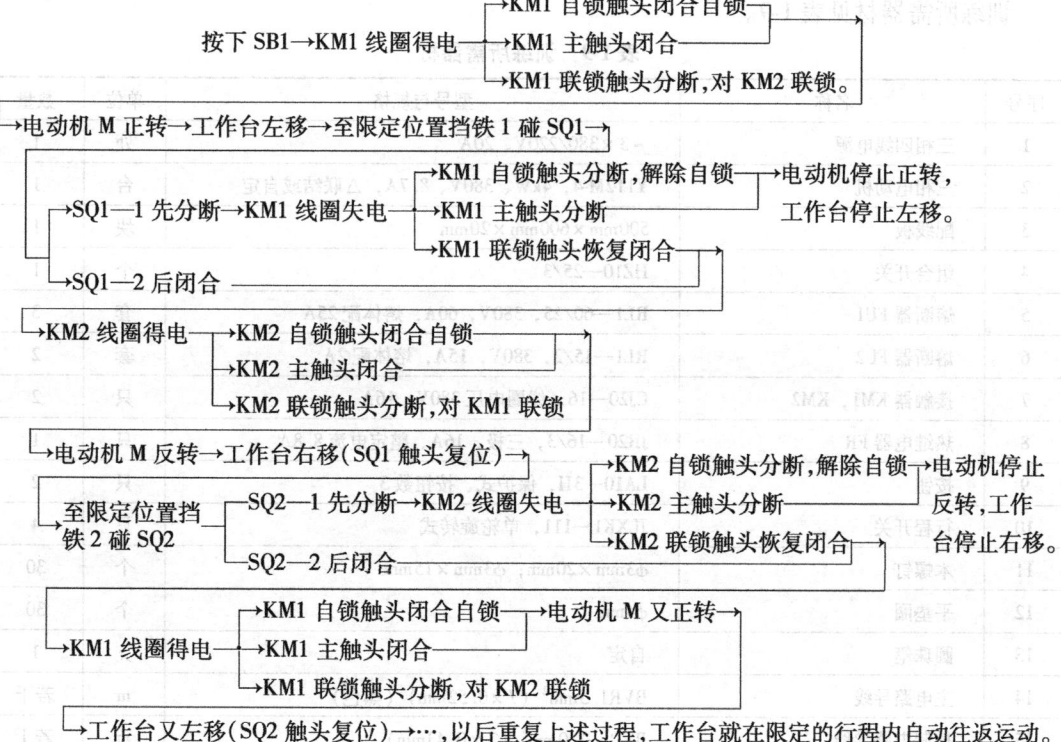

(2) 工作台停止运动

停止时，按下 SB3→整个控制电路失电→KM1（或 KM2）主触头分断→电动机 M 失电停转→工作台停止运动。

注意：这里 SB1、SB2 分别作为正转起动按钮和反转起动按钮，若起动时工作台在左端，则应按下 SB2 起动。

在自动往返控制电路中，若位置开关 SQ1 和 SQ2 失灵，将出现什么问题？

技能训练 5 工作台自动往返控制电路的安装与检修

一、训练目的
1. 掌握工作台自动往返控制电路的安装方法。
2. 掌握工作台自动往返控制电路的检修技能。

二、训练器材
训练所需器材见表 1-9。

表 1-9 训练所需器材

序号	名称	型号与规格	单位	数量
1	三相四线电源	~3×380/220V、20A	处	1
2	三相电动机	Y112M-4，4kW、380V、8.7A、△联结或自定	台	1
3	配线板	500mm×600mm×20mm	块	1
4	组合开关	HZ10—25/3	个	1
5	熔断器 FU1	RL1—60/25，380V，60A，熔体配 25A	套	3
6	熔断器 FU2	RL1—15/2，380V，15A，熔体配 2A	套	2
7	接触器 KM1，KM2	CJ20—16，线圈电压 380V，16A	只	2
8	热继电器 FR	JR20—16/3，三极，16A，整定电流 8.8A	只	1
9	按钮	LA10—3H，保护式、按钮数 3	只	2
10	行程开关	JLXK1—111，单轮旋转式	只	4
11	木螺钉	ϕ3mm×20mm；ϕ3mm×15mm	个	30
12	平垫圈	ϕ4mm	个	30
13	圆珠笔	自定	支	1
14	主电路导线	BVR1.5mm^2（7×0.52mm）（黑色）	m	若干
15	控制电路导线	BVR—1.0mm^2（7×0.43mm）	m	若干

(续)

序号	名称	型号与规格	单位	数量
16	按钮线	BVR—0.75mm^2	m	若干
17	接地线	BVR—1.5mm^2（黄绿双色）	m	若干
18	行线槽	18mm×25mm	m	若干
19	编码套管	自定	m	若干

三、训练内容与步骤

1. 安装

（1）准备元器件　按表1-9配齐所需元器件，并进行质量检验。

（2）安装走线槽和元器件　画出布置图（见图1-39a），在控制板上按布置图安装走线槽和所有电器元件。安装走线槽时，应做到横平竖直，排列整齐匀称，安装牢固和便于走线，如图1-39b所示。

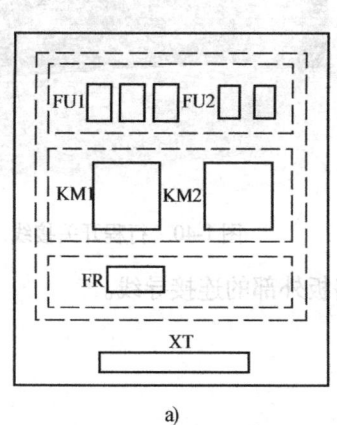
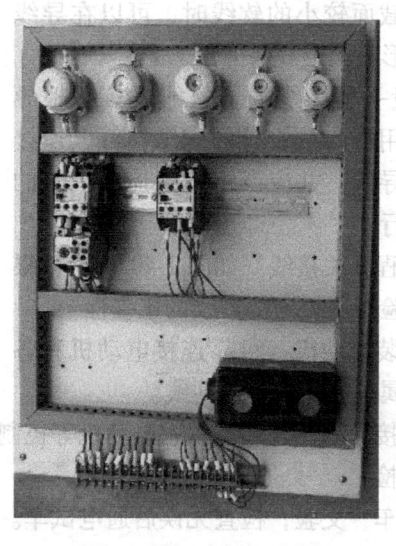

图 1-39　工作台自动往返控制电路
a）布置图　b）安装电路板

（3）线槽配线　按电路图进行板前线槽配线，并在导线端部套编码套管和冷压接线头。板前线槽配线的具体工艺要求如下：

1）所有导线的截面积在大于或等于0.5mm^{2}时，必须采用软线。考虑机械强度等原因，对所用导线的最小截面积规定为：在控制箱外为1mm^2，在控制箱内为0.75mm^2。但对控制箱内很小电流的电路连线，如电子逻辑线路，可用0.2mm^2，并且可以采用硬线，但只能用于不移动又无振动的场合。

2）对于各电器元件接线端子引出导线的走向，应以电器元件的水平中心线为界线，在水平中心线以上接线端子引出的导线，必须进入电器元件上面的行线槽；在水平中心线以下接线端子引出的导线，必须进入电器元件下面的行线槽。任何导线都不允许从水平方向进入行线槽。

3）各电器元件接线端子上引入或引出的导线，除间距很小和电器元件机械强度很差允许直接架空敷设外，其他导线必须经过行线槽进行连接。

4）进入行线槽内的导线要完全置于行线槽内，并尽可能避免交叉，装线不得超过其容量的70%，以便于盖上行线槽盖和以后的装配及维修。

5）各电器元件与行线槽之间的外露导线，应走线合理，并尽可能做到横平竖直，变换走向要垂直。同一个电器元件上位置一致的端子上引出或引入的导线，要敷设在同一平面上，并应做到高低一致或前后一致，不得交叉。

6）所有接线端子、导线接头上都应套装与电路图上相应接点线号一致的编码套管，并按线号进行连接。

7）在任何情况下，接线端子必须与导线截面和材料性质相适应。当接线端子不适合连接软线或截面较小的软线时，可以在导线端头穿上针形或叉形扎头并压紧。

8）一般一个接线端子只能连接一根导线，如果采用专门的设计的端子，可以连接两根或多根导线，并应严格按照连接工艺的工序要求进行。

(4) 行程开关接线 如图1-40所示，根据电路图检验控制板内部布线的正确性。

(5) 安装电动机 可靠连接电动机和各电器元件金属外壳的保护接地线。

图1-40 行程开关接线

(6) 连接导线 连接电源、电动机等控制电路板外部的连接导线。

(7) 自检。

(8) 试车 交验，检查无误后通电试车。

注意事项：

1）先安装好行程开关，不占定额时间，但必须牢固地安装在合适的位置上。安装后，必须用手动工作台或受控机械进行试验，合格后才能使用。训练中若无条件进行实际机械安装时，可将行程开关装在控制板下方两侧进行手控模拟试验。

2）通电校验时，必须先手动行程开关，试验各行程控制和中断保护是否正常可靠。若在电动机上正转（工作台向左运动）时，扳动行程开关SQ，电动机不反转，且能够继续正转，则可能是由于KM2的主触头接线不正确引起的，此时需要断电进行纠正后再进行测试，以防止发生设备事故。

3）走线槽安装后可不必拆卸，以供后面课题训练时使用。安装线槽的时间不计入定额时间内。

4）安装训练应在规定定额时间内完成，同时要做到安全操作和文明生产。

行程开关的安装与使用

小技能

1）行程开关安装时，安装位置要准确，安装要牢固；滚轮的方向不能装反，挡铁与其碰撞的位置应符合控制电路的要求，并确保能可靠地与挡铁碰撞。

2）行程开关在使用中要定期检查和保养，除去油垢及粉尘，清理触头。经常检查其动作是否灵活、可靠，及时排除故障。防止因行程开关无动作而导致设备和人身安全事故。

2. 检修

（1）故障设置　在控制电路或主电路中人为设置电气故障两处。

（2）故障检修　在教师的指导下，可让学生参照检修步骤及要求进行检修。

注意事项：

1）寻找故障现象时，不要漏检行程开关，并且严禁在行程开关 SQ3、SQ4 上设置故障。

2）要做到安全文明生产。

第四节　顺序控制与多地控制电路及其安装与维修

在装有多台电动机的生产机械上，各电动机所起的作用是不同的，有时需按一定的顺序或停止，才能保证操作过程的合理和工作的安全可靠，这就是顺序控制。而有时为减轻劳动者的生产强度，实际生产中常常采用在两处及两处以上同时控制一台电气设备，这就是多地控制。本课题要进行顺序控制与多地控制电路的安装与维修。

一、顺序控制电路

要求几台电动机的起动或停止必须按一定的先后顺序来完成的控制方式，称为电动机的顺序控制。顺序控制可以通过控制电路实现，也可通过主电路实现，几种实现顺序控制的电路及特点分别介绍如下：

1. 控制电路实现顺序控制

在电路中实现顺序控制的电路分别如图 1-41、图 1-42 和图 1-43 所示。

图 1-41 所示电路的特点是：电动机 M2 的控制电路先与接触器 KM1 的线圈并接后再与 KM1 的自锁触头串接，这样保证了 M1 起动后，M2 才能起动的顺序控制要求。

图 1-42 所示电路的特点是：在电动机 M2 的控制电路中串接了接触器 KM1 的常开辅助触头。显然，只要 M1 不起动，即使按下 SB21，由于 KM1 的常开辅助触头未闭合，KM2 线圈也不能得电，从而保证了 M1 起动后，M2 才能起动的控制要求。电路中停止按钮 SB12 控制两台电动机同时停止，SB22 控制 M2 的单独停止。

图 1-43 所示电路的特点是：两台电动机顺序起动、逆序停转。该电路是在电动机 M2 的控制电路中串接了接触器 KM1 的常开辅助触头。显然，只要 M1 不起动，即使按下 SB21，由于 KM1 的常开辅助触头未闭合，KM2 线圈也不能得电，从而保证了 M1 起动后，M2 才能

起动的控制要求。在 SB12 的两端并接了接触器 KM2 的常开辅助触头，从而实现了 M2 停止后，M1 才能停止的控制要求，即 M1、M2 顺序起动、逆序停止。

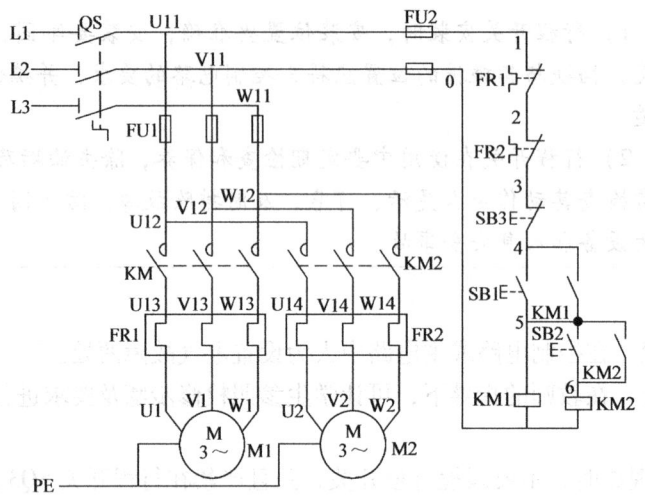

图 1-41　顺序控制电路之一

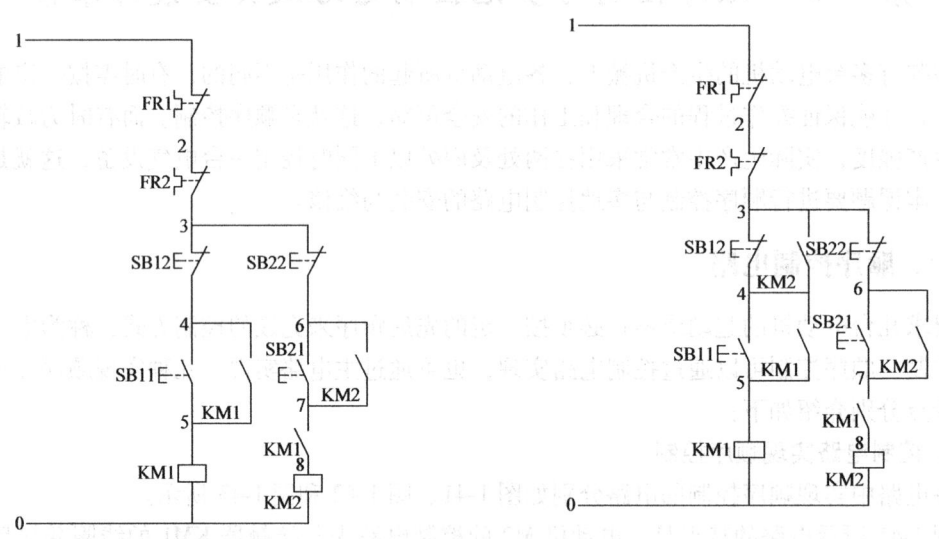

图 1-42　顺序控制电路之二　　　　　　图 1-43　顺序控制电路之三

2. 主电路实现顺序控制

主电路实现顺序控制的电路如图 1-44 和图 1-45 所示。

图 1-44 所示电路的特点是：电动机 M2 是通过接插器 X 接在接触器 KM 主触头的下面，因此，只有当 KM 主触头闭合，电动机 M1 起动运转后，电动机 M2 才可能接电源运转。

图 1-45 所示电路的特点是：电动机 M1 和 M2 分别通过接触器 KM1 和 KM2 来控制，接

触器 KM2 的主触头接在接触器 KM1 触头的下面,这样保证了当前 KM1 主触头闭合、电动机 M1 起动运转后,M2 才可能接通电源运转。

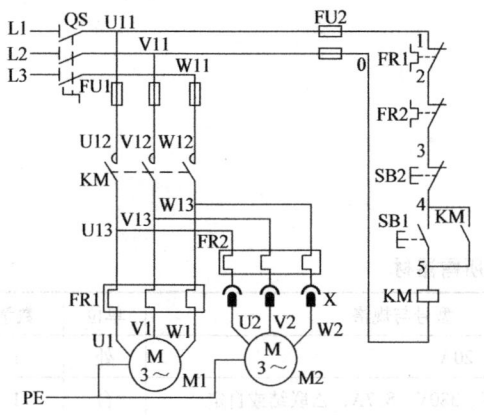

图 1-44 主电路实现顺序控制电路之一

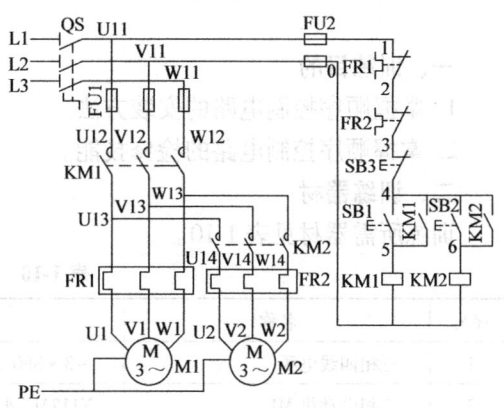

图 1-45 主电路实现顺序控制电路之二

二、多地控制电路

为减轻劳动者的生产强度,实际生产中常常采用在两处及两处以上同时控制一台电气设备,像这种能在两地或多地控制同一台电动机的控制方式叫电动机的多地控制。

具有两地控制的过载保护接触器自锁正转控制电路如图 1-46 所示。电路中 SB11、SB12 为安装在甲地的起动按钮和停止按钮;SB21、SB22 为安装在乙地的起动按钮和停止按钮。该电路的特点是:两地的起动按钮 SB11、SB21 要并联在一起;停止按钮 SB12、SB22 要串联接在一起。这样就可以分别在甲、乙两地起动和停止同一台电动机,达到操作方便之目的。

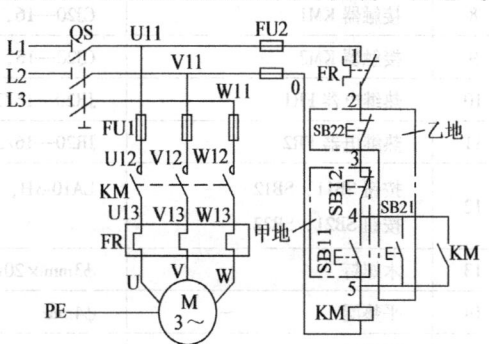

图 1-46 两地控制的过载保护
接触器自锁正转控制电路

综上所述,对三地或多地控制,只要把各地的起动按钮并接、停止按钮串接就可以实现。

如何实现顺序控制?多地控制的特点有哪些?

技能训练6　顺序控制电路的安装

一、训练目的
1. 掌握顺序控制电路的安装方法。
2. 掌握顺序控制电路的检修技能。

二、训练器材
训练所需器材见表1-10。

表1-10　训练所需器材

序号	名称	型号与规格	单位	数量
1	三相四线电源	~3×380/220V、20A	处	1
2	三相电动机 M1	Y112M—4，4kW、380V、8.7A，△联结或自定	台	1
3	三相异步电动机 M2	Y90S—2，1.5kW、380V、3.4A，Y联结，2845r/min	台	1
4	配线板	500mm×600mm×20mm	块	1
5	组合开关	HZ10—25/3，三极、380V、25A	只	1
6	熔断器 FU1	RL1—60/25，380V、60A，熔体配25A	套	3
7	熔断器 FU2	RL1—15/2，380V、15A，熔体配2A	套	2
8	接触器 KM1	CJ20—16，线圈电压380V、16A	只	1
9	接触器 KM2	CJ20—16，线圈电压380V、16A	只	1
10	热继电器 FR1	JR20—16/3，三极、16A、整定电流8.8A	只	1
11	热继电器 FR2	JR20—16/3，三极、16A、整定电流3.4A	只	1
12	按钮 SB11，SB12 按钮 SB21，SB22	LA10-3H，保护式、按钮数3	只	2
13	木螺钉	$\phi3mm×20mm$；$\phi3mm×15mm$	个	30
14	平垫圈	$\phi4mm$	个	30
15	圆珠笔	自定	支	1
16	主电路导线	BVR—1.5mm^2（7×0.52mm）（黑色）	m	若干
17	控制电路导线	BVR—1.0mm^2（7×0.43mm）	m	若干
18	按钮线	BVR—0.75mm^2	m	若干
19	接地线	BVR—1.5mm^2（黄绿双色）	m	若干
20	行线槽	18mm×25mm	m	若干
21	编码套管	自定	m	若干

三、训练内容及步骤
1）按表1-10配齐所用元器件，并进行质量检验。

2）根据图1-42所示控制电路（主电路见图1-41）按绘制布置图（见图1-47a），并安装电器元件和行线槽。要求电器元件安装牢固可靠，并贴上醒目的文字符号。

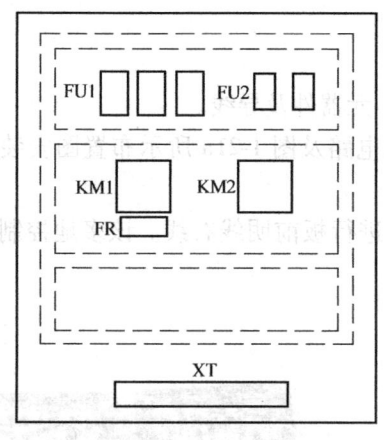 

图 1-47 顺序控制电路
a) 布置图　b) 控制电路板

3) 在控制电路板上进行板前线槽布线,并在导线端部套好编码套管和冷压接线头。安装好的控制电路如图 1-47b 所示。

4) 安装电动机,并可靠连接电动机和电器元件金属外壳的保护接地线。

5) 连接控制电路板外部的连接导线。

6) 自检。

7) 校验,经检查无误后通电试车。

注意事项:

1) 通电试车前,应熟悉电路的操作顺序,即先合上电源开关 QS 然后按下 SB11 后,再按 SB21 顺序起动;按下 SB22 后,再按下 SB12 逆序停止。

2) 通电试车,注意观察电动机、各电器元件及线路各部分工作是否正常。若发现异常情况,必须立即切断电源开关 QS,因为此时停止按钮 SB12 已失去作用。

3) 安装应在规定的定额时间内完成,同时要做到安全操作和文明生产。

4) 根据电动机的位置标划线路走向、电线管和控制板支持点的位置,并做好敷设和支持准备工作。

技能训练 7　多地控制电路的安装与检修

一、训练目的

1. 掌握多地控制电路的安装方法。
2. 掌握多地制线路的检修技能。

二、训练器材

本技能训练所需仪表及器材与具有过载保护的接触器自锁正转控制电路的工具、仪表及器材相同,见表 1-2,另外再增加一只同型号规格的按钮和适量按钮线。

三、训练内容和步骤

1. 安装

（1）配备所需元器件　按表1-2选用工具、元器件及导线。

（2）安装与固定元器件　根据图1-46所示电路及图1-21a所示布置图安装及固定元器件，如图1-48所示。

（3）布线　在控制电路板上按图1-46所示进行板前明线布线。该多地控制功能可通过两个按钮的内接线来实现，如图1-49所示。

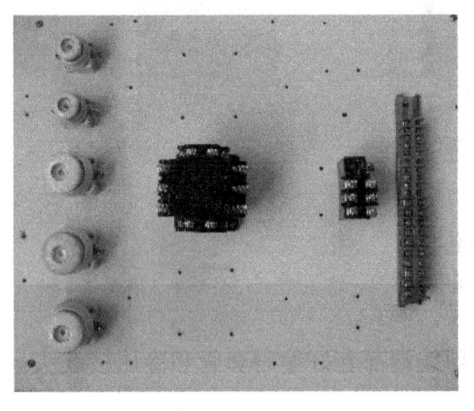

图1-48　安装元器件

图1-49　多地控制的接线

（4）安装电动机　可靠连接电动机和电器元件金属外壳的保护接地线。

（5）连接电源。

（6）自检　检查控制板布线的正确性，经检查无误后，盖上行线槽。

（7）交验　经教师检查同意后通电试车。

1）空载试运转：接通三相电源，合上电源开关，用试电笔检查熔断器出线端，氖管亮表示电源接通。依次按动SB11、SB12和SB21、SB22，观察接触器动作是否正常，两地控制要经反复几次操作，正常后方可进行带负载试运转。

2）带负载试运转：带负载试运转前拉下电源开关，接通电动机电源线并经检查无误后，再合闸送电，起动电动机，当电动机平稳运行时，用钳形电流表测量三相电流是否平衡。

若带负载试运转正常后，经指导教师同意后断开电源，先拆除三相电源线，再拆除电动机线，整理场地。

2. 检修

（1）故障设置　在控制电路和主电路中人为设置自然电气故障1处。故障现象为：按下SB11、SB21，电动机都不能起动。

（2）根据故障现象，进行故障调查研究　在检修前，可先询问故障现象，通过故障前后的操作情况和故障发生后的异常现象，来判断出故障可能发生的范围。

（3）在电路图上分析故障范围　依照基本电气线路的工作原理，运用逻辑分析方法对故障现象作出具体分析，划出可疑范围。经过初步分析，按下SB11后电动机不能起动，按下SB21后电动机也不能起动，说明主电路可能存在故障；若故障出现在控制电路，则可能是按钮 SB11 接触不良、按钮 SB21 接触不良或 4-5 两点之间的连线断路。

（4）通过试验观察法对故障进一步分析，逐渐缩小故障范围。

（5）用测量法寻找故障点　按下按钮 SB11，接触器 KM 动作，说明线圈正常；用万用表测量按钮 SB11 两端的电压为零，说明按钮 SB11 接触正常，故障可能在主电路，检查主电路的电压，发现 W 相无电压，断电后，经检查 W 相的熔断器熔断。更换同型号的熔芯。

（6）对故障点进行检修后，并通电试车，用试验法观察下一个故障现象　按下 SB11 电动机可以起动，按下 SB21 电动机不能起动。

（7）进行故障分析后，确定第二个故障点范围，故障可能出现在按钮 SB21 处，可能是按钮 SB21 接触不良。

（8）用测量法寻找第二个故障点　断开电源，按下按钮 SB21，用万用表的电阻挡 $R \times 1$ 挡测量 SB21 两端的电阻值为"∞"，说明 SB21 接触不良。

（9）排除第二个故障点，并进行通电试车。

（10）整理现场，做好维修记录。

第五节　三相笼型异步电动机减压起动控制电路及其安装与维修

三相异步电动机起动时，加在电动机定子绕组上的电压为电动机的额定电压，属于全压起动，也称为直接起动。直接起动的优点是所使用的电气设备较少，线路比较简单，维修量较小。异步电动机直接起动时，起动电流一般为额定电流的 4~7 倍。在电源电压容量不够大而电动机功率较大的情况下，直接起动将导致电源变压器输出电压下降，不仅降低电动机本身的起动转矩，而且会影响同一供电线路中其他电气设备的正常工作。因此，较大容量的电动机需要采用减压起动。本节主要介绍三相笼型异步电动机减压起动控制电路的安装、调试与维修。

一、减压起动的概念

减压起动是指利用起动设备将电压适当降低后加到电动机定子绕组上进行起动，待电动机正常运转后，再使其电压恢复到额定值。由于电流随电压的降低而减小，所以减压起动达到了减小起动电流之目的。因此，减压起动需要在空载或轻载下起动。

通常规定：电源容量在 180kV·A 以上，电动机容量在 7kW 以下的三相异步电动机可采用直接起动。

凡不满足直接起动条件的，均须采用减压起动。常见的减压起动方法有四种：定子绕组串接电阻减压起动、自耦变压器（补偿器）减压起动、丫—△减压起动和延边三角形减压起动。

二、自耦变压器减压起动控制电路

自耦变压器减压起动是指电动机起动时利用自耦变压器来降低在电动机定子绕组上的起动电压。待电动机起动后，再使电动机与自耦变压器脱离，从而在全压下全速运行。

XJ01型自动控制自耦变压器减压起动控制电路如图1-50所示。XJ01系列自动控制补偿器是广泛应用于自耦变压起动自动控制设备，适用于交流为50Hz、电压为380V、功率为14~75kW的三相笼型异步电动机的减压起动。

　　XJ01系列自动控制补偿器是由自耦变压器、交流接触器、中间继电器、热继电器、时间继电器和按钮等电器元件组成。自耦变压器备有额定电压60%及80%两挡抽头。补偿器具有过载和失电压保护，最大起动时间为2min（包括一次或连续数次起动时间的总和），若起动时间超过2min，则起动后的冷却时间应不少于4h才能再次起动。XJ01型自动控制补偿器减压起动的电路分成主电路、控制电路和指示电路三个部分，点划线框内的按钮是异地控制按钮。

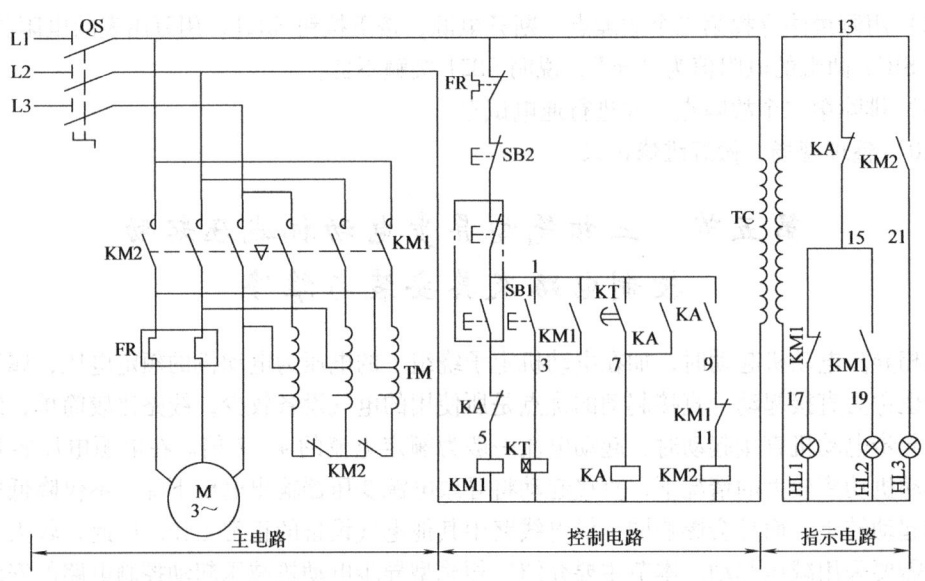

图1-50　XJ01型自动控制补偿器减压起动控制电路

1. 中间继电器

　　中间继电器是将一个输入信号变成一个或多个输出信号的继电器。它的输入信号为线圈的通电和断电，它的输出信号是触头的动作，不同动作状态的触头分别将信号传给几个元件或回路。

　　中间继电器的基本结构及工作原理与接触器基本相同，故称为接触器式继电器。所不同的是中间继电器的触头对数较多，并且没有主、辅之分，各对触头允许通过的电流大小是相同的，其额定电流为5A。

　　常用的中间继电器有两种，一种为JZ7系列中间继电器，其结构及电气符号如图1-51所示，与小容量交流接触器类同。

　　JZ7系列中间继电器采用立体布置，铁心和衔铁用E型硅钢片叠装而成，线圈置于铁心中柱，组成双E型直动式电磁系统。触头采用桥式双断点结构，上、下两层各有4对触头，下层触头只能是常开的，故触头系统可按8常开、6常开2常闭及4常开4常闭组合。

　　另一种为交直流中间继电器，如JZ14系列。这种继电器采用螺管式电磁系统及双断点桥式触头，其基本结构为交直流通用，交流铁心为平顶形，直流铁心与衔铁为圆锥形接触面。触头采用直列式布置，触头对数可达8对，按6常开2常闭、4常开4常闭及2常开6常闭任意组合。继电器还有手动操作按钮，便于点动操作和作为动作指示，同时还带有透明外罩，以防尘土进入内部，影响工作的可靠性。

中间继电器的主要用途有两个：一是当电压或电流继电器触头容量不够时，可借助中间继电器来控制，用中间继电器作为执行元件，这时中间继电器可被看成是一级放大器。二是当其他继电器或接触器触头数量不够时，可利用中间继电器来切换多条电路。

中间继电器的主要选择依据是：被控制电路的电压等级、所需触头的数量、种类、容量等要求。

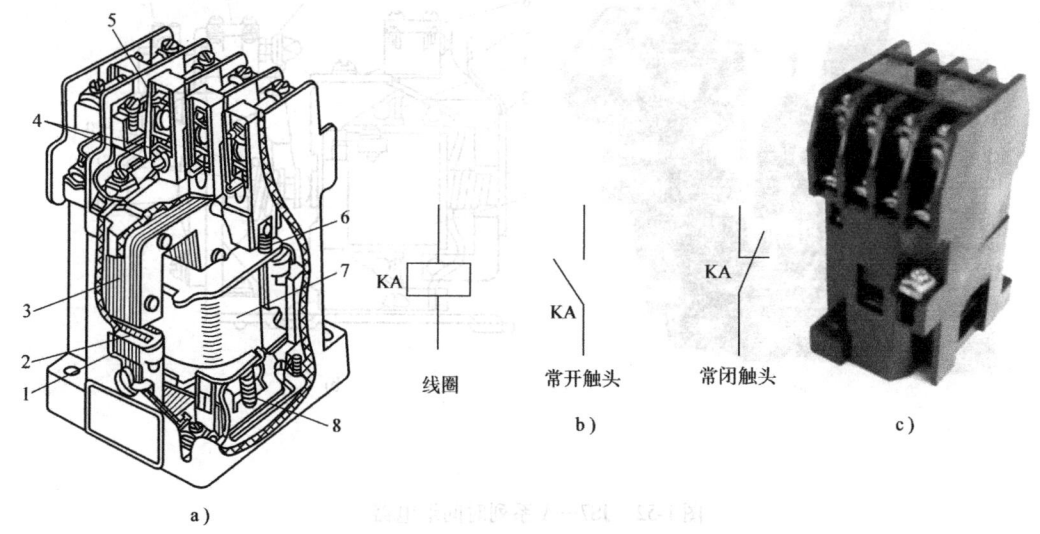

图 1-51　JZ7 系列中间继电器
a）结构　b）图形符号　c）外形
1—静铁心　2—短路环　3—衔铁　4—常开触头　5—常闭触头　6—反作用弹簧
7—线圈　8—缓冲弹簧

2. 时间继电器

图 1-50 所示电路中用时间继电器 KT 实现电动机从减压起动到全压运行的自动控制。时间继电器作为辅助元件用于各种保护及自动装置中，使被控元件达到所需要的整定时间后延时动作。

常用的时间继电器主要有电磁式、电动式、空气阻尼式、晶体管式等。目前，在电力拖动线路中应用较多的是空气阻尼式时间继电器。随着电子技术的发展，近年来晶体管式时间继电器应用日益广泛。

（1）空气阻尼式时间继电器　它又称为气囊式时间继电器，是利用气囊中的空气通过小孔节流的原理来获得延时动作的。根据触头延时的特点，可分为通电延时动作型和断电延时复位型两种。

空气阻尼式时间继电器的型号及含义如下：

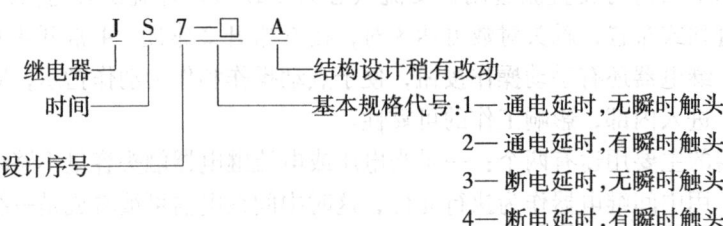

JS7—A 系列时间继电器如图 1-52 所示。它主要由电磁系统、触头系统、空气室、传动机构和基座组成。这种继电器有通电延时与断电延时两种类型。

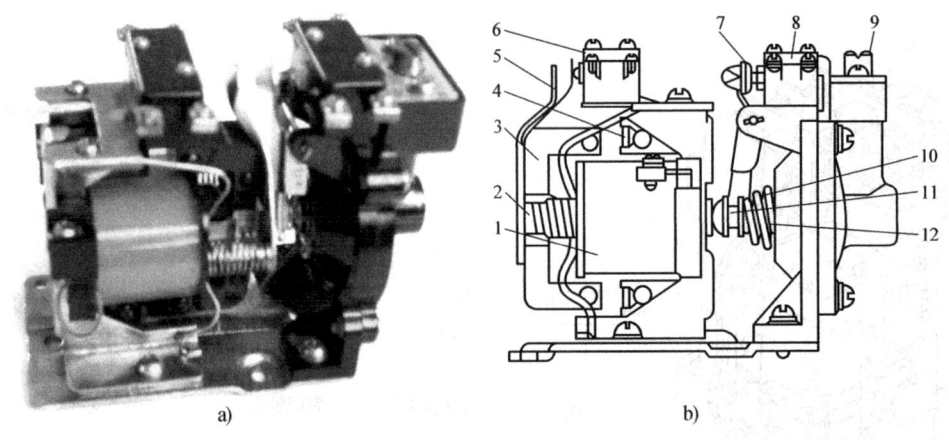

图 1-52 JS7—A 系列时间继电器
a) 外形 b) 结构
1—线圈 2—反力弹簧 3—衔铁 4—铁心 5—弹簧片 6—瞬时触头 7—杠杆
8—延时触头 9—调节螺钉 10—推杆 11—活塞杆 12—截锥弹簧

通电延时继电器的工作原理如下：

如图 1-53 所示，当线圈 2 通电后，铁心 1 产生电磁吸力，衔铁 3 将克服反力弹簧 4 的阻力与铁心吸合，带动推板 5 立即动作，压合微动开关 SQ2，使其常闭触头瞬时断开，常开触头瞬时闭合。同时活塞杆 6 在截锥弹簧 7 的作用下向上移动，带动与活塞 13 相连的橡胶膜 9 向上运动。其运动速度受进气口 12 进气速度的限制。这时橡胶膜下面形成空气较稀薄的空间，与橡胶膜上面的空气形成压力差，对活塞的移动产生阻尼作用。活塞杆带动杠杆 15 只能缓慢地移动。经过一段时间，活塞才能完成全部行程而压动微动开关 SQ1，使其常闭合触头断开、常开触头闭合。由于从线圈通电到触头动作需要一段时间，因此，SQ1 的两对触头分别被称为延时闭合瞬时断开的常开触头和延时断开瞬时闭合的常闭触头。这种时间继电器延时时间的长短取决于进气的快慢，旋转调节螺钉 11 可调节进气口的大小，即可达到调节延时时间长短的目的。JS7—A 系列时间继电器的延时范围有 0.4~60s 和 0.4~180s 两种。

当线圈 2 断电时，衔铁 3 在反力弹簧 4 的作用下，通过活塞杆 6 将活塞推向下端，这时橡胶膜 9 下方腔内的空气通过橡胶膜 9、弱弹簧 8 和活塞 13 局部所形成的单向阀迅速从橡胶膜上方气室缝隙中排掉，使微动开关SQ1、SQ2的各对触头均瞬时复位。

如果将通电延时型时间继电器的电磁机构翻转180°安装即成为断电延时型时间继电器。

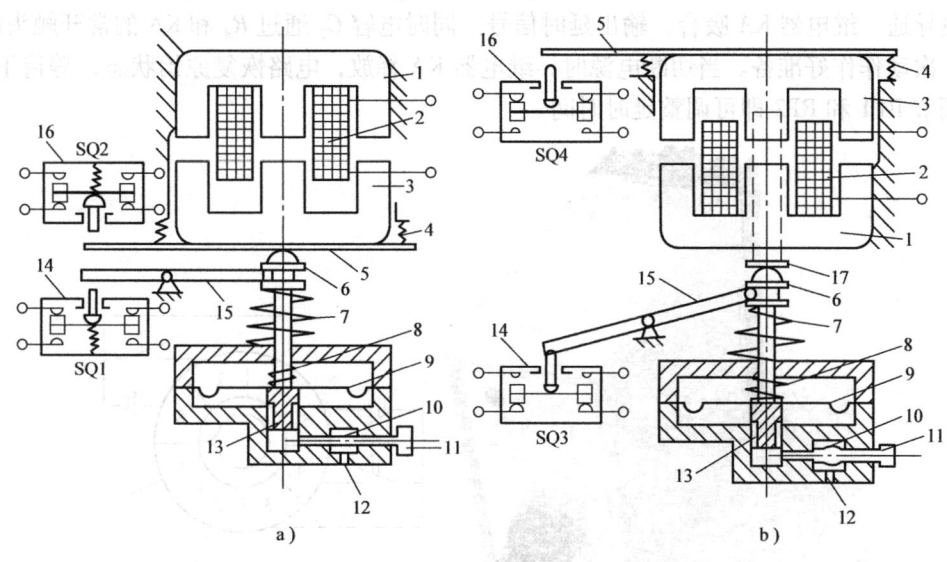

图1-53 空气阻尼式时间继电器的结构
a) 通电延时型 b) 断电延时型
1—铁心 2—线圈 3—衔铁 4—反力弹簧 5—推板 6—活塞杆 7—截锥弹簧 8—弱弹簧
9—橡胶膜 10—螺旋 11—调节螺钉 12—进气口 13—活塞 14、16—微动开关
15—杠杆 17—推杆

空气阻尼式时间继电器延时范围大，结构简单、寿命长、价格低。但是，其延时误差也较大，难以精确地整定延时值，且延时值易受周围环境温度、尘埃等的影响。因此，对延时精度要求较高的场合，不宜采用空气阻尼式时间继电器，应采用晶体管时间继电器。

（2）晶体管时间继电器 它也称为半导体时间继电器和电子式时间继电器。它具有结构简单、延时范围广、精度高、消耗功率小、调整方便及寿命长等优点，所以其发展很迅速，且应用范围越来越广。晶体管时间继电器按结构分为阻容式和数字式两类；按延时方式分为通电延时型、断电延时型及带瞬动触头的通电延时型。常用的JS20系列晶体管时间继电器适用于交流50Hz，电压380V及以下或直流110V及以下的控制电路，作为时间控制元件，按预定的时间延时，周期性地接通或分断电路。

JS20系列晶体管时间继电器的外形和接线示意图如图1-54所示。

1）基本结构：JS20系列晶体管时间继电器具有保护外壳，其内部结构采用专用的插接座，并配有带插脚标记的下标牌作为接线指示，上标盘上还带有发光二极管作为动作指示。其结构形式有外接式、装置式和面板式三种。

2）工作原理：JS20系列通电延时型晶体管时间继电器的电路如图1-55所示。

它由电源、电容充放电电路、电压鉴别电路、输出和指示电路等五部分组成。电源接通后，经整流滤波和稳压后的直流电经过RP1和R_2向电容C_2充电。当场效应晶体管VF的栅

源电压 U_{gs} 低于夹断电压 U_p 时，VF 截止，因而 VT1、VT2 也处于截止状态。随着充电的不断进行，电容 C_2 的电位按指数规律上升，当满足 U_{gs} 大于夹断电压 U_p 时，VF 导通，VT1、VT2 也导通，继电器 KA 吸合，输出延时信号。同时电容 C_2 通过 R_8 和 KA 的常开触头放电，为下一次动作作好准备。当切断电源时，继电器 KA 释放，电路恢复原始状态，等待下次动作。调节 RP1 和 RP2 即可调整延时时间。

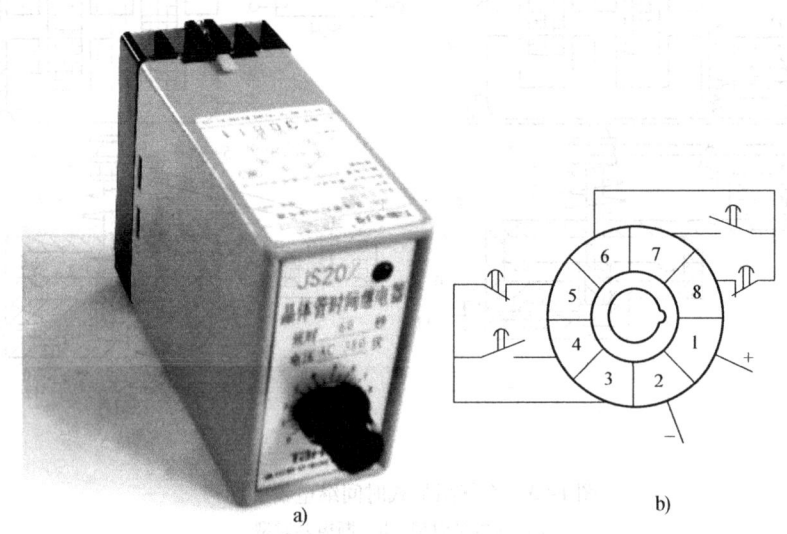

图 1-54　JS20 系列晶体管时间继电器
a）外形　b）接线示意图

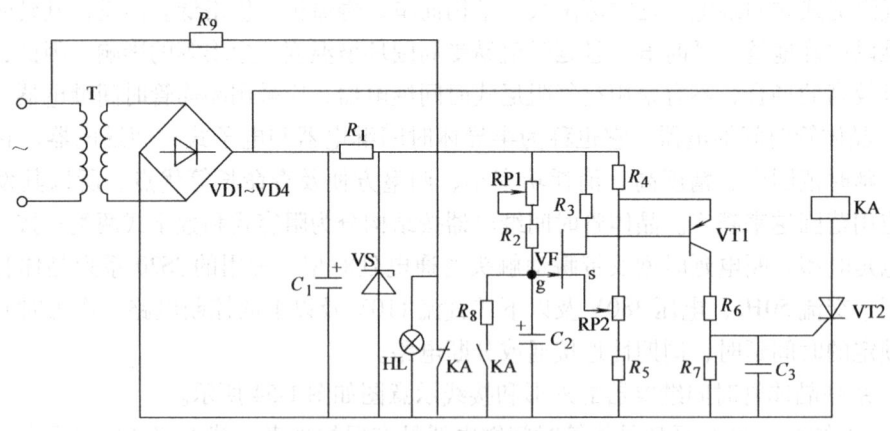

图 1-55　JS20 系列通电延时型晶体管时间继电器的电路

时间继电器在电路图中符号如图 1-56 所示。

总之，只要调整好时间继电器 KT 触头的动作时间，电动机由起动过程切换到运行过程就能准确可靠地完成。

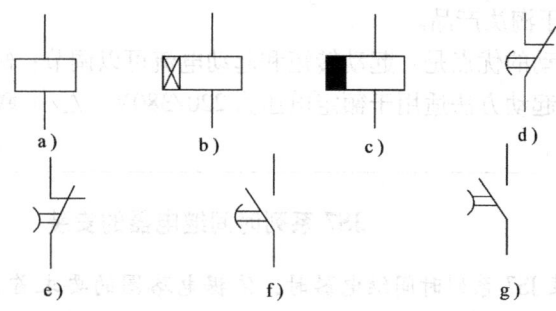

图 1-56　时间继电器的符号

a) 线圈一般符号　b) 通电延时线圈　c) 断电延时线圈　d) 延时断开动断触头
e) 延时闭合动断触头　f) 延时闭合动合触头　g) 延时断开动合触头

空气阻尼式时间继电器和晶体管时间继电器各有什么特点？哪种时间继电器的精确度高？

想一想

3. 电路原理分析

（1）减压起动

（2）全压运行

当 M 转速上升到一定值时，KT 延时结束→KT(1-7) 闭合→KA 线圈得电→

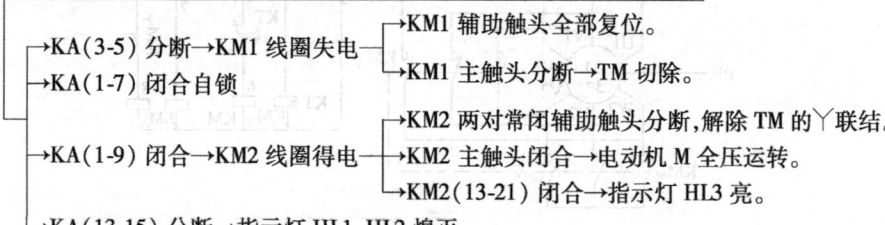

由以上分析可见，指示灯 HL1 亮，表示电源有电，电动机处于停止状态；指示灯 HL2 亮，表示电动机处于减压起动状态；指示灯 HL3 亮，表示电动机处于全压运行状态。停止时，按下停止按钮 SB2，控制电路失电，电动机停转。

自耦变压器减压起动除自动式还有手动式，常见的有 QJ3 系列油浸式和 QJ10 系列空气式。QJ3 系列油浸式属于淘汰产品。

自耦变压器减压起动的优点是：起动转矩和起动电流可以调节；缺点是设备庞大，成本较高。因此，这种减压起动方法适用于额定电压为 220/380V、△/丫联结、容量较大的三相异步电动机的减压起动。

小技能

JS7 系列时间继电器的安装

安装 JS7 系列时间继电器时，依据电路图的要求首先检查时间继电器状态，如果发现是断电延时时间继电器，应将线圈部分转动 180°，改为通电延时时间继电器。无论是通电延时型还是断电延时型，都必须是时间继电器在断电之后，释放时衔铁的运动垂直向下，其倾斜度不得超过 5°。时间继电器整定时间旋钮的刻度值应正对安装人员，以便安装人员看清，容易调整。

三、丫—△减压起动控制电路

丫—△减压起动是指电动机起动时，把定子绕组接成丫联结，以降低起动电压，限制起动电流。待电动机起动后，再把定子绕组改接成△联结，使电动机全压运行。凡是在正常运行时定子绕组作△联结的异步电动机，均可采用这种减压起动方法。

电动机起动时接成丫联结，加在每相定子绕组上的起动电压只有△联结的 $1/\sqrt{3}$，起动电流为△联结的 1/3，起动转矩也只有△联结的 1/3。所以这种减压起动方法，只适用于轻载或空载下起动。时间继电器自动控制丫—△减压起动控制电路如图 1-57 所示。

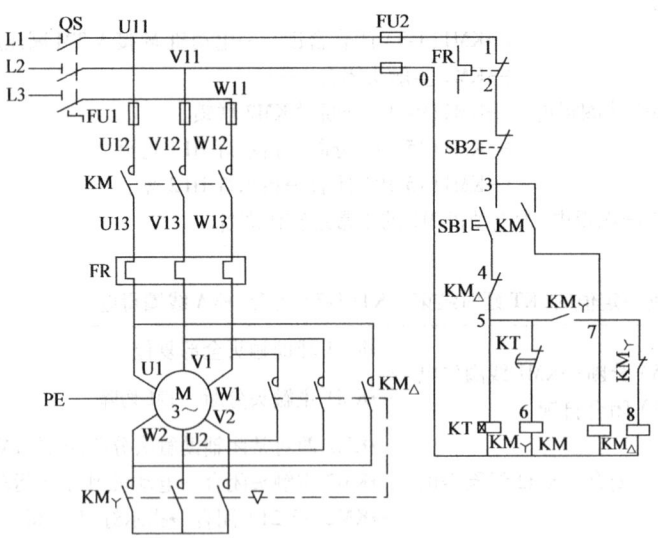

图 1-57　时间继电器自动控制丫—△减压起动控制电路

该控制电路由三个接触器、一个热继电器、一个时间继电器和两个按钮组成。时间继电器 KT 用作控制丫联结减压起动时间和完成丫—△自动切换，线路的工作原理如下：先合上电源开关 QS。

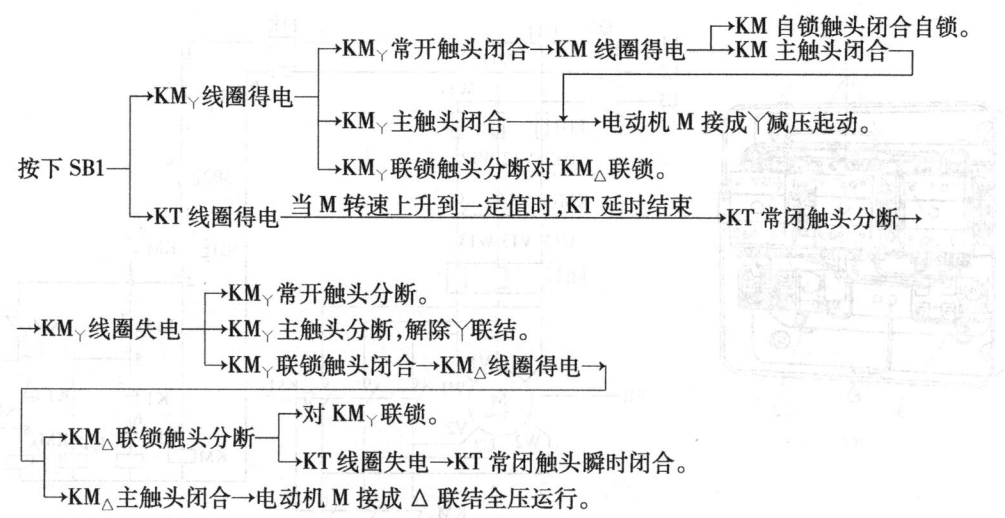

注意：需要电动机停止转动时按下 SB2 即可。

该电路中，接触器 KM$_Y$ 得电以后，通过 KM$_Y$ 的常开辅助触头使接触器 KM 得电动作，这样 KM$_Y$ 主触头是在无负载的条件下进行闭合的，故可延长接触器 KM$_Y$ 主触头的使用寿命。

时间继电器自动控制 Y—△减压起动控制电路的定型产品有 QX3、QX4 两个系列，称之为 Y—△自动起动器。它们的主要技术数据见表 1-11。

表 1-11 QX3、QX4 系列 Y—△自动起动器的主要技术数据

起动器型号	控制功率/kW			配用热元件的额定电流/A	延时调整范围/s
	220V	380V	500V		
QX3—13	7	13	13	11、16、22	4～16
QX3—30	17	30	30	32、45	4～16
QX4—17		17	13	15、19	11、13
QX4—30		30	22	25、34	15、17
QX4—55		55	44	45、61	20、24
QX4—75		75		85	30
QX4—125		125		100～160	14～60

QX3—13 型 Y—△自动起动器的结构和电路如图 1-58 所示。这种起动器主要由三个接触器（KM，KM$_△$，KM$_Y$）、一个热继电器 FR，一个通电延时型时间继电器 KT 和按钮等组成。

四、延边△减压起动控制电路

延边△减压起动是指电动机起动时，把定子绕组的一部分接成 Y 联结，另一部分接成△联结，使整个绕组接成延边△，待电动机起动后，再把定子绕组改接成△联结全压运行，如图 1-59 所示。

延边△减压起动是在 Y—△减压起动的基础上加以改进而形成的一种起动方式，它把 Y 联结和△联结两者结合起来，使电动机每相定子绕组承受的电压小于△联结时的相电压，而大于 Y 联结时的相电压，并且每相绕组电压的大小可随电动机绕组抽头（U3、V3、W3）位置的改变而调节，从而克服了 Y—△减压起动电动电压偏低、起动转矩偏小的缺点。

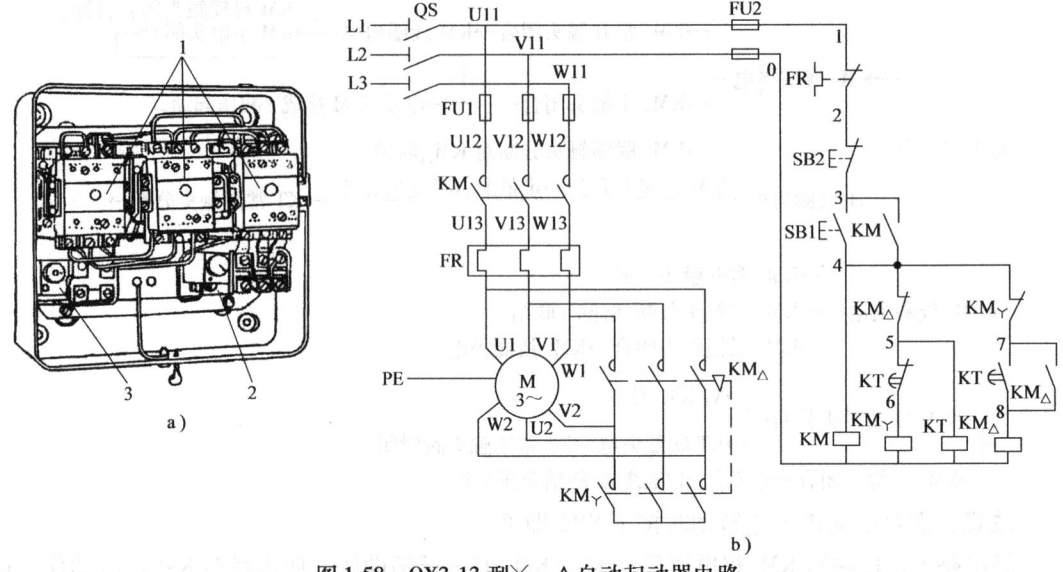

图 1-58 QX3-13 型 Y—△ 自动起动器电路
a) 结构 b) 电路
1—接触器 2—热继电器 3—时间继电器

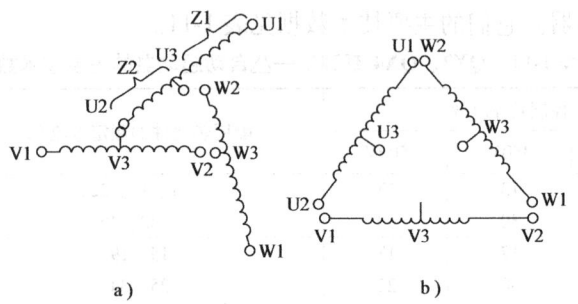

图 1-59 延边△减压起动电动机定子绕组
a) 延边△联结 b) △联结

时间继电器的校验

小实践

将 JS7—2A 型时间继电器改装成 JS7—4A 型时间继电器并进行校验。具体过程如下：
1) 松下线圈支架紧固螺钉，取下线圈和铁心总成部件。
2) 将总成部件沿水平方向旋转180°，然后重新装上紧固螺钉。
3) 观察延时和瞬时触头的动作情况，将其调整到最佳位置上。调整延时触头时，可旋紧线圈和铁心总成部件的安装螺钉，向上或向下移动后再旋紧。调整瞬时触头时，可旋松安装瞬时微动开关底板上的螺钉，将微动开关向上或向下移动后再旋紧。

4）旋紧各安装螺钉，进行手动检查，若达不到要求须重新调整。

5）将装配好的时间继电器按图1-60所示电路接线，进行通电校验。

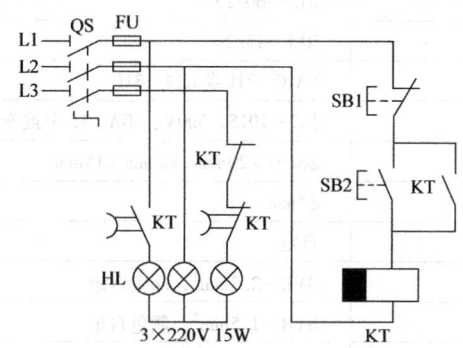

图1-60 JS7—2A改装成JS7—4A时间继电器校验电路

注：时间继电器的整定时间3s±1s。

①试验过程：合上组合开关QS，黄灯和绿灯亮；按下SB2，黄灯和绿灯亮，延时4s后，绿灯熄灭，红灯亮黄灯不变；按下SB1黄灯亮QI其状态不变，红灯熄灭后，绿灯亮。

②校验结果：经过上述校验过程应过达到如下标准：1min内通电频率不少于10次。做到各触头工作良好，吸合时无噪声，铁心释放无延缓，每次动作延时时间一致。

技能训练8　用时间继电器自动控制丫—△减压起动控制电路的安装

一、训练目的

1. 掌握时间继电器的时间整定方法。
2. 掌握时间继电器自动控制丫—△减压起动控制电路的安装方法。

二、训练器材

训练所需器材见表1-12。

表1-12　训练所需器材

序号	名称	型号与规格	单位	数量
1	三相四线电源	~3×380/220V，20A	处	1
2	单相交流电源	~220V和36V，5A	处	1
3	三相电动机	Y112M—4，7.5kW、380V、8.7A，△联结或自定	台	1
4	配线板	500mm×600mm×20mm	块	1
5	组合开关	HZ10—25/3	个	1
6	交流接触器	CJ20—16,线圈电压380V或(CJX2、B系列等自定)	只	3
7	热继电器	JR16B—20/3，整定电流10～16A，JRS2或T系列	只	1
8	时间继电器	JS7—2A，线圈电压380V或JS20、JZC45—30/1	只	1

(续)

序号	名称	型号与规格	单位	数量
9	熔断器及熔芯配套	RL1—60/25	套	3
10	熔断器及熔芯配套	RL1—15/2	套	2
11	三联按钮	LA10—3H 或 LA4—3H	个	2
12	接线端子排	JX2—1015，500V、10A、15 节或配套自定	条	1
13	木螺钉	$\phi 3mm \times 20mm$；$\phi 3mm \times 15mm$	个	30
14	平垫圈	$\phi 4mm$	个	30
15	圆珠笔	自定	支	1
16	塑料软铜线	BVR—2.5mm^2，颜色自定	m	20
17	塑料软铜线	BVR—1.5mm^2，颜色自定	m	20
18	塑料软铜线	BVR—0.75mm^2，颜色自定	m	5
19	别径压端子	UT2.5—4、UT1—4	个	20
20	行线槽	TC3025，长 34cm，两边打 $\phi 3.5mm$ 孔	条	5
21	异型塑料管	$\phi 3mm$	m	0.2
22	电工通用工具	验电笔、钢丝钳、螺钉旋具（一字形和十字形）、电工刀、尖嘴钳、活扳手、剥线钳等	套	1
23	万用表	自定	块	1
24	绝缘电阻表	型号自定，或 500V、0～200MΩ	台	1
25	钳形电流表	0～50A	块	1

三、训练内容及步骤

1）按表 1-12 配齐所用电器元件，并检验元件的质量。

2）根据图 1-57 绘制出布置图，如图 1-61 所示。

3）在控制电路板板上将准备好的所有元器件按图 1-61 进行安装和固定。

4）进行槽板布线和套装编码套管，安装后的控制电路板如图 1-62 所示。

5）安装电动机并正确接线。

6）连接电源。

7）自检后交验。

8）试车。经指导教师检验后，通电试车。

注意事项：

1）用丫—△减压起动控制的电动机，必须有 6 个出线端子且定子绕组在 △ 联结时的额定电压等于三相电源的线电压。

2）接线时要保证电动机 △ 联结的正确性，即接触器 KM丫 主触头闭合时，应保证定子绕组的 U1 与 W2、V1 与 U2、W1 与 V2 相连接。

3）接触器 KM丫 的进线必须从三相定子绕组的末端引入，若误将其首端引入，则在吸合

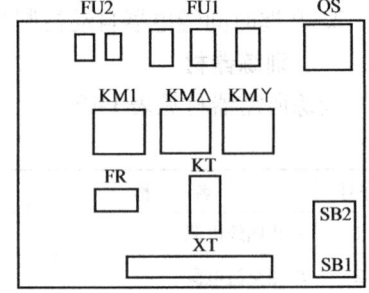

图 1-61 布置图

时，会产生三相电源短路事故。

4) 控制电路板外部配线时，必须按要求共同安装在导线通道内，使导线有适当的机械保护，以防止液体、铁屑和灰尘的侵入。在训练时可适当降低要求，但必须以能确保安全为条件，如采用多芯橡胶线或塑料护套软线。

a) b)

图 1-62 安装好的控制电路板

a) 采用空气阻尼式时间继电器 b) 采用晶体管式时间继电器

5) 通电校验前要再检查一下熔体规格及时间继电器、热继电器的各整定值是否符合要求。

①空气阻尼式时间继电器的安装与调整如图 1-63 所示。

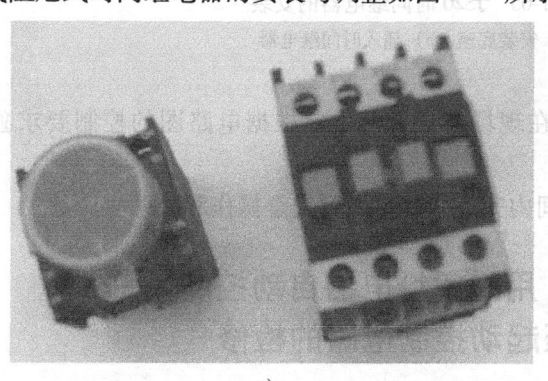 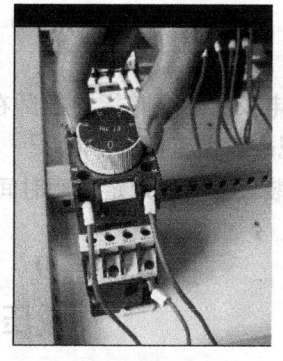

a) b)

图 1-63 空气阻尼式时间继电器安装与调整

a) 外形 b) 时间整定

②对于 JS7 系列时间继电器和 JS20 晶体管时间继电器，应在不通电的情况下整定好，并在试车时进行校正，如图 1-64、图 1-65 所示。

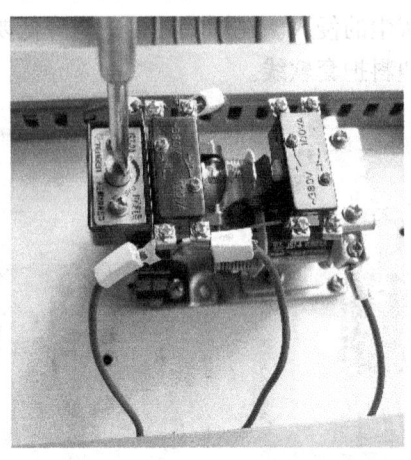

图 1-64　JS7 系列时间继电器的整定

 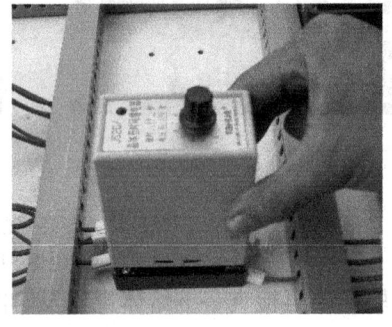

a)　　　　　　　　　　　　　　b)

图 1-65　JS20 时间继电器的安装
a) 安装底座　b) 插入时间继电器

6）通电校验必须有指导教师在现场监护，学生应根据电路图的控制要求独立进行校验，若出现故障也应自行排除。

7）安装训练应在规定定额时间内完成，并要做到安全操作和文明生产。

技能训练 9　用时间继电器自动控制 Y—△ 减压起动控制电路的检修

一、训练目的

1. 掌握时间继电器的检修方法。
2. 掌握时间继电器自动控制 Y—△ 减压起动控制电路的检修技能。

二、训练器材

安装好的时间继电器自动控制丫—△减压起动控制电路板和配套电路图样 1 张，电工工具 1 套，万用表、绝缘电阻表等。

三、训练内容及步骤

1. 故障设置

在主电路上设置故障 1 处，在控制电路中设置故障 2 处。故障现象为：按下起动按钮 SB1，线圈 KT、KM_Y 能够点动获电，但电动机不能起动。

2. 检修步骤

（1）分析故障原因，确定故障范围 对星形—三角形自动减压起动电气控制电路进行通电操作，注意观察故障现象，根据故障现象分析故障原因，首先确定故障点是在主电路还是控制电路。

按下起动按钮 SB1，三个线圈 KT、KM、KM_Y 都应该获电，则电动机丫联结起动运转。通电试车时，按下起动按钮 SB1，观察到 KM 接触器不吸合，所以主电路的 U12、V12、W12 无法与 U13、V13、W13 相连通，电动机不能起动。可得出这样的结论：故障点可能在控制电路。

（2）依据电气线路的工作原理和观察到的故障现象，在电路图上进行分析，确定电路的最小故障范围 通电试车时，根据 KT、KM_Y 线圈能够点动获电，证明控制电路的 U11—1—2—3—4—5—0—V11 支路是正常的，所以得出结论：引起 KM 线圈不能获电的故障点范围可以缩小至：KT 延时常闭触头与 5 号线的节点—KM_Y 辅助常开—沿 7 号线向下—KM 线圈—0 号线。

（3）在故障检查范围中，采用逻辑分析及正确的测量方法，迅速查找故障

1）分析：根据电路图和故障检查范围，如果运用电阻法进行检查测量，将有 3 条回路对测量结果有影响：5—KT 线圈—0；5—KT 延时常闭触头—0；7—KM_Y 常闭—KM_△ 线圈。采用电压法进行检查，有 1 条回路对测量结果有影响：7—KM_Y 常闭—KM_△ 线圈。所以确定采用电压法进行检查。

2）断电验电：为避免 7→KM_Y 常闭触头→KM_△ 线圈支路对测量结果的判断，可拆除 7 号线与 KM_Y 常闭触头的接点。

3）接通电源，将万用表调至交流电压 500V 挡位。

4）测量 5 至 0 号线之间的电压→正常→测量 5 至 7 号线之间的电压→正常→测量 KM_Y 常开触头电压→正常。可以得出结论：KM_Y 常开触头有故障。

（4）根据引起故障的原因，采取适当的修理方法排除故障 将 KM_Y 常开触头取出，发现触头黑、油腻多，导致接触不良，然后用电工刀轻轻刮去黑油腻，排除故障。

（5）通电试车，发现按下起动按钮 SB1 后，KT、KM_Y 线圈获电，但电动机还不能起动，故障 2 出现。

（6）分析故障原因，确定故障 2 范围 根据试车时观察的故障现象，控制电路故障已排除，控制电路能够正常工作，可判断出故障 2 在主电路。

（7）在故障检查范围中，采用逻辑分析及正确的测量方法，迅速查找故障。

1）分析：电动机不能起动的原因是，熔断器 FU1 熔断、接触器 KM 的主触头接触不

良、接触器 KM 主触头接触不良或者热继电器接头处接触不良，造成电动机断相，不能起动。

2）采用电压法进行测量：首先检查 U11、V11、W11 之间的电压正常，然后检查 U11、V11、W11 之间的电压，发现 V11、W11 之间的电压不正常，$U_{VW}=0V$，故可判断出熔断器 FU1 的 V、W 两相熔断器至少有一相熔断。

3）断开电源，将 FU1 的 V、W 两相熔芯取下，用万用表的 $R\times 10$ 挡测量两熔芯的电阻值，发现 W 相电阻为无穷大，确定为熔芯熔断故障。

4）依据熔芯规格，更换熔芯，排除故障。

5）通电试车，确定电路能够正常工作。

(8）总结经验，做好维修记录，清理维修现场。

注意事项：

1）带电检修时，必须有指导教师在现场监护，以确保用电安全。同时要做好维修记录。

2）若电路采用灯箱替代电动机，在观察故障现象时，一定要做到全面、准确。

3）在维修过程中，要正确使用工具和仪表。

4）严格遵守各项操作规程，做到文明生产。

5）排除故障的过程中，不得采用更换电器元件、借用触头或改动线路的方法修复故障点。

6）检修时严禁扩大故障范围或产生新的故障，不得损坏电器元件或设备。

第六节　三相笼型多速异步电动机的控制电路及其安装与维修

在电动机负载不变的前提下，改变电动机转速的方法称为调速。由异步电动机的转速公式 $n=\dfrac{60f}{p}(1-S)$ 可知：改变电动机的磁极对数 p、电源频率 f 和转差率 S 中的任何一个参数，都可使电动机的转速发生改变。改变磁极对数调速的调速方法只适用于笼型电动机，由于电动机的磁极对数是整数，电动机的转速是阶跃式变化，故变极调速为有级调速。

一、双速异步电动机的控制电路

1. 双速电动机变速原理

双速电动机定子绕组有共有 6 个出线端，通过改变 6 个出线端与电源的连接方式，就可得到两种不同的转速。双速电动机定子绕组的 △/YY 接线图如图 1-66 所示。低速时接成 △

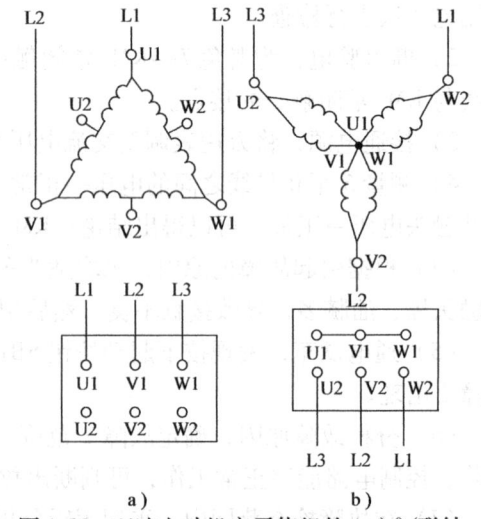

图 1-66　双速电动机定子绕组的 △/YY 联结
a) 低速—△联结（4 极）　b) 高速—YY 联结（2 极）

联结，磁极为 4 极，同步转速为 1500r/min；高速时接成YY联结，磁极为 2 极，同步转速为 3000r/min。由此可见，双速电动机高速运转时的转速是低速运转时的 2 倍。

2. 电路原理分析

用按钮和时间继电器控制双速异步电动机的控制电路如图 1-67 所示。

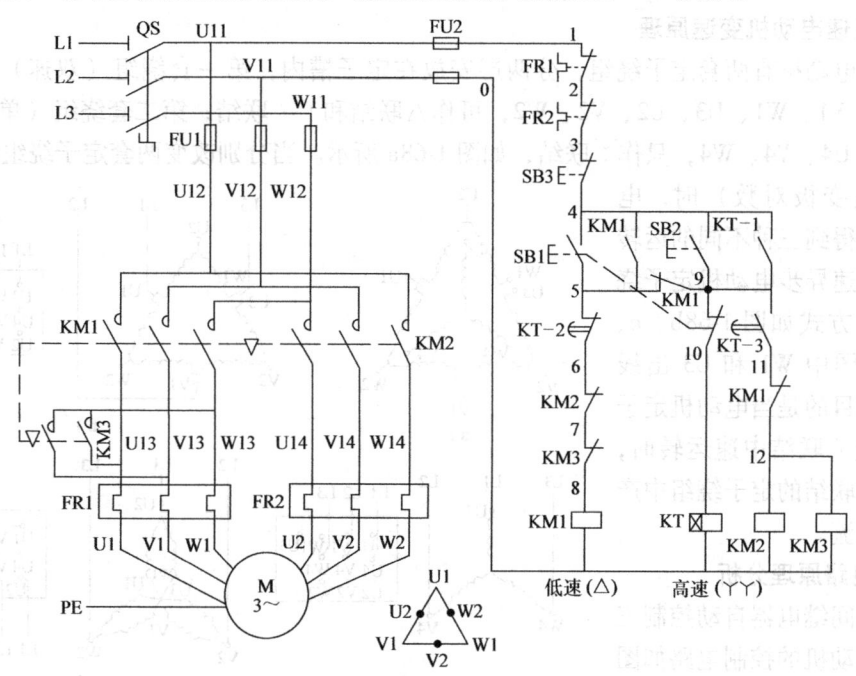

图 1-67　时间继电器控制双速异步电动机的控制电路

该电路用时间继电器 KT 控制双速异步电动机△联结起动时间和△—YY的自动换接运转。电路的工作原理如下：

（1）△联结低速起动运转

闭合电源开关 QS→按下 SB1→SB1 常闭触头先分断。
　　　　　　　　　　　　└→SB1 常开触头后闭合→KM1 线圈得电→
　　　　　　　　　　　　　　　├→KM1 自锁触头闭合自锁→电动机 M 接成△联结低速起动运转。
　　　　　　　　　　　　　　　├→KM1 主触头闭合。
　　　　　　　　　　　　　　　└→KM1 两对常闭触头分断，对 KM2、KM3 联锁。

（2）YY联结高速运转

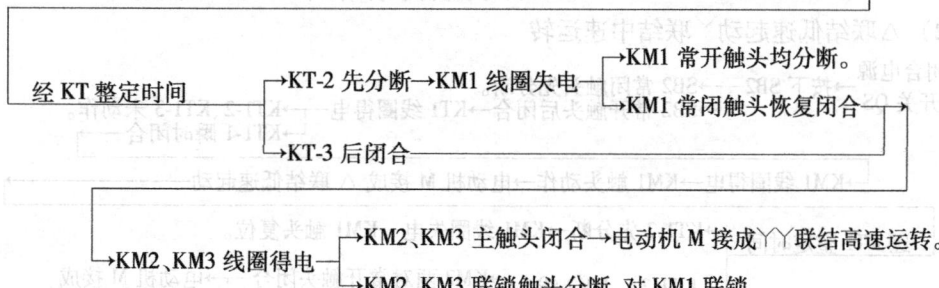

注意：若要使电动机停止转动时，按下 SB3 即可。

若电动机只需高速运转时，可直接按下 SB2，则电动机△联结低速起动后，丫丫联结高速运转。

二、三速异步电动机的控制电路

1. 三速电动机变速原理

三速电动机有两套定子绕组，分两层安放在定子槽内，第一套绕组（双速）有七个出线端 U1、V1、W1、U3、U2、V2、W2，可作△联结和丫联结；第二套绕组（单速）有三个出线端 U4、V4、W4，只作丫联结，如图 1-68a 所示。当分别改变两套定子绕组的接线方式（即改变极对数）时，电动机就可得到三种不同的运转速度。三速异步电动机定子绕组的接线方式如图 1-68b、c、d 所示。图中 W1 和 U3 出线端分开的目的是当电动机定子绕组接成丫联结中速运转时，避免在△联结的定子绕组中产生感生电流。

2. 电路原理分析

用时间继电器自动控制三速异步电动机的控制电路如图 1-69 所示。图中，SB1、KM1 控制电动机△联结下的低速运转；SB2、KT1、KM2 控制电动机从△联结下低速起动到丫联结中速运转的自动变换；SB3、KT1、KM3 控制电动机从△联结下低速起动到丫联结中速过渡到丫丫联结下高速的自动变换。

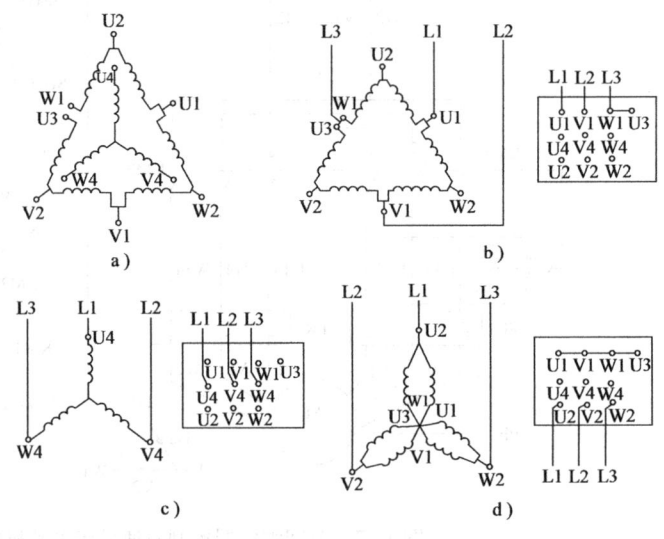

图 1-68 三速异步电动机定子绕组接线
a) 三速异步电动机的两套定子绕组 b) 低速—△联结
c) 中速—丫联结 d) 高速—丫丫联结

该电路的工作原理如下：

（1）△联结低速起动运转

闭合电源开关 QS → 按下 SB1 → KM1 线圈得电 →┬→ KM1 自锁触头闭合自锁 → 电动机 M 接成 △ 联结低速运转。
　　　　　　　　　　　　　　　　　　　　　├→ KM1 主触头闭合
　　　　　　　　　　　　　　　　　　　　　└→ KM1 两对联锁触头分断，对 KM2、KM3 联锁。

（2）△联结低速起动丫联结中速运转

闭合电源开关 QS → 按下 SB2 →┬→ SB2 常闭触头先分断。
　　　　　　　　　　　　　　└→ SB2 常开触头后闭合 → KT1 线圈得电 →┬→ KT1-2、KT1-3 未动作。
　　　　　　　　　　　　　　　　　　　　　　　　　　　　　　　　　└→ KT1-1 瞬时闭合 →
→ KM1 线圈得电 → KM1 触头动作 → 电动机 M 接成 △ 联结低速起动 →
经 KT1 整定时间 →┬→ KT1-2 先分断 → KM1 线圈失电 — KM1 触头复位。
　　　　　　　　└→ KT1-3 后闭合 → KM2 线圈得电 →┬→ KM2 两对常开触头闭合 → 电动机 M 接成 丫联结中速运转。
　　　　　　　　　　　　　　　　　　　　　　　　　├→ KM2 主触头闭合
　　　　　　　　　　　　　　　　　　　　　　　　　└→ KM2 两对联锁触头分断，对 KM1、KM3 联锁。

第一章 三相异步电动机典型控制电路及其安装、调试与维修

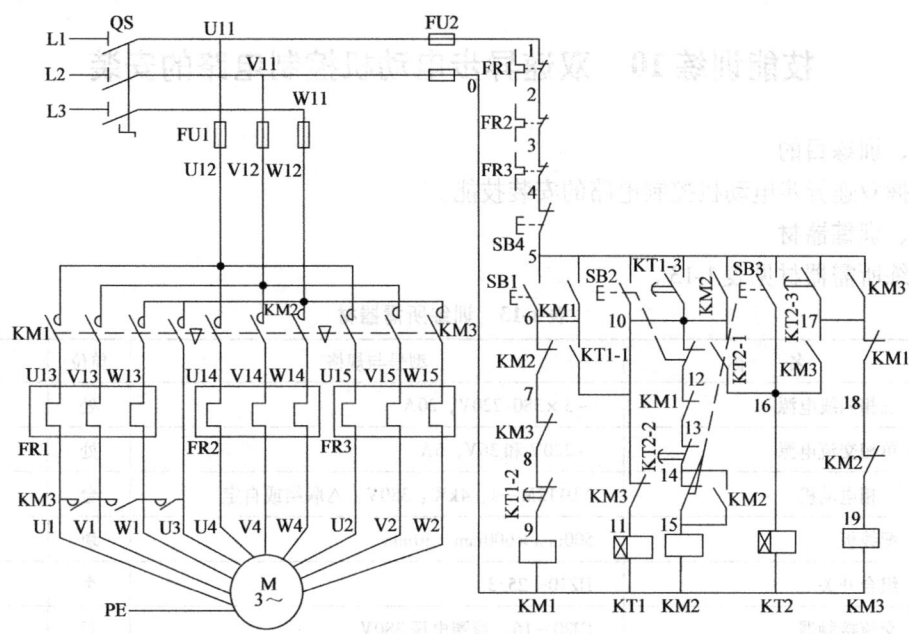

图 1-69 时间继电器自动控制三速异步电动机的控制电路

(3) △联结低速起动 丫联结中速运转过渡 丫丫联结高速运转

闭合电源开关 QS → 按下 SB3 → SB3 常闭触头先分断。
　　　　　　　　　　　 → SB3 常开触头后闭合 → KT2 线圈得电 → KT2-1 瞬时闭合
　　　　　　　　　　　　　　　　　　　　　　　　　　　　　 → KT2-2、KT2-3 未动作。

→ KT1 线圈得电 ┬ KT1-1 瞬时闭合 → KM1 线圈得电 → KM1 触头动作 → 电动机 M 接成 △ 联结低速起动 →
　　　　　　　 └ KT1-2、KT1-3 未动作。

经 KT1 整定时间 ┬ KT1-2 先分断 → KM1 线圈失电 → KM1 触头复位。
　　　　　　　 └ KT1-3 后闭合 → KM2 线圈得电 → KM2 触头动作 → 电动机 M 接成 丫联结中速过渡 →

经 KT2 整定时间 ┬ KT2-2 先分断 → KM2 线圈失电 → KM2 触头复位。
　　　　　　　 └ KT2-3 后闭合 → KM3 线圈得电

→ KM3 两对常开触头闭合 → 电动机 M 接成 丫丫联结高速运转。
→ KM3 主触头闭合
→ KM3 两对常闭触头分断 ┬ 对 KM1 联锁。
　　　　　　　　　　　 └ KT1 线圈失电 → KT1 触头复位。

注意：需要电动机停止转动时，按下 SB4 即可。

技能训练10 双速异步电动机控制电路的安装

一、训练目的
掌握双速异步电动机控制电路的安装技能。

二、训练器材
训练所需器材见表1-13。

表1-13 训练所需器材

序号	名称	型号与规格	单位	数量
1	三相四线电源	~3×380/220V，20A	处	1
2	单相交流电源	~220V 和 36V，5A	处	1
3	三相电动机	YD112M—4，4kW、380V、△联结或自定	台	1
4	配线板	500mm×600mm×20mm	块	1
5	组合开关	HZ10—25/3	个	1
6	交流接触器	CJ20—16，线圈电压380V	只	3
7	热继电器	JR20—16/3，整定电流7.4A	只	1
8	热继电器	JR20—16/3，整定电流8.6A	只	1
9	时间继电器	JS7—2A，380V	只	1
10	熔断器及熔芯配套	RL1—60/20	套	3
11	熔断器及熔芯配套	RL1—15/4	套	2
12	三联按钮	LA10—3H 或 LA4—3H	个	2
13	接线端子排	JX2—1015，500V、10A、15节或配套自定	条	1
14	木螺钉	ϕ3mm×20mm；ϕ3mm×15mm	个	30
15	平垫圈	ϕ4mm	个	30
16	圆珠笔	自定	支	1
17	塑料软铜线	BVR—2.5mm^2，颜色自定	m	20
18	塑料软铜线	BVR—1.5mm^2，颜色自定	m	20
19	塑料软铜线	BVR—0.75mm^2，颜色自定	m	5
20	别径压端子	UT2.5—4，UT1—4	个	20
21	行线槽	TC3025，长34cm，两边打ϕ3.5mm孔	条	5
22	异型塑料管	ϕ3mm	m	0.2
23	电工通用工具	验电笔、钢丝钳、螺钉旋具（一字形和十字形）、电工刀、尖嘴钳、活扳手、剥线钳等	套	1
24	万用表	自定	块	1
25	绝缘电阻表	型号自定，或500V、0～200MΩ	台	1
26	钳形电流表	0～50A	块	1

三、训练内容及步骤

1）元器件的检查：按表 1-13 配齐所用电器元件，并进行质量检验。
2）根据板前线槽布线操作工艺进行布线安装。
3）试车、交验。

注意事项：

1）接线时，注意主电路中接触器 KM1、KM2 在两种转速下电源相序的改变，不能接错；否则，两种转速电动机的转向相反，换相时将产生很大的冲击电流。
2）控制双速电动机 △ 联结的接触器 KM1 和 丫丫 联结的 KM2 主触头不能对换接线，否则不但无法实现双速控制要求，而且会在 丫丫 联结运转时造成电源短路事故。
3）热继电器 FR1、FR2 的整定电流及其在主电路中的接线不要搞错。
4）通电试车前，要复验一下电动机的接线是否正确，并测试绝缘电阻是否符合要求。
5）通电试车时，必须有指导教师在现场监护，同时做到安全文明生产。

技能训练 11 双速异步电动机控制电路的检修

一、训练目的

掌握双速异步电动机控制电路的检修技能。

二、训练器材

训练所需器材见表 1-14。

表 1-14 训练所需器材

序号	名称	型号与规格	单位	数量
1	配线板	双速异步电动机自动变速控制电路板	台	1
2	线路配套电路图	双速异步电动机自动变速配套电路图	套	1
3	故障排除所用材料	与相应的配线板配套	套	1
4	单相交流电源	~220V 和 36V、5A	处	1
5	三相四线电源	~3×380/220V、20A	处	1
6	电工通用工具	验电笔、钢丝钳、旋具（一字形和十字形）、电工刀、尖嘴钳、活动扳手、剥线钳等	套	1
7	万用表	自定	块	1
8	绝缘电阻表	型号自定，或 500V、0~200MΩ	台	1
9	钳形电流表	0~50A	块	1
10	黑胶布	自定	卷	1
11	透明胶布	自定	卷	1

三、训练内容及步骤

双速异步电动机自动变速控制电路如图 1-70 所示。

1. 训练内容

（1）故障设置 在控制电路和主电路中人为设置电气故障各1处，要求所设置故障符合自然规律。即将控制电路的KM1辅助常闭触头（9-10）断开，KM2主触头绝缘。

（2）故障现象 双速电动机不能高速工作。

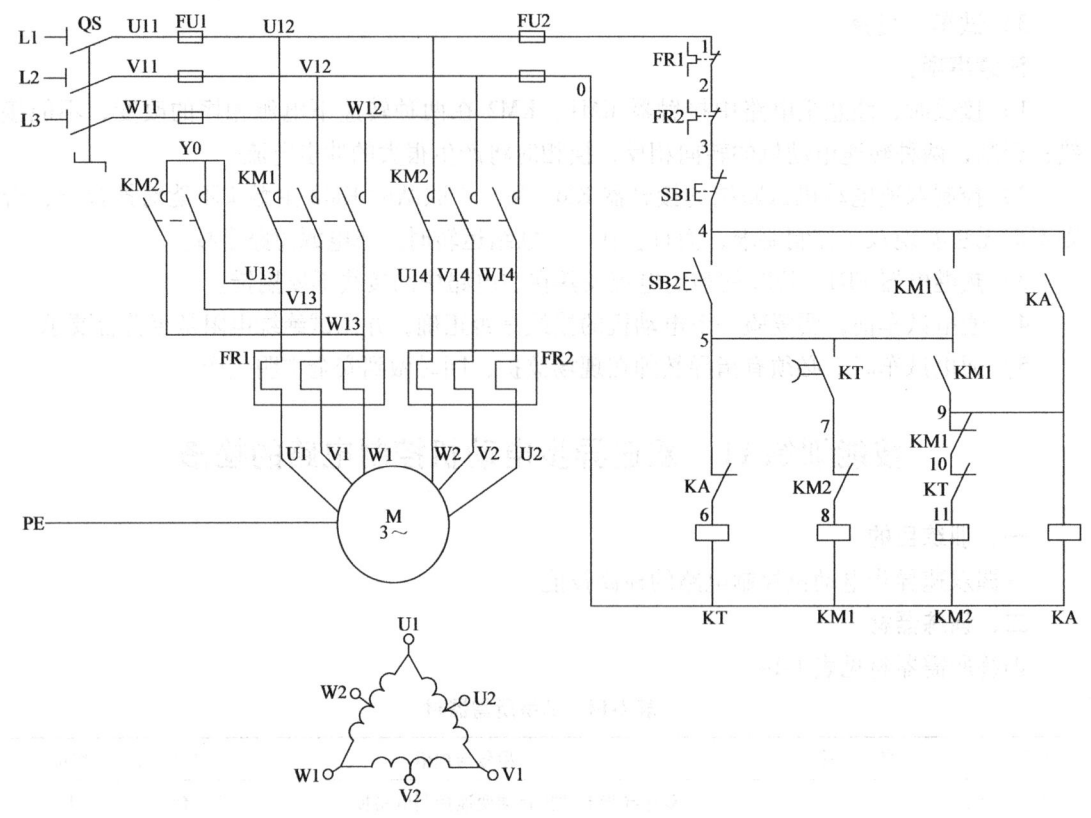

图1-70 双速异步电动机自动变速控制电路

注：时间继电器的整定时间为5s±1s。

2. 训练步骤

（1）根据故障现象、调查研究 学生向教师询问故障现象，了解故障发生后的异常现象为：双速电动机只能低速起动，不能高速工作，判断故障的大致范围应在：KM2主电路、高速控制电路。

（2）在电路图上分析故障范围 双速电动机电气线路的工作原理如下：

合上电源开关QS，按下起动按钮SB2，时间继电器KT线圈获电，同时时间继电器KT瞬时动合触头断开，切断接触器KM2线圈防止其获电，同时时间继电器KT延时断开的常开触头闭合，使接触器KM1线圈获电，接触器KM1主触头闭合，电动机M以低速运转。同时中间继电器KA线圈获电，KA常闭触头断开，切断时间继电器KT线圈，经过一定延时时间之后时间继电器KT的延时触头断开，接触器KM1线圈断电。接触器KM1常闭辅助触头复位，使接触器KM2线圈获电，接触器KM2主触头闭合，电动机M以高速运行。

在按下起动按钮SB2后，断电延时时间继电器KT线圈吸合，KT延时触头（5-6）立即闭合，KM1 线圈得电后自锁，双速电动机能够三角形联结低速运转；在 KM1 线圈得电后，KM1 两个辅助常开触头闭合，中间继电器 KA 也能吸合。可说明主电路：L1、L2、L3—QS 组合开关—FU1—U12、V12、W12—KM1 主触头—FR1 热元件—双速电动机绕组正常；对于控制电路：从控制电路电源 FU2 起，经 1、2、3、4、5、6、7、8、9 号线及连接 KT、KM1、KA 线圈的 0 号线均正常。

（3）用试验法进一步分析，确定第一个故障范围　通过试验观察法对故障进一步分析，缩小故障范围。在不扩大故障范围、不损伤电气设备的前提下，可直接进行通电试验：接通电源 QS，按下 SB2，可观察到：KT、KM1、KA 线圈能够吸合。KT 在 KA 吸合后，能够断电延时；但是，延时结束后 KM2 线圈没有吸合，可说明故障点应在 KM2 控制电路中。

（4）用测量法检修第一个故障并通电试车

1）缩小故障范围：与 KM1 辅助常开触头、KM1 辅助常闭触头相连的 9 号线→KM1 常闭触头→10 号线→KT 常闭触头→11 号线→KM2 线圈 - 连接 KM2 线圈的 0 号线。

2）检测故障点：用电阻测量法寻找故障点。断开电源开关 QS，验电后。为避免其他并联支路的影响，产生误判断，将与 KA 线圈相连的 9 号线断开。将万用表调至 $R \times 1$ 的量程上，调零→测量与 KM1 辅助常开触头、KM1 常闭触头相连的 9 号线→阻值为 0→正常→测量 KM1 常闭触头→阻值为 ∞→有断点。

3）修复 KM1 常闭触头。

4）通电试车：接通电源 QS，按下 SB2，可观察到：KT、KM1、KA 线圈能够吸合。KT 在 KA 吸合后，能够断电延时。延时结束后，KM2 线圈吸合，但电动机仍无高速运转。

（5）用试验法进行故障分析，确定第二个故障范围：用试验法继续观察第二个故障，KM2 主电路中。可能是 KM2 主触头故障、KM2 辅助常开触头故障或热继电器处故障。

（6）用测量法检修第二个故障并通电试车

1）接通电源 QS，按下 SB2，经延时后，在只有 KM1 线圈吸合情况下，将万用表调至交流 500V 的量程上，测量电动机 U14、V14、W14 三个引线之间的电压均为 0V，说明与电动机 M 引接的 U14、V14、W14 主电路出现故障。

2）断开 QS，经验电后，将万用表调至 $R \times 1$ 挡的量程上，调零→测量 KM2 主触头→发现该触头不能正常闭合。

3）修复 KM2 主触头。

4）通电试车。接通电源 QS，按下 SB2 后，时间继电器 KT 线圈获电，接触器 KM1 线圈获电，接触器 KM1 主触头闭合，电动机 M 以低速运转。经一定时间后，时间继电器 KT 的延时触头断开，接触器 KM1 线圈断电。接触器 KM1 常闭辅助触头复位，使接触器 KM2 线圈获电，接触器 KM2 主触头闭合，电动机 M 以高速运行，故障排除。

（7）整理现场　断开电源开关 QS，整理电气线路，将检修过程涉及的各接线点重新紧固一遍；线槽盖板、灭弧罩、熔断器帽等盖好旋紧；各导线整理规范美观。将桌面上的绝缘皮、废弃的线头等杂物清理干净。最后将电工工具、仪表和材料整齐摆放桌面，清扫地面。

（8）总结经验做好维修记录　记录故障现象、部位、损坏的电器、故障原因、修复措施及修复后的运行情况等。

注意事项：

1）检修前要认真阅读电路图，掌握线路的构成、工作原理及接线方式。
2）检修过程中，故障分析、排除故障的思路和方法要正确，严禁扩大和产生新的故障。
3）工具、仪表使用要正确，带电检修故障时必须有指导教师在现场监护，以确保用电安全。

第七节　三相异步电动机的制动控制电路及其安装、调试与维修

电动机断开电源以后，由于惯性作用不会立即停止转动，而是需要转动一段时间才会完全停下来，这对于某些要求迅速停车及准确定位的机械设备是不能满足要求的，所以要对电动机进行制动。所谓制动，就是给电动机一个与转动方向相反的转矩使它迅速停转（或限制其转速）。常见的制动方法分为机械制动和电力制动两大类。

一、机械制动

机械制动是指利用机械装置使电动机断开电源后迅速停转的方法。机械制动除电磁抱闸制动外，还有电磁离合器制动。

1. 电磁制动器

电磁制动器分为断电制动型和通电制动型两种，如图1-71所示。其中，断电制动型的工作原理是：当制动电磁铁的线圈得电时，制动器的闸瓦与闸轮分开，无制动作用；当线圈失电时，制动器的闸瓦紧紧抱住闸轮制动。而通电制动型的工作原理是：当制动电磁铁的线圈得电时，闸瓦紧紧抱住闸轮制动；当线圈失电时，制动器的闸瓦与闸轮分开，无制动作用。

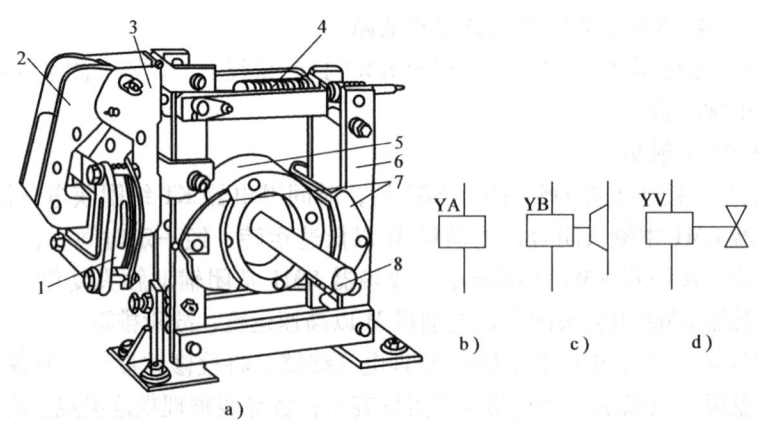

图1-71　电磁制动器
a）基本结构　b）~d）图形符号
1—线圈　2—衔铁　3—铁心　4—弹簧　5—闸轮　6—杠杆　7—闸瓦　8—轴

2. 电路原理分析

电磁制动器断电制动控制电路如图 1-72 所示。图中 YB 为电磁制动器。

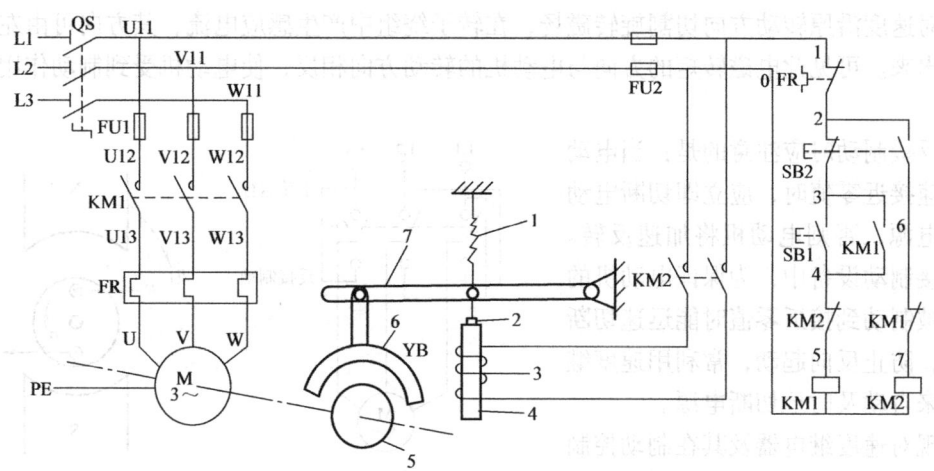

图 1-72 电磁制动器断电制动控制电路
1—弹簧 2—连杆 3—线圈 4—铁心 5—闸轮 6—闸瓦 7—杠杆

该控制电路的工作原理如下：

（1）起动运转　先合上电源开关 QS，按下起动按钮 SB1，接触器 KM 线圈得电，其自锁触头与主触头闭合，电动机 M 接通电源，同时电磁抱闸制动器 YB 线圈得电，衔铁与铁心吸合，衔铁克服弹簧拉力，迫使制动杠杆向上移动，从而使制动器的闸瓦与闸轮分开，电动机正常运转。

（2）制动停转　先合上电源开关 QS，按下停止按钮 SB2，接触器 KM 线圈失电，其自锁触头与主触头分断，电动机 M 失电，同时电磁抱闸制动器 YB 线圈也失电，衔铁与铁心分开，在弹簧拉力的作用下，闸瓦紧紧抱住闸轮，迫使电动机被迅速制动而停转。

电磁抱闸制动器断电制动在起重机械上被广泛采用。其特点是能够准确定位，同时可防止电动机突然断电时重物的自行坠落。当重物起吊到一定高度时，按下停止按钮，电动机和电磁抱闸制动器的线圈同时断电，闸瓦立即抱住闸轮，电动机立即制动停转，重物随之被准确定位。如果电动机在工作时，线路发生故障而突然断电时，电磁抱闸制动器同样会使电动机迅速制动停转，从而避免重物自行坠落。

二、电气制动

所谓电气制动是指使电动机在切断定子电源停转的过程中，将产生一个与电动机实际旋转方向相反的电磁力矩（制动力矩），迫使电动机迅速制动停转。电气制动常用的方法有：反接制动、能耗制动、电容制动和再生发电制动等。

1. 反接制动

依靠改变电动机定子绕组的电源相序来产生制动力矩，迫使电动机迅速停转的方法称为反接制动。反接制动的工作原理如图 1-73 所示。当电动机正常运行时，电动机定子绕组的电源相序为 L1—L2—L3，电动机将沿旋转磁场方向以 $n < n_1$ 的速度正常运转。当电动机需

要停转时，可断开开关 QS，使电动机先脱离电源（此时转子仍按原方向旋转），当将开关迅速向下闭合时，使电动机三相电源的相序发生改变，旋转磁场反转，此时转子将以 n_1+n 的相对速度沿原转动方向切割旋转磁场，在转子绕组中产生感应电流，其方向可由左手定则判断出来。可见此电磁转矩的方向与电动机的转动方向相反，使电动机受到制动作用而迅速停转。

反接制动时应注意的是：当电动机转速接近零值时，应立即切断电动机的电源，否则电动机将加速反转。在反接制动设备中，为保证电动机的转速被制动到接近零值时能迅速切断电源，防止反向起动，常利用速度继电器来自动及时地切断电源。

现对速度继电器及其在制动控制电路中的应用说明如下：

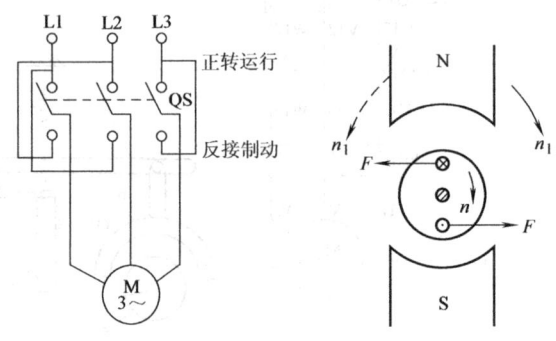

图 1-73 反接制动工作原理

（1）速度继电器 速度继电器是反映转速和转向的继电器，其主要作用是以旋转速度的快慢为指令信号，与接触器配合实现对电动机的反接制动控制，故又称为反接制动继电器。常用速度继电器的型号及含义如下：

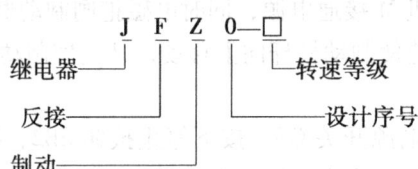

JY1 型速度继电器的外形、结构、符号和工作原理分别如图 1-74 和图 1-75 所示。它主要由定子、转子、可动支架、触头系统及端盖等部分组成。转子由永久磁铁制成，固定在转轴上；定子由硅钢片叠成并装有笼型短路绕组，能在小范围内进行偏转；触头系统由两组转换触头组成，一组在转子正转时动作，另一组在转子反转时动作。

当电动机旋转时，带动与电动机同轴相连的速度继电器的转子旋转，相当于在空间中产生旋转磁场；从而在定子笼型短路绕组中产生感应电流，感应电流与永久磁铁的旋转磁场相互作用并产生电磁转矩，使定子随永久磁铁转动的方向偏转，同时与定子相连的胶木摆杆也随之偏转。当定子偏转到一定角度，胶木摆杆推动簧片使继电器的触头动作。

当转子转速减小到零时，由于定子的电磁转矩减小，胶木摆杆恢复原状态，触头随即复位。

速度继电器的动作转速一般不低于 100~300r/min，复位速度在 100r/min 以下。常用的速度继电器中，JY1 型能在 3000r/min 以下可靠地工作，

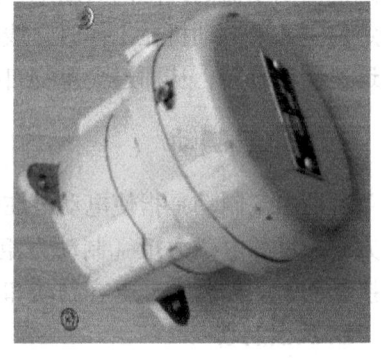

图 1-74 JY1 型速度继电器的外形

JFZ0 型的两组触头改用两个微动开关，使其触头的动作速度不受定子偏转速度的影响。其额定工作转速有 300~1000r/min（JFZ0—1 型）和 1000~3600r/min（JFZ0—2 型）两种。

（2）速度继电器的应用　单向起动反接制动控制电路如图 1-76 所示。该电路的主电路和正反转控制电路相同，只是在反接制动时增加了三个限流电阻 R，其中 KM1 为正转运行接触器，KM2 为反接制动接触器，KS 为速度继电器，其轴与电动机轴相连。

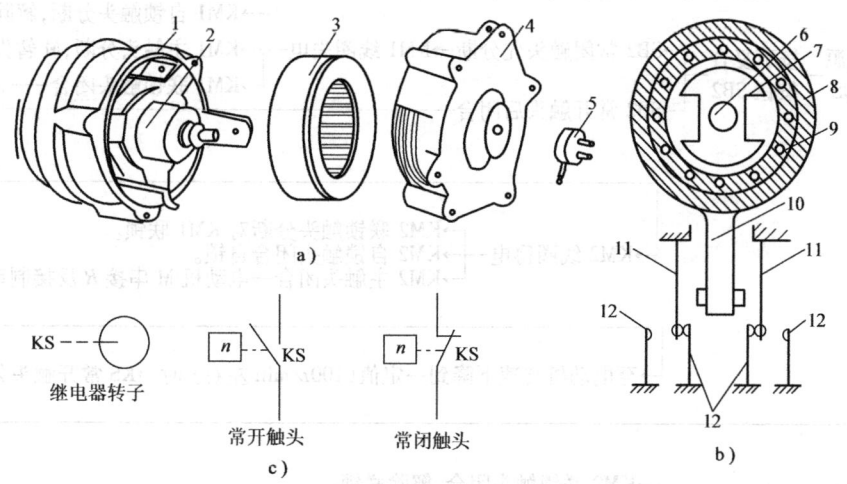

图 1-75　JY1 型速度继电器的结构、符号和工作原理
a) 结构　b) 工作原理　c) 图形符号
1—可动支架　2—转子　3—定子　4—端盖　5—连接头　6—电动机轴　7—转子（永久磁铁）
8—定子　9—定子绕组　10—胶木摆杆　11—簧片（动触头）　12—静触头

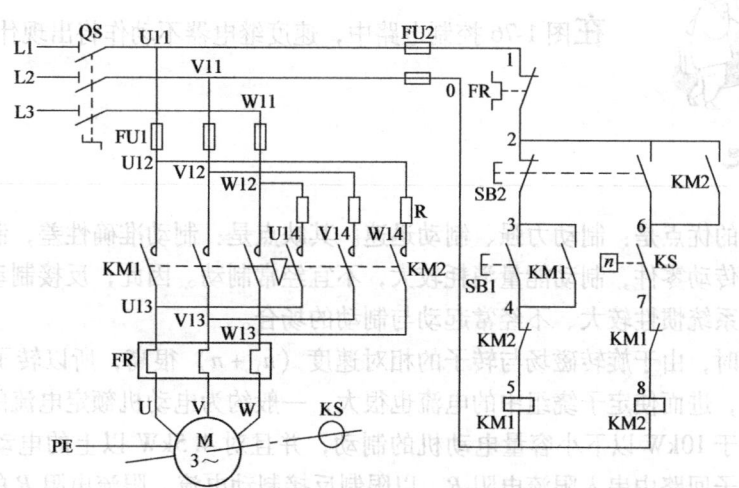

图 1-76　单向起动反接制动控制电路

该控制电路的工作原理如下：
1）单向起动：

闭合电源开关 QS→按下 SB1→KM1 线圈得电→┬→KM1 自锁触头闭合自锁─→电动机 M 起动运转─┐
　　　　　　　　　　　　　　　　　　　　├→KM1 主触头闭合　　　　　　　　　　　　　　　│
　　　　　　　　　　　　　　　　　　　　└→KM1 联锁触头分断对 KM2 联锁。　　　　　　　　│
　　┌───┘
　　└→至电动机转速上升到一定值(120r/min 左右)时→KS 常开触头闭合为制动做好准备。

2）反接制动：

闭合电源　　按下复合　┬→SB2 常闭触头先分断→KM1 线圈失电─┬→KM1 自锁触头分断,解除自锁。
开关 QS　　 按钮 SB2　│　　　　　　　　　　　　　　　　 ├→KM1 主触头分断,M 暂失电。
　　　　　　　　　　　└→SB2 常开触头后闭合　　　　　　　 └→KM1 联锁触头闭合─────────┐
　　┌───┘
　　└→KM2 线圈得电─┬→KM2 联锁触头分断对 KM1 联锁。
　　　　　　　　　　├→KM2 自锁触头闭合自锁。
　　　　　　　　　　└→KM2 主触头闭合→电动机 M 串接 R 反接制动─┐
　　┌───┘
　　└→至电动机转速下降到一定值(100r/min 左右)时→KS 常开触头分断───┐
　　┌───┘
　　└→KM2 线圈失电─┬→KM2 联锁触头闭合,解除联锁。
　　　　　　　　　　├→KM2 自锁触头分断,解除自锁。
　　　　　　　　　　└→KM2 主触头分断→电动机 M 脱离电源停转,制动过程结束。

在图 1-76 控制电路中，速度继电器不动作将出现什么问题？

反接制动的优点是：制动力强、制动迅速。其缺点是：制动准确性差，制动过程中冲击强烈，易损坏传动零件，制动能量消耗较大，不宜经常制动。因此，反接制动一般适用于制动要求迅速、系统惯性较大、不经常起动与制动的场合。

反接制动时，由于旋转磁场与转子的相对速度 ($n_1 + n$) 很高，所以转子绕组中产生的感生电流很大，进而使定子绕组中的电流也很大，一般约为电动机额定电流的 10 倍。因此，反接制动适用于 10kW 以下小容量电动机的制动，并且对 4.5kW 以上的电动机进行反接制动时，需在定子回路中串入限流电阻 R，以限制反接制动电流。限流电阻 R 的大小可参考经验公式进行估算。

限流电阻 R 的经验公式如下：

1）在电源电压 380V 时，若要使反接制动电流等于电动机直接起动电流的 1/2，则三相电路每相应串入的电阻 R（Ω）值可取为

$$R \approx 1.5 \times \frac{220}{I_{st}}$$

2）若使反接制动电流等于起动电流 I_{st}，则每相应串入的电阻 R（Ω）值可取为

$$R' \approx 1.3 \times \frac{220}{I_{st}}$$

注意：如果反接制动时只在电源两相中串接电阻，则电阻值应加大，分别取上述值的 1.5 倍。

速度继电器的调整

速度继电器动作值和返回值的调整规律为：将调整螺钉向下旋，弹性动触片弹性增大，速度较高时，继电器才动作；将调整螺钉向上旋，弹性动触片弹性减小，速度较低时继电器立即动作。调整好以后必须将螺母锁紧，以防止螺钉松动。

2. 能耗制动

当电动机切断交流电源后，立即在定子绕组中通入直流电，迫使电动机停转的方法称为能耗制动。能耗制动工作原理如图 1-77 所示。先断开电源开关 QS1，即切断电动机的交流电源，这时转子仍沿原方向惯性运转；随后立即合上开关 QS2，并将 QS1 向下合闸，电动机 V、W 两相定子绕组通入直流电，使定子中产生一个恒定的静止磁场，这样作惯性运转的转子因切割磁力线而在转子绕组中产生感生电流，其方向可用右手定则判断出来，上面标 "×"，下面标 "·"。绕组中一旦产生了感生电流，又立即受到静止磁场的作用，从而产生电磁转矩。由左手定则可知该电磁转矩的方向正好与电动机的转向相反，使电动机受制动迅速停转。由于这种制动方法是通过在定子绕组中通入直流电以消耗转子惯性运转的动能来进行制动的，所以称为能耗制动，又称为动能制动。

无变压器单相半波整流能耗制动自动控制电路如图 1-78 所示。该电路采用单相半波整流器作为直流电源，所用附加设备较少，线路简单，成本低廉，常用于 10kW 以下小容量电动机，且对制动要求不高的场合。

图 1-77 能耗制动工作原理

该电路的工作原理如下：

1）单向起动运转：

闭合电源开关 QS→按下 SB1→KM1 线圈得电 →KM1 自锁触头闭合自锁→电动机 M 起动运转。
→KM1 主触头闭合
→KM1 联锁触头分断，对 KM2 联锁。

84 电气设备安装与维修

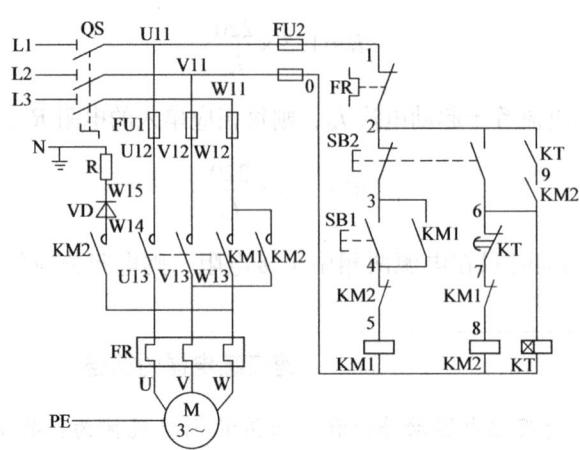

图 1-78 无变压器单相半波整流能耗制动自动控制电路

2）能耗制动停转：

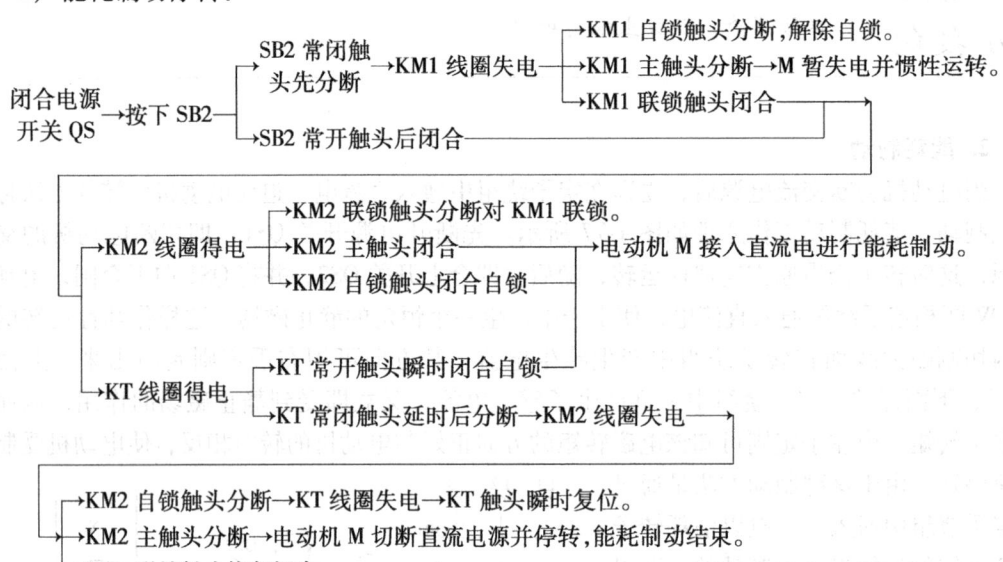

图中 KT 瞬时闭合常开触头的作用是当 KT 线圈发生断线或机械卡住等故障时，按下 SB2 后能使电动机制动后脱离直流电源。

能耗制动的优点是制动准确平稳，且能量消耗较小。其缺点是需附加直流电源装置，设备费用较高，制动力较弱，在低速时制动力较小。因此，能耗制动一般用于要求制动准确、平稳的场合。

能耗制动时产生制动转矩的大小，与通入定子绕组中直流电流的大小、电动机的转速及转子电路中的电阻有关。电流越大，产生的静止磁场就越强，而转速越高，转子切割磁力线的速度就越大，产生的制动转矩也就越大。对于笼型异步电动机增大制动转矩只能通过增大通入电动机的直流电流来实现，而通入的直流电流又不能太大，若过大会烧坏定子绕组。

3. 再生发电制动

再生发电制动（回馈制动）的工作原理如图 1-79 所示。当起重机械在高处放下重物时，

电动机的转速 n 小于同步转速 n_1，此时电动机处于电动运行状态。但由于重力的作用，在重物的下降过程中，会使电动机的转速 n 大于同步转速 n_1，这时电动机处于发电运行状态，转子相对于旋转磁场切割磁力线的运动方向发生了改变，其转子电流和电磁转矩的方向都与电动运行时相反，可见电磁转矩变为制动转矩，从而限制了重物的下降速度，不致于重物下降过快，保证了设备和人身安全。

再生发电制动是一种比较经济的制动方法。制动时不需要改变线路即可从电动机运行状态自动转入发电制动状态，把机械能转换成电能，再回馈到电网中，其节能效果非常显著。它的缺点是应用范围窄，仅当电动机转速大于同步转速时才能实现发电制动。所以常用于在位能负载作用下的起重机械和多速异步电动机由高速转为低速时的情况。

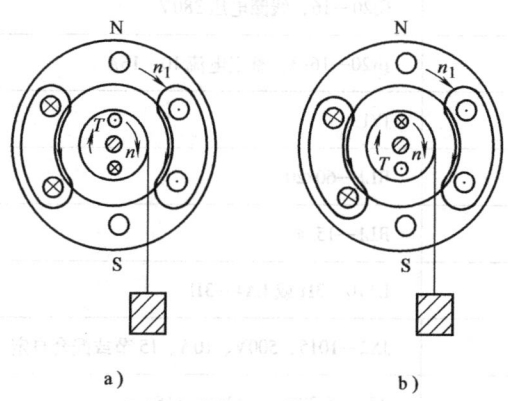

图 1-79　再生发电制动工作原理
a）电动运行状态　b）发电运行状态

比较三种制动方式的特点？制动准确的是哪一种？

技能训练 12　单向起动反接制动控制电路的安装

一、训练目的

1. 掌握速度继电器的安装与调试技能。
2. 掌握单向起动反接制动控制电路的安装技能。

二、训练器材

训练所需器材见表 1-15。

表 1-15 训练所需器材

序号	名称	型号与规格	单位	数量
1	三相四线电源	~3×380/220V、20A	处	1
2	单相交流电源	~220V 和 36V、5A	处	1
3	三相电动机	Y112M—4,4kW、380V、8.7A,△联结或自定	台	1
4	配线板	500mm×600mm×20mm	块	1
5	组合开关	HZ10—25/3	个	1
6	交流接触器	CJ20—16,线圈电压 380V	只	1
7	热继电器	JR20—16/3,整定电流 10~16A	只	1
8	速度继电器	JY1	只	1
9	熔断器及熔芯配套	RL1—60/20	套	3
10	熔断器及熔芯配套	RL1—15/4	套	2
11	三联按钮	LA10—3H 或 LA4—3H	个	2
12	接线端子排	JX2—1015,500V、10A、15 节或配套自定	条	1
13	木螺钉	ϕ3mm×20mm;ϕ3mm×15mm	个	30
14	平垫圈	ϕ4mm	个	30
15	圆珠笔	自定	支	1
16	塑料软铜线	BVR—2.5mm^2,颜色自定	m	20
17	塑料软铜线	BVR—1.5mm^2,颜色自定	m	20
18	塑料软铜线	BVR—0.75mm^2,颜色自定	m	5
19	别径压端子	UT2.5—4,UT1—4	个	20
20	行线槽	TC3025,长 34cm,两边打 ϕ3.5mm 孔	条	5
21	异型塑料管	ϕ3mm	m	0.2
22	电工通用工具	验电笔、钢丝钳、螺钉旋具(一字形和十字形)、电工刀、尖嘴钳、活扳手、剥线钳等	套	1
23	万用表	自定	块	1
24	绝缘电阻表	型号自定,或 500V、0~200MΩ	台	1
25	钳形电流表	0~50A	块	1

三、训练内容与步骤

1）按表 1-15 配齐所用电器元件，并进行质量检验。
2）按图 1-78 和板前线槽布线工艺进行板前槽板布线。
3）试车、交验。

注意事项：

1）安装速度继电器前，要弄清其基本结构，辨明常开触头的接线端。速度继电器的接线情况如图 1-80 所示。

2）速度继电器可预先安装好，不属于定额时间。安装时，采用速度继电器的连接头与电动机转轴直接连接的方法，并使两轴中心线重合。速度继电器可用联轴器与电动机的轴相连接如图 1-81 所示。

3）速度继电器的金属外壳应可靠接地。

4）通电试车时，若制动不正常，可检查速度继电器是否符合规定要求。若需调节速度继电器的调整螺钉时，必须切断电源，以防止出现相对地短路而引起事故。

5）速度继电器动作值和返回值的调整，应先由教师示范后，再由学生自己调整。

6）制动操作不宜过于频繁。

图 1-80　速度继电器的接线

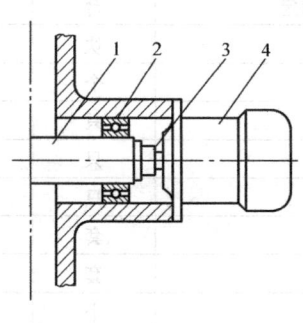

a)　　　　　　　　　　　b)

图 1-81　速度继电器的安装
a）速度继电器与电动机的连接　b）效果图
1—电动机轴　2—电动机轴承　3—联轴器　4—速度继电器

7）速度继电器的常见故障及处理方法见表 1-16。

表 1-16　速度继电器的常见故障及处理方法

故障现象	可能的原因	处理方法
反接制动时速度继电器失效，电动机不制动	（1）胶木摆杆断裂 （2）触头接触不良 （3）弹性动触片断裂或失去弹性 （4）笼型绕组开路	（1）更换胶木摆杆 （2）清洗触头表面油污 （3）更换弹性动触片 （4）更换笼型绕组

(续)

故障现象	可能的原因	处理方法
电动机不能正常制动	速度继电器弹性动触片调整不当	（1）将调节螺钉向下旋，弹性动触片弹性增大，速度较高时继电器才能动作 （2）将调节螺钉向上旋，弹性动触片弹性减小，速度较低时继电器即动作

技能训练 13　无变压器单相半波整流能耗制动自动控制电路的安装

一、训练目的
掌握无变压器单相半波整流能耗制动自动控制电路的安装技能。

二、训练器材
训练所需器材见表 1-17。

表 1-17　训练所需器材

序号	名称	型号与规格	单位	数量
1	三相四线电源	~3×380/220V、20A	处	1
2	单相交流电源	~220V 和 36V，5A	处	1
3	三相电动机	Y112M—4，4kW，380V、8.7A，△联结或自定	台	1
4	配线板	500mm×600mm×20mm	块	1
5	组合开关	HZ10—25/3	个	1
6	交流接触器	CJ20—16，线圈电压 380V	只	1
7	热继电器	JR20—16/3，整定电流 10~16A	只	1
8	时间继电器	JS7—2A	只	1
9	熔断器及熔芯配套	RL1—60/20	套	3
10	熔断器及熔芯配套	RL1—15/4	套	2
11	三联按钮	LA10—3H 或 LA4—3H	个	2
12	整流二极管	2CZ30，30A，600V	只	1
13	制动电阻	0.5Ω，50W（外接）	只	1
14	接线端子排	JX2—1015，500V、10A、15 节或配套自定	条	1
15	木螺钉	ϕ3mm×20mm；ϕ3mm×15mm	个	30
16	平垫圈	ϕ4mm	个	30
17	圆珠笔	自定	支	1
18	塑料软铜线	BVR—2.5mm^2，颜色自定	m	20
19	塑料软铜线	BVR—1.5mm^2，颜色自定	m	20
20	塑料软铜线	BVR—0.75mm^2，颜色自定	m	5
21	别径压端子	UT2.5—4，UT1—4	个	20
22	行线槽	TC3025，长 34cm，两边打 ϕ3.5mm 孔	条	5
23	异型塑料管	ϕ3mm	米	0.2

(续)

序号	名称	型号与规格	单位	数量
24	电工通用工具	验电笔、钢丝钳、螺钉旋具（一字形和十字形）、电工刀、尖嘴钳、活扳手、剥线钳等	套	1
25	万用表	自定	块	1
26	绝缘电阻表	型号自定，或500V、0~200MΩ	台	1
27	钳形电流表	0~50A	块	1

三、训练内容及步骤

1）按表1-17配齐所用电器元件，并进行质量检验。
2）根据图1-78及板前线槽布线工艺进行布线安装。

注意事项：

1）时间继电器的整定时间不要过长，以免制动时间过长引起定子绕组发热。
2）整流二极管要配装散热器和固定散热器支架。
3）制动电阻要安装在控制电路板的外面。
4）进行制动时，停止按钮SB2一定要按到底。

技能训练14　断电延时带直流能耗制动丫—△减压起动控制电路的检修

一、训练目的

掌握断电延时带直流能耗制动丫—△减压起动控制电路的检修技能。

二、训练器材

训练所需器材见表1-18。

表1-18　训练所需器材

序号	名称	型号与规格	单位	数量
1	配线板	断电延时能耗制动丫—△减压起动控制电路板	台	1
2	线路配套电路图	断电延时能耗制动丫—△减压起动控制电路配套电路图	套	1
3	故障排除所用材料	与相应的配线板配套	套	1
4	单相交流电源	~220V和36V、5A	处	1
5	三相四线电源	~3×380/220V、20A	处	1
6	电工通用工具	验电笔、钢丝钳、旋具（一字形和十字形）、电工刀、尖嘴钳、活动扳手、剥线钳等	套	1
7	万用表	自定	块	1
8	绝缘电阻表	型号自定，或500V、0~200MΩ	台	1
9	钳形电流表	0~50A	块	1
10	黑胶布	自定	卷	1
11	透明胶布	自定	卷	1

三、训练内容及步骤

1. 训练内容

断电延时带直流能耗制动丫—△减压起动控制电路如图1-82所示。

故障设置：在主电路中人为设置电气故障1处，在控制电路中人为设置电气故障2处（主电路将KM3主触头绝缘，控制电路KM1常闭不导通，与KM2线圈相连的L23号线断开）。

2. 训练步骤

（1）根据故障现象，进行调查必要的研究　通过分析、研究故障情况和故障发生后出现的异常现象，可初步判断出现故障的原因。该电路故障现象有：

1）电动机不能起动、运转。

2）电动机不能制动。

首先要询问电路的运行情况及故障现象，仔细察看线路是否有明显的外观征兆，如导线接头松动或脱落、熔断器熔体熔断、保护器脱扣动作、电气开关动作受阻失灵、接触器和继电器的触头接触不良或触头之间是否有绝缘物等。

（2）在电气线路图上分析故障范围　电动机不能起动，根据电路图得知：按下SB2后，如果线圈KT、KM3、KM1均获电吸合，在主电路的正常连

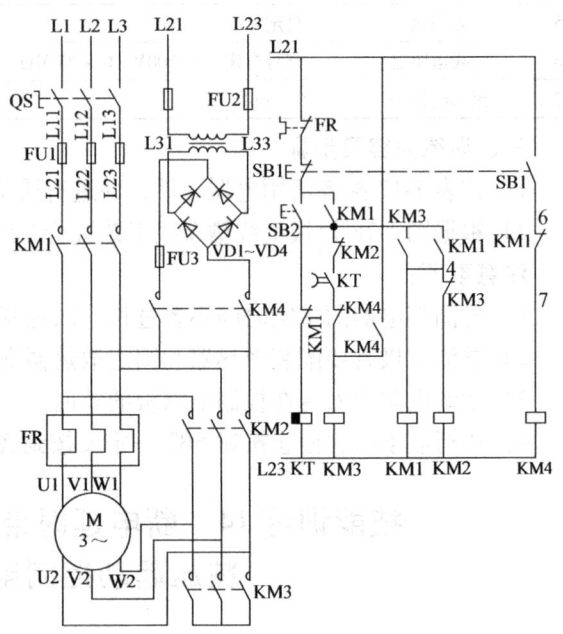

图1-82　断电延时带直流能耗制动
丫—△减压起动控制电路

接下，电动机就能够丫联结起动。因此，主电路、控制电路均会造成电动机不能起动这种故障现象，需进一步观察，以确定检查范围。

（3）用试验法进一步分析，确定第一个故障范围　接通电源QS，按下SB2后，经观察发现线圈KT、KM3、KM1均获电吸合，各继电器、接触器动作顺序符合控制电路要求。电动机不能丫联结起动，故障点肯定在主电路。

（4）用测量法检修第一个故障并通电试车

1）接通电源QS，按下SB2，经延时后，在只有KM1线圈吸合情况下，将万用表调至交流500V的量程上，测量电动机U1、V1、W1三个引线之间的电压均为380V，说明与电动机M引接的U1、V1、W1的主电路完好。

2）断开QS，经验电后，将万用表调至$R \times 1$挡的量程上，调零→测量与KM1、KM3主触头相连的U1→U2、V1→V2、W1→W2的直流电阻→正常。

3）仍将万用表调至$R \times 1$挡的量程上，调零→测量与KM3主触头相连的U2、V2、W2号线（丫联结）连接是否完好→正常。

4）继续用万用表$R \times 1$挡的量程上→测量→发现不能正常闭合。

5）修复KM3主触头。

6）通电试车。接通电源QS，按下SB2后，电动机能够丫联结起动，经过延时后，电动

机又停止工作。

（5）用试验法进行故障分析，确定第二个故障范围　接通电源 QS，按下 SB2 后，电动机能够丫联起动，经过延时后，电动机又停止工作。经观察发现线圈 KT、KM3、KM1 均能按电路动作要求通断，KM2 接触器不能按要求闭合，因此故障点肯定在 4 号线→KM3 常闭触头→线圈 KM2→与线圈 KM2 相连的 L23 号线的回路中。

（6）用测量法检修第二个故障并通电试车

1）通过试车，观察证明故障点在较小的范围内，可以用电阻法进行测量。

2）将万用表调至电阻 $R×1$ 挡上，断开与 KM1 线圈相连的 4 号线后，按顺序检查 4 号线、KM3 常闭触头、KM2 线圈、与 KM2 线圈相连的 L23 号线的通断。即可找到与 KM2 线圈相连的 L23 号线的断点。

3）修复 L23 号线的断点。

4）通电试车，接通电源，按下起动按钮，电动机起动且运行正常。按下停止按钮 SB1，电动机能够断电，却不能制动。

（7）用试验法进行故障分析，确定第三个故障范围

1）因为已修复的 2 处故障，一处在主电路，另一处在控制电路，剩下的一处应在控制回路中。

2）经过分析，故障点应在：L21 号线→SB1 常开触头→6 号线→KM1 常闭触头→7 号线→KM4 线圈→与 KM4 线圈相连的 L23 号线的范围内。

（8）用测量法检修第三个故障并通电试车

1）将万用表调至电阻 $R×1$ 挡的量程上，测量 L23 号线和 KM4 线圈之间的阻值→0Ω→正常。

2）将万用表调至电阻 $R×1$ 挡的量程上，测量 7 号线→0Ω→正常。

3）将万用表调至电阻 $R×1$ 挡的量程上，测量 KM1 常闭触头→∞→不正常。

4）KM1 常闭触头有故障。

5）修复 KM1 常闭触头故障点。

6）通电试车，电路正常。

（9）现场整理　操作结束，断开电源开关，清理电工工具、仪表和工作台面等。

注意事项：

1）检修前要掌握该电路的构成、工作原理及操作顺序。

2）检修过程中严禁扩大和产生新的故障。

3）带电检修必须有指导教师在现场监护，并确保用电安全。

第八节　三相绕线转子异步电动机的起动与调速控制电路及其安装、调试与维修

在实际生产中对要求起动转矩较大，且能平滑调速的场合，常常采用三相绕线转子异步电动机。绕线转子异步电动机的优点是可以通过集电环在转子绕组中串接电阻来改善电动机的机械特性，从而达到减小起动电流、增大起动转矩以及平滑调速之目的。

一、三相绕线转子异步电动机的起动控制电路

1. 三相绕线转子异步电动机串电阻起动

三相绕线转子异步电动机起动时，在转子回路中接入作Y联结、分级切换的三相起动电阻器，并把可变电阻放到最大位置，以减小起动电流，获得较大的起动转矩。随着电动机转速的升高，可变电阻逐级减小。起动完毕后，可变电阻减速小到零，转子绕组被直接短接，电动机便在额定状态下运行。

电动机转子绕组中串接的外加电阻在每段切除前和切除后，三相电阻始终是对称的，称为三相对称电阻器，如图1-83a所示；起动过程中依次切除 R_1、R_2、R_3，最后全部电阻被切除。与上述过程正相反，起动时串入的全部三相电阻是不对称的，而每段切除后三相电阻仍不对称，称为三相不对称电阻器，如图1-83b所示；起动过程依次切除 R_1、R_2、R_3、R_4，最后切除全部电阻。

如果电动机要调速，则将可变电阻调整到相应的位置即可，这时可变电阻便成为调速电阻。

时间继电器自动控制的转子绕组串接电阻起动电路如图1-84所示。

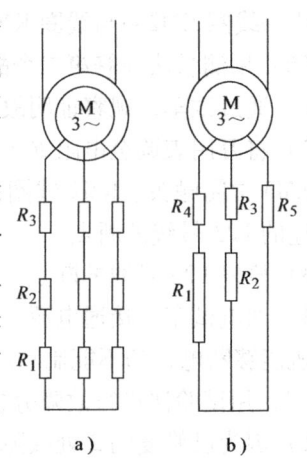

图1-83 转子绕组串接三相电阻
a) 转子串接三相对称电阻器
b) 转子串接三相不对称电阻器

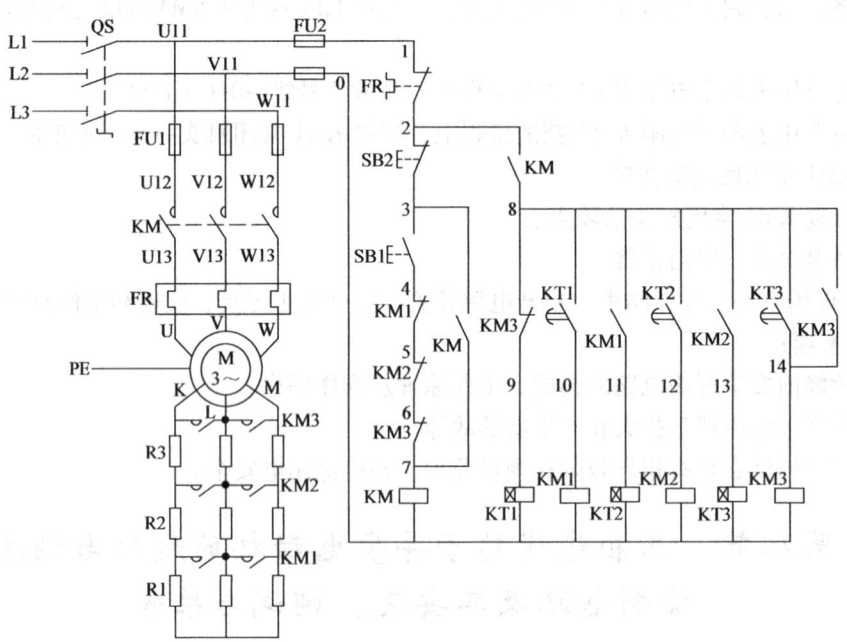

图1-84 时间继电器自动控制的转子绕组串接电阻起动电路

该电路是用三个时间继电器 KM1、KM2、KM3 和三个接触器 KM1、KM2、KM3 的相互配合来依次自动切除转子绕组中的三级电阻的。其工作原理如下：

闭合电源开关 QS → 按下 SB1 → KM 线圈得电 →
- → KM 自锁触头闭合自锁 → 电动机 M 串接全部电阻起动。
- → KM 主触头闭合
- → KM 常开触头闭合 → KT1 线圈得电 经 KT1 整定时间→

→ KT1 常开触头闭合 → KM1 线圈得电 →
- → KM1 主触头闭合，切除第一组电阻 R_1，电动机 M 串接第二组电阻继续起动。
- → KM1 常开辅助触头闭合 → KT2 线圈得电
- → KM1 常闭辅助触头分断

经 KT2 整定时间 → KT2 常开触头闭合 → KM2 线圈得电 →
- → KM2 主触头闭合，切除第二组电阻 R_2，电动机 M 串接第三组电阻继续起动。
- → KM2 常开辅助触头闭合
- → KM2 常闭辅助触头分断

→ KT3 线圈得电 经 KT3 整定时间 → KT3 常开触头闭合 → KM3 线圈得电 →
- → KM3 自锁触头闭合自锁。
- → KM3 主触头闭合、切除第三组电阻 R_3，电动机 M 起动结束，正常运转。
- → KM3 常闭辅助触头分析 → 使 KT1、KM1、KT2、KM2、KT3 依次断电释放，触头复位。
- → KM3 常闭辅助触头分断。

与起动按钮 SB1 串接的接触器 KM1、KM2 和 KM3 常闭辅助触头的作用是保证电动机在转子绕组中接入全部外加电阻的条件下才能起动。如果接触器 KM1、KM2 和 KM3 中任何一个触头因熔焊或机械故障而没有释放，起动电阻就没有被全部接入转子绕组中，从而使起动电流超过规定值。若把 KM1、KM2 和 KM3 的常闭触头与 SB1 串接在一起，就可避免这种现象的发生，因为三个接触器中只要有一个触头没有恢复闭合，电动机就不可能接通电源直接起动。

注意：需要使电动机停止转动时，按下 SB2 即可。

2. 绕线转子异步电动机串接频敏变阻器起动

绕线转子异步电动机采用转子绕组串接电阻起动，要想获得良好的起动性能，一般需要较多的起动级数，所用电器较多，控制电路复杂，设备投资大，维修不便，同时由于逐级切除电阻，会产生一定的机械冲击力，因此，在工矿企业中对于起动不频繁的电气设备，广泛采用频敏变阻器代替起动电阻，来控制绕线转子异步电动机的起动。

（1）频敏变阻器　频敏变阻器是利用电磁材料的损耗随频率变化来自动改变等效阻抗值，以使电动机达到平滑起动的变阻器。它是一种静止的无触头电磁元件，实质上是一个铁心损耗非常大的三相电抗器。它适用于绕线转子异步电动机的转子回路，作起动电阻用。在电动机起动时，将频敏变阻器串接在转子绕组中，由于频敏变阻器的等效阻抗随转子电流频率减小而减小，从而减小机械和电流的冲击，实现电动机的平稳无级起动。

频敏变阻器的结构为开启式，类似于没有二次绕组的三相变压器。BP1 系列频敏变阻器的外形和结构如图 1-85 和图 1-86 所示。它主要由铁心和绕组两部分组成。铁心由数片 E 形钢板叠成，上、下铁心用四根螺栓固定。拧开螺栓上的螺母，可在上、下铁心间增减非磁性垫片，以调整气隙的长度。

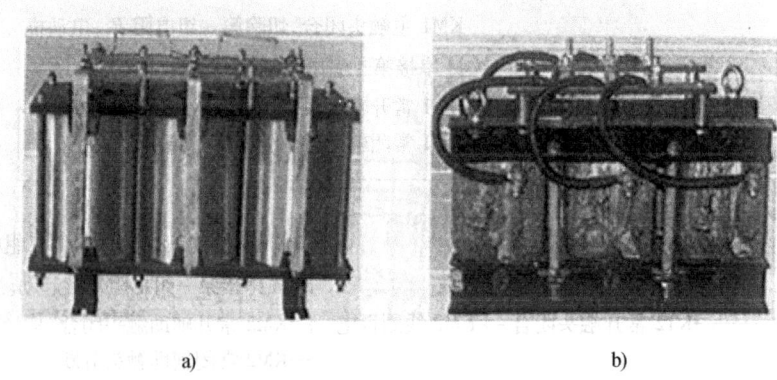

图 1-85 频敏变阻器的外形
a）BP1 系列频敏变阻器　b）BP4 系列频敏变阻器

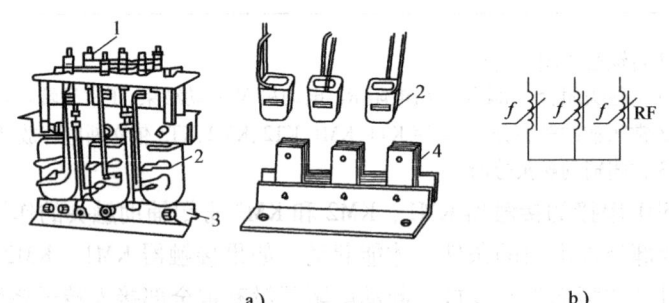

图 1-86 频敏变阻器的结构
a）基本结构　b）图形符号
1—接线柱　2—线圈　3—底座　4—铁心

频敏变阻器的工件原理是：三相绕组通入电流后，由于铁心是用厚钢板制成的，交变磁通将在铁心中产生很大的涡流，造成极大的铁磁损耗。频率越高，涡流越大，铁损也越大。交变磁通在铁心中的损耗可等效地看做电流在电阻中的损耗，因此，频率变化时相当于等效电阻的阻值在变化。在电动机刚起动的瞬间，转子电流的频率最高，频敏电阻器的等效阻抗最大，限制了电动机的起动电流；随着转子转速的升高，转子电流的频率逐渐减小，频敏变阻器的等效阻值也逐渐减小，从而使电动机转速平稳地上升到额定转速。

（2）转子绕组串接频敏变组器起动的原理　如图 1-87 所示，电动机的起动过程可以利用转换开关 SA 实现自动和手动两种控制。

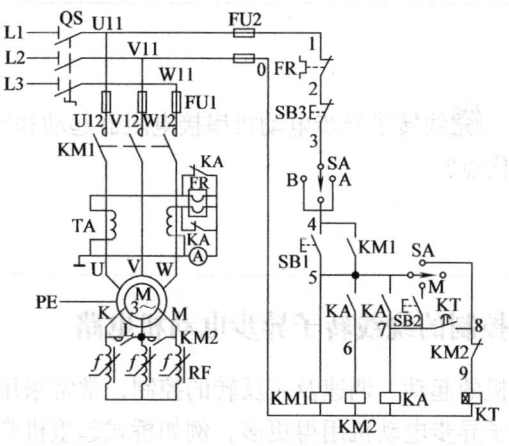

图 1-87 转子绕组串接频敏变阻器起动电路

1)自动控制。采用自动控制时,将转换开关 SA 扳到自动位置(即 A 位置),时间继电器 KT 将发挥作用。该电路工作原理如下:

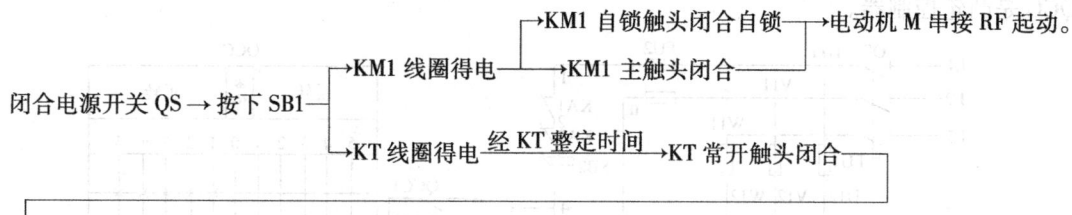

注意:需要电动机停止转动时,按下 SB3 就可以了。

在电动机起动过程中,中间继电器 KA 未得电,KA 的两对常闭触头将热继电器 FR 的热元件短接,以免因起动过程较长,而使热继电器过热产生误动作。起动结束后,中间继电器 KA 才得电动作,其两对常闭触头分断,FR 的热元件便接入主电路工作。图中 TA 为电流互感器,其作用是将主电路中的大电流变成小电流,串入热继电器的热元件反映过载程度。

2)手动控制。采用手动控制时,将转换开关 SA 扳到手动位置(即 B 位置),这样时间继电器 KT 就起不到任何作用,用按钮 SB2 手动控制中间继电器 KA 和接触器 KM 的得电动作,以完成短接频敏变阻器 RF 的工作。

用频敏变阻器起动绕线转子异步电动机的优点是:起动性能好,无电流和机械冲击,结构简单,价格低廉,使用维护方便;但功率因数较低,起动转矩较小,不宜用于重载起动。

想一想

绕线转子异步电动机串接电阻器起动和频敏变阻器起动各有什么优点？

二、凸轮控制器控制的绕线转子异步电动机电路

绕线转子异步电动机的起动、调速及正反转的控制，常常采用凸轮控制器来实现，尤其是容量不太大的绕线转子异步电动机用得更多，例如桥式起重机常采用这种电路。

绕线转子异步电动机凸轮控制器控制电路如图1-88所示。图中转换开关QS作引入电源用；熔断器FU1、FU2分别作为主电路和控制电路的短路保护；接触器KM控制电动机电源的通断，同时起欠电压、失电压保护作用；位置开关SQ1、SQ2分别作为电动机正反转时工作机构运动的限位保护；过电流继电器KA1、KA2作为电动机的过载保护；R是电阻器；QCC是凸轮控制器。

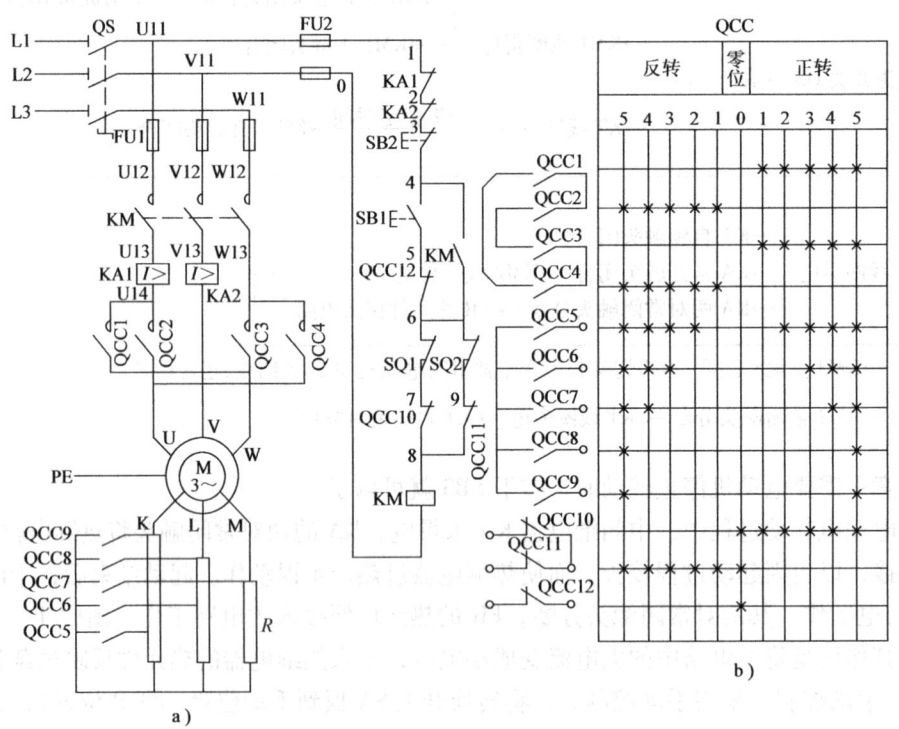

图1-88 绕线转子异步电动机凸轮控制器控制电路
a) 电路 b) 触头状态

1. 凸轮控制器

KTJ1—50型凸轮控制器外形与结构如图1-89所示。它主要由手柄（或手轮）、触头系

统、转轴、凸轮和外壳等部分组成。其触头系统共有12对触头，包括9常开、3常闭。其中，4对常开触头接在主电路中，用于控制电动机的正反转，配有石棉水泥制成的灭弧罩，其余8对触头用于控制电路中，不带灭弧罩。

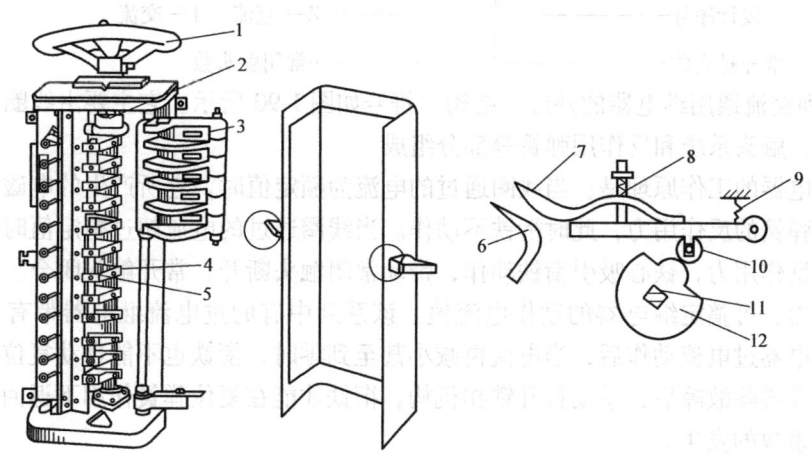

图1-89　KTJ1—50型凸轮控制器外形与结构
1—手柄（或手轮）　2—转轴　3—灭弧罩　4—动触头　5—静触头　6—触头弹簧　7—动触头　8—触头弹簧
9—弹簧　10—滑轮　11—转轴　12—凸轮

凸轮控制器的工作原理是：动触头与凸轮固定在转轴上，每个凸轮控制一个触头。当转动手柄时，凸轮随轴转动，当凸轮的凸起部分顶住滚轮时，动、静触头分开；当凸轮的凹处与滚轮相碰时，动触头受到触头弹簧的作用压在静触头上，动、静触头闭合。在方轴上叠装形状不同的凸轮片，可使各个触头按预期的顺序闭合和断开，从而实现不同的控制目的。

凸轮控制器的触头分合情况，如图1-88b所示。图中12对触头的分合状态是处于"0"位时的情况。当手柄处于正转的1~5挡或反转的1~5挡时，触头的分合状态如图1-88b所示，用"×"表示触头闭合，无此标记表示触头断开。QCC最上面的4对配有灭弧罩的常开触头QCC1~QCC4接在主电路中用以控制电动机正反转；中间的5对常开触头QCC5~QCC9与转子电阻相接，用以逐级切换电阻以控制电动机的起动和调速；最下面的三对常闭辅助触头QCC10~QCC12都用作零位保护。

凸轮控制器主要根据所控制电动机的容量、额定电流、额定电压、工作制和控制位置数目等来选择。

2. 过电流继电器

反映输入量为电流的继电器称为电流继电器。使用时，电流继电器的线圈串联在被测电路中，根据通过线圈电流的大小而动作，为了不影响电路的正常工作，电流继电器的线圈匝数要少，导线要粗，阻抗要小。电流继电器分为过电流继电器和欠电流继电器两种。

常用的过电流继电器有JT4系列交流通用继电器和JL14系列交直流通用继电器，其型号及含义如下：

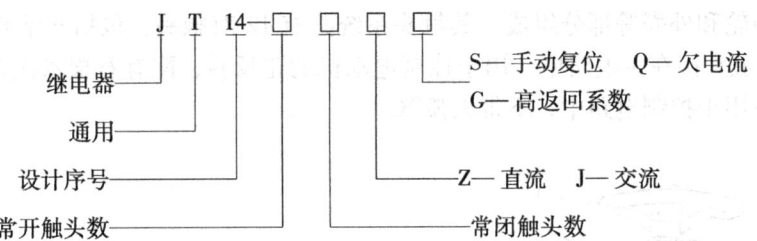

JT4系列交流通用继电器的外形、结构、符号如图1-90所示。它主要由线圈、圆柱形静铁心、衔铁、触头系统和反作用弹簧等部分组成。

电流继电器的工作原理是：当线圈通过的电流为额定值时，它所产生的电磁吸力不足以克服反作用弹簧的反作用力，此时衔铁不动作。当线圈通过的电流超过整定值时，电磁吸力大于弹簧的反作用力，铁心吸引衔铁动作，带动常闭触头断开，常开触头闭合。调整反作用弹簧的作用力，可整定继电器的动作电流值。该系列中有的过电流继电器带有手动复位功能，这类继电器过电流动作后，当电流再减小甚至到零时，衔铁也不能自动复位，只有当操作人员检查并排除故障后，手动打开锁扣机构，衔铁才能在复位弹簧作用下返回，从而避免重复过电流事故的发生。

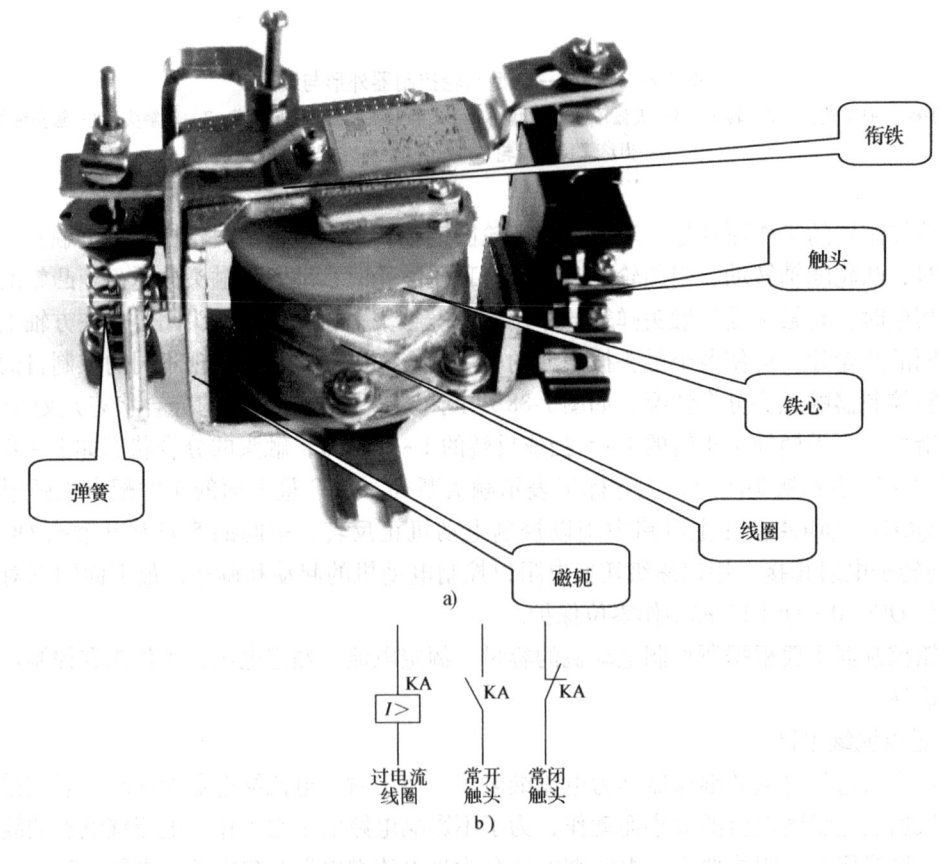

图1-90 JT4系列过电流继电器
a) 外形 b) 符号

JT4 系列为交流通用继电器，在这种继电器的系统上装设不同的线圈便可制成过电流、欠电流、过电压或欠电压等继电器。

常用的过电流继电器还有 JL14 等系列。JL14 系列是一种交、直流通用的新系列电流继电器，其结构及工作原理与 JT4 系列相似。主要结构部分交、直流通用，区别仅在于：交流继电器的铁心上开有槽，以减少涡流损耗。

JT4 和 JL14 系列都是瞬动型过电流继电器，主要用于电动机的短路保护。

过电流继电器的额定电流一般可按电动机长期工作的额定电流来选择，对于频繁起动的电动机，考虑到起动电流在继电器中的热效应，额定电流可选大一个等级；过电流继电器的触头种类、数量、额定电流及复位方式应满足控制电路的要求。

3. 电路原理分析

先合上电源开关 QS，然后将 QCC 手柄放在"0"位，这时最下面三对触头 QCC10～QCC12 闭合，为控制电路的接通作准备。按下 SB1，接触器 KM 线圈得电，KM 主触头闭合，接通电源，为电动机起动作准备，KM 自锁触头闭合自锁。将 QCC 手柄从"0"位转到正转"1"位置，这时触头 QCC10 仍闭合，保持控制电路接通，触头 QCC1、QCC3 闭合，电动机 M 接通三相电源正转起动，此时由于 QCC 触头 QCC5～QCC9 均断开，转子绕组串接全部电阻 R，所以起动电流较小，起动转矩也较小。如果电动机负载较重，则不能起动，但可以消除传动齿轮间隙和拉紧钢丝绳的作用。当 QCC 手柄从正转"1"位转到"2"位时，触头 QCC10、QCC1、QCC3 仍闭合，QCC5 闭合，把电阻器 R 的一级电阻切除，使电动机 M 正转加速。同理，当 QCC 手柄依次转到正转"3"和"4"位置时，触头 QCC10、QCC1、QCC3、QCC5 仍保持闭合，QCC6、QCC7 先后闭合，把电阻器 R 的两级电阻相继短接，电动机 M 继续正转加速。闭合，当 QCC 手柄转到正转"5"位置时，QCC5～QCC9 五对触头全部闭合，电阻器 R 全部电阻被切除，电动机起动完毕后全速运转。

当把手柄转到反转的"1"～"5"位置时，触头 QCC2 和 QCC4 闭合，接入电动机的三相电源相序改变，电动机反转。触头 QCC11 闭合使控制电路接通，接触器 KM 线圈继续得电工作。凸轮控制器反向起动依次切除电阻的程序及工作原理与正转类同。

有凸轮控制器触头分合表可以看出，凸轮控制器最下面的 3 对辅助触头 QCC10～QCC12，只有当手柄置于"0"位时才全部闭合，而在其余各挡位置都只有 1 对触头闭合（QCC10 或 QCC11），而其余两对断开。这 3 对触头在控制电路中如此安排，就保证了手柄必须置于"0"位时，按下起动按钮 SB1 才能使接触器 KM 线圈得电动作。然后通过凸轮控制器 QCC 使电动机进行逐级起动，从而避免了电动机的直接起动，同时也防止了由于误按 SB1 而使电动机突然加速运转产生的意外事故。

技能训练 15　时间继电器控制的转子绕组串接电阻起动电路的安装

一、训练目的

1. 掌握电阻器的安装与调试技能。
2. 掌握时间继电器控制的转子绕组串接电阻起动电路。

二、训练器材

训练所需器材见表1-19。

表1-19 训练所需器材

序号	名称	型号与规格	单位	数量
1	三相四线电源	~3×380/220V，20A	处	1
2	单相交流电源	~220V和36V，5A	处	1
3	三相电动机	Y112M—4，4kW、380V、△联结或自定	台	1
4	配线板	500mm×600mm×20mm	块	1
5	组合开关	HZ10—25/3	个	1
6	交流接触器	CJ10—10，线圈电压380V或自定 CJ10—20，线圈电压380V	只	4
7	热继电器	JR16—20/3，整定电流10~16A	只	1
8	时间继电器	JS7—4A，线圈电压380V或自定	只	3
9	起动电阻器	2K1—12—6/1	台	1
10	熔断器及熔芯配套	RL1—60/20	套	3
11	熔断器及熔芯配套	RL1—15/4	套	2
12	三联按钮	LA10—3H或LA4—3H	个	2
13	接线端子排	JX2—1015，500V，10A，15节或配套自定	条	1
14	木螺钉	$\phi 3mm \times 20mm$；$\phi 3mm \times 15mm$	个	30
15	平垫圈	$\phi 4mm$	个	30
16	圆珠笔	自定	支	1
17	塑料软铜线	BVR—2.5mm^2，颜色自定	m	20
18	塑料软铜线	BVR—1.5mm^2，颜色自定	m	20
19	塑料软铜线	BVR—0.75mm^2，颜色自定	m	5
20	别径压端子	UT2.5—4，UT1—4	个	20
21	行线槽	TC3025，长34cm，两边打$\phi 3.5mm$孔	条	5
22	异型塑料管	$\phi 3mm$	m	0.2
23	电工通用工具	验电笔、钢丝钳、螺钉旋具（一字形和十字形）、电工刀、尖嘴钳、活扳手、剥线钳等	套	1
24	万用表	自定	块	1
25	绝缘电阻表	型号自定，或500V、0~200MΩ	台	1
26	钳形电流表	0~50A	块	1

三、训练内容及步骤

1）元器件检查。按表1-19配齐所用元器件，并进行质量检验，要求其外观完好无损，型号规格标注齐全、完整、各项技术指标符合规定要求。

2）按照上述操作步骤及线槽布线工艺进行布线。

注意事项：

1）时间继电器和热继电器的整定值应由学生在通电试车前自行整定。

2）出现故障后，学生应能够独立检修，但通电试车和带电检修时，必须有指导教师在现场监护。

3) 电阻器要尽可能放在箱体内, 若置于箱体外, 必须采取遮护或隔离措施, 以防止发生触电事故。

技能训练 16　凸轮控制器控制的绕线转子异步电动机电路的安装与检修

一、训练目的
1. 掌握绕线转子异步电动机凸轮控制器控制电路的安装技能。
2. 掌握绕线转子异步电动机凸轮控制器控制电路的检修技能。

二、训练器材
训练所需器材见表 1-20。

表 1-20　训练所需器材

序号	名称	型号与规格	单位	数量
1	三相四线电源	~3×380/220V、20A	处	1
2	单相交流电源	~220V 和 36V、5A	处	1
3	三相绕线异步电动机	YZR—132MA—6, 4kW、380V、△联结或自定	台	1
4	配线板	500mm×600mm×20mm	块	1
5	组合开关	HZ10—25/3	个	1
6	交流接触器	CJ10—10, 线圈电压 380V 或自定 CJ10—20, 线圈电压 380V	只	2
7	热继电器	JR16—20/3, 整定电流 10~16A	只	1
8	起动电阻器	2K1—12—6/1	台	1
9	凸轮控制器	KTJI—50/2, 50A、380V	台	1
10	过电流继电器	JL14—11J, 线圈电压 380V, 额定电流 10A	只	2
11	位置开关	LX19—212, 380V、5A, 内轮双侧	只	2
12	熔断器及熔芯配套	RL1—60/20	套	3
13	熔断器及熔芯配套	RL1—15/4	套	2
14	三联按钮	LA10—3H 或 LA4—3H	个	1
15	接线端子排	JX2—1015, 500V、10A、15 节或配套自定	条	1
16	木螺钉	$\phi 3mm \times 20mm$; $\phi 3mm \times 15mm$	个	30
17	平垫圈	$\phi 4mm$	个	30
18	圆珠笔	自定	支	1
19	塑料软铜线	BV—2.5mm^2, 颜色自定	m	20
20	塑料软铜线	BV—1.5mm^2, 颜色自定	m	20
21	塑料软铜线	BV—0.75mm^2, 颜色自定	m	5
22	别径压端子	UT2.5—4, UT1—4	个	20

(续)

序号	名称	型号与规格	单位	数量
23	异型塑料管	φ3mm	m	0.2
24	电工通用工具	验电笔、钢丝钳、螺钉旋具（一字形和十字形）、电工刀、尖嘴钳、活扳手、剥线钳等	套	1
25	万用表	自定	块	1
26	绝缘电阻表	型号自定，或500V、0～200MΩ	台	1
27	钳形电流表	0～50A	块	1

三、训练内容及步骤

1. 安装

（1）检查元器件　按表1-20配齐所用元器件，并进行质量检验，要求其外观完好无损，型号规格标注齐全、完整、各项技术指标符合规定要求。

（2）画出布置图和线槽布线　根据图1-88所示电路画出布置图并按板前线槽布线工艺进行板前线槽布线。

注意事项：

1）凸轮控制器的安装

①安装凸轮控制器前，应检查其外壳及零部件有无损坏，并清除内部灰尘。

②安装控制器前应操作手柄不少于5次，检查有无卡阻现象。检查触头的分合顺序是否符合规定的分合表要求及每一对触头是否动作可靠。

③凸轮控制器必须牢固可靠地安装在墙壁或支架上，其金属外壳上的接地螺钉必须与接地线可靠连接。

④进行凸轮控制器的接线时，要先熟悉其结构和各触头的作用，看清凸轮控制器内连接线的连接方式，然后对照图1-88电路进行接线，注意不要接错。接线后，必须盖上灭弧罩。经反复检查，确认无误后才能通电。

⑤凸轮控制器安装结束后，应进行空载试验。起动时若凸轮控制器转到2位置后电动机仍未转动，则应停止起动，检查线路。

⑥起动操作时手柄转动不能太快，应逐级起动，且级与级之间应经过一定的时间间隔（约1s），以防止电动机的冲击电流超过电流继电器的整定值。

⑦凸轮控制器停止使用时，应将手柄准确停在"0"位。

2）过电流继电器的安装

①安装过电流继电器前，应检查继电器的额定电流及整定值是否与实际使用要求相符。继电器的动作是否灵活、可靠。外罩及壳体是否有损坏或缺件等情况。

②安装后应在触头不通电的情况下，使吸引线圈通电操作几次，察看过电流继电器是否动作可靠。

3）通电试车的操作顺序

①将凸轮控制器QCC的手轮置于"0"位。

②合上电源开关QS。

③按下起动按钮SB1。

④将凸轮控制器手柄依次转到各挡位，并分别测量电动机的转速。

⑤把手柄从正转"5"挡位置逐渐恢复到"0"位后，按下停止按钮 SB2，切断电源开关 QS。

2. 检修

（1）故障设置　在主电路上设置故障 1 处，在控制电路中设置故障 2 处。

（2）检修步骤

1）用通电试验法观察故障现象。按顺序进行操作，注意观察电动机的运转情况，凸轮控制器的操作、各电器元件及线路的工作是否满足控制要求。若发现异常现象，应立即断电检查。

2）根据故障现象结合电路图和触头分合情况用逻辑法分析故障范围，并在电路图上用虚线标出故障部位的最小范围。

3）用测量法准确找出故障点。

4）采取正确的方法迅速排除故障。

5）通电试车。

注意事项：

①掌握凸轮控制器的结构、接线方式及故障处理方法。凸轮控制器常见故障及处理方法见表 1-21。

表 1-21　凸轮控制器常见故障及处理方法

故障现象	可能的原因	处理方法
主电路常开触头间短路	（1）灭弧罩破裂 （2）触头间损坏	（1）调换灭弧罩 （2）调换凸轮控制器
触头过热使触头支持件烧焦	（1）触头接触不良 （2）触头压力变小 （3）触头上连接螺钉松动 （4）触头容量过小	（1）修整触头 （2）调整或更换触头压力弹簧 （3）旋紧螺钉 （4）调换控制器
触头熔焊	（1）触头弹簧脱落或断裂 （2）触头脱落或磨光	（1）调换弹簧触头 （2）更换触头
操作时有扎卡现象及噪声	（1）滚动轴承损坏 （2）异物嵌入凸轮鼓或触头	（1）调换轴承 （2）清除异物

②过电流继电器的常见故障及处理方法与接触器相似。

③要注意当接触器 KM 线圈通电吸合后，由于主电路中三相只采用了凸轮控制器的两对触头，因此电动机定子绕组处于带电状态。

④不得随意更改线路和带电触摸电器元件。

⑤仪表使用要正确，以防止误判断。

⑥带电检修故障时，必须有教师在现场监护，并要确保用电安全。

⑦排除故障必须在规定的时间内完成。

凸轮控制器的检修

小实践

1）用绝缘电阻表测量凸轮控制器各触头的对地电阻，其值应不小于 0.5MΩ。

2）将手轮依次置于不同位置，用万用表分别测量各触头的通断情况，初步判断触头的工作情况是否良好。

3）打开凸轮控制器的外壳，仔细观察其结构和动作过程，熟悉各主要零部件。

4）用锉刀细心修整烧伤的触头，注意不可改变触头原来的形状。对磨损严重的触头应予以更换。

5）调整各动、静触头的接触面，使其在同一直线上。

6）调整触头压力时，可将一条比触头稍宽的纸条夹在动、静触头间并使触头闭合。用手拉动纸条，若稍微用力纸条即可拉出，说明触头压力合适；若纸条很容易拉出，说明触头压力不足，可调整或更换触头压力弹簧；若纸条被撕断，说明触头压力太大，此时应调整触头压力弹簧。

7）检查各凸轮片的磨损情况，若磨损严重应予更换。

8）合上外壳，用手转动手柄，看它是否转动灵活、可靠，并再次用万用表依次测量手柄置于不同位置时各触头的通断情况。

【阅读材料】 三相异步电动机软起动器

随着科学技术的不断发展，三相异步电动机的软起动技术逐步成熟，普及程度越来越广泛。所谓电动机软起动，就是在电动机起动过程中，在电动机主电路串接变频变压器件或分压器件，使电动机的端电压从某一设定值自动无级上升至全压，电动机转速平稳上升至全速的一种电动机起动方式。软起动应该有以下两个基本特点：一是在整个起动过程中电动机平稳加速，无机械冲击；二是尽可能降低起动电流，切换时没有电流冲击。

三相异步电动机软起动器是一种集电动机软起动、软停车、轻载节能和多种保护功能于一体的新颖电动机的控制装置，英文为"Soft Starter"。GDS 系列固态软起动器，主要用于交流 380V、50Hz、容量为 315kW 以下的三相异步电动机的减压起动。其主要特点是：全数字自动控制；起动电流小，起动转矩大；起动参数可根据负载类型任意调整；可连续、频繁起动；可分别起动多台电动机；并具有完善、可靠的保护功能。

一、软起动器的组成及工作原理

软起动器由电动机的起停装置和软起动控制器组成，其核心部件是软起动控制器，它是由功率半导体器件和其他电子元件组成的。软起动控制器的是利用电力电子技术与自动控制技术以及计算机技术，将强电与弱电结合起来的控制技术，其主要结构是一组串接于电源与被控电动机之间的三相反并联的晶闸管及其电子控制电路,利用晶闸管移相控制原理,控制三相反并联晶闸管的导通角,使被控电动机的输入电压按不同的要求而变化,从而实现不同的起动功能。可见,软起动器实际上是一个晶闸管交流调压器。通过改变晶闸管的触发延迟角,就可调节晶闸管调压电路的输出电压。

软起动控制器的工作原理是:起动时,使晶闸管的导通角从零开始逐渐前移,电动机的端电压从零开始,按预设函数关系逐渐上升,直至达到满足起动转矩而使电动机顺利起动,当电动机达到一定转速后,晶闸管再全导通使电动机全压运行。

三相异步电动机在软起动的过程中,软起动控制器是通过控制加到电动机上的平均电压来控制电动机的起动电流和转矩的。一般软起动控制器可以通过设定得到不同的起动特性,以满足不同负载特性的要求。

二、软起动器的应用

在工业化程度要求较高的场合,为了便于控制和应用,往往将软起动控制器、断路器和控制电路组成一个比较完整的电动机控制中心(MCC),以实现电动机的软起动、软停车、故障保护、报警、自动控制等功能。同时 MCC 还具有运行和故障状态监视,接触器操作次数、电动机运行时间和触头弹跳监视、试验等辅助功能。另外还可以附加通信单元、图形显示操作单元、编程器单元等,可直接与通信总线联网。

近几年来国内外软起动器技术发展很快,从最初的只具有单一软起动功能的软起动器,发展至目前同时具有软停车、故障保护、轻载节能等功能的多功能软起动器,因此,受到了普遍的关注。我国从 1982 年起就开始研制软起动器,现在应用较为多的产品有:JKR 软起动器及 JQ、JQZ 型交流电动机固态节能软起动器等,其中部分产品单机最大容量已达 800kW。这些产品具有斜坡恒流软起动、阶跃恒流起动、脉冲恒流起动及软停车功能,还可以根据电动机负载变化调整电动机的工作电压,使电动机在最佳状态下运行,同时还可降低电动机的有功功率、无功功率,减小负载电流,提高功率因数等。在电动机空载运行时,接电率可达 50% 以上。而在电动机空载时突加全负载也可在 70ms 内响应完毕。另外,这类软起动器对电动机还具有过载保护和断相保护功能。国外的著名电气公司几乎均有软起动器产品进入中国市场,并占有一定的份额。

本 章 小 结

1. 电路图的识读

1)电路图是一种表示电气原理而不表示实际位置的一种简图。电路图能充分表达电气设备和电器的用途、作用和工作原理,是电气线路安装、调试和维修的理论依据。识读电路图时应遵循的原则是重点内容之一。

2)接线图是根据电气设备和电器元件的实际位置和安装情况绘制的,只用来表示电气设备和电器元件的位置、配线方式和接线方式,而不明显表示电气动作原理。主要用于安装接线、线路的检查维修和故障处理。绘制、识读接线图应遵循的原则也是重点内容之一。

3)布置图是根据电器元件在控制板上的实际安装位置,采用简化的图形符号(如正方形、矩形、圆形等)而绘制的一种简图,主要用于电器元件的布置和安装。

在实际中，电路图、接线图和布置图要结合起来使用。

2. 异步电动机正转控制电路

（1）低压开关、熔断器

1）低压开关：一般为非自动切换电器，常用的有刀开关、组合开关和低压断路器。最常用的刀开关是由刀开关和熔断器组合而成的负荷开关。负荷开关又分为开启式和封闭式两种。

2）熔断器：是低压配电网络和电力拖动系统中主要用作短路保护的电器。熔断器的主要技术参数有：额定电压、额定电流、分断能力和时间—电流特性。熔断器按结构形式分为半封闭插入式、无填料封闭管式、有填料封闭管式。

（2）手动正转控制电路　手动正转控制电路有：用开启式负荷开关控制、用封闭式负荷开关控制、用组合开关控制和用低压断路器控制等四种。

（3）点动控制电路　点动正转控制电路是用按钮、接触器来控制电动机运转的最简单的正转控制电路。

1）接触器：是一种自动的电磁式开关，适用于远距离频繁地接通或断开交、直流主电路及大容量控制电路。是最为常用的控制电器。

2）按钮：是一种手动操作接通或分断小电流控制电路的主令电器。按钮按静态时触头分合状况，可分为常开按钮（起动按钮）、常闭按钮（停止按钮）及复合按钮（常开、常闭组合为一体的按钮）。

（4）自锁控制电路

1）接触器自锁控制电路不但能使电动机连续运转，而且还具有欠电压和失电压（或零电压）保护作用。

2）具有过载保护的接触器自锁正转控制电路可利用热继电器实现过载保护，是较为常用的基本线路。

3）板前明线布线工艺是维修电工必须掌握的基本技能，是全书的重点之一。

3. 三相异步电动机正反转控制电路

要使三相异步电动机反转，可把接入电动机三相电源进线中的任意两根接线对调，三相异步电动机就可以反转。常用的正反转控制电路有以下几种：

1）倒顺开关正反转控制电路。

2）接触器联锁正反转控制电路。

3）按钮联锁正反转控制电路。

4）按钮、接触器双重联锁正反转控制电路。

其中最安全、最可靠的是按钮、接触器双重联锁正反转控制电路。

4. 顺序控制与多地控制

1）几台电动机的起动与停止必须按一定的先后顺序来完成的控制方式，称为电动机的顺序控制。顺序控制可用主电路实现，也可在控制电路中实现。

2）能在两地及两地以上控制一台电动机的控制方式称为电动机的多地控制。对三地或多地控制，只要把各地起动按钮并接，停止按钮串接就可以实现。

5. 位置控制

1）位置控制就是利用生产机械运动部件上的挡铁与位置开关碰撞，使其触头动作，来接通或断开电路，以实现对生产机械运动部件的位置或行程的自动控制。

2）板前线槽布线工艺是全书的重点技能之一，是维修电工必须掌握的技能。

6. 交流异步电动机的起动

交流异步电动机的起动分为全压起动和减压起动两种。

（1）全压起动　当加在交流电动机定子绕组上的电压为电动机的额定电压时，属于全压起动，也称为直接起动。通常规定：电源容量在180kV·A以上，电动机容量在7kW以下的三相异步电动机可采用直接起动。凡不满足直接起动条件的，均须采用减压起动。

（2）减压起动　减压起动是指利用起动设备将电压适当降低以后，加到电动机的定子绕组上进行起动，待电动机起动运转后，再使其电压恢复到额定值正常运转。减压起动需要空载或轻载下起动。

1）时间继电器：作为辅助元件用于各种保护及自动装置中，使被控元件达到所需要的延时动作的继电器。它是一种利用电磁机构或机械动作原理所组成，当线圈通电或断电以后，触头延迟闭合或断开的自动控制元件。常用的时间继电器主要有电磁式、电动式、空气阻尼式、晶体管式等。

2）笼型电动机常见的减压起动方法：定子绕组串接电阻减压起动；自耦变压器减压起动；丫—△换接减压起动和延边三角形减压起动。常用的有自耦变压器减压起动和丫—△换接减压起动。

3）绕线转子异步电动机的起动有两种：采用在转子回路中串接电阻和转子回路中串接频敏变阻器减压起动，从而达到减少起动电流，增大起动转矩以及平滑调速之目的。

7. 异步电动机的调速

异步电动机的调速方法有三种：改变磁极对数调速、改变转差率调速和改变电源频率调速。

（1）改变磁极对数调速为有级调速　常用的有双速异步电动机的控制电路和三速异步电动机控制电路。低速时定子绕组接成△联结，高速时接成双丫联结；而三速运行时，低速时定子绕组接成△联结，中速时接成丫联结，高速时接成双丫联结。

（2）改变转差率调速　适用于绕线转子异步电动机。

（3）改变电源频率调速　通过改变电源的频率来调节电动机转速的方法，称为变频调速。变频器是利用半导体器件的通断作用将频率固定的交流电变换成频率连续可调的交流电的电能控制装置，是今后的发展方向。

8. 异步电动机的制动

制动的方法一般有两类：机械制动和电力制动。

（1）机械制动　利用机械装置使电动机断开电源后迅速停转的方法称为机械制动。机械制动的方法一般有两类：电磁抱闸制动和电磁离合器制动。

（2）电力制动　电动机在切断电源停转的过程中，产生一个和电动机实际旋转方向相反的电磁力矩，使电动机迅速制动的方法称为电力制动。电力制动常用的方法有：反接制动、能耗制动、电容制动和再生发电制动等。

1）反接制动：依靠改变电动机定子绕组的电源相序来产生制动力矩，迫使电动机迅速停转的方法称为反接制动。

反接制动时应注意的是：当电动机转速接近零值时，应立即切断电动机的电源，否则电动机将反转。在反接制动设备中，为保证电动机的转速被制动到接近零值时能迅速切断电源，防止反向起动，常利用速度继电器来自动的及时切断电源。

2）能耗制动：当电动机切断交流电源后，立即在定子绕组的任意两相中通入直流电，迫使电动机迅速停转的方法称为能耗制动。这种方法是在定子绕组中通入直流电以消耗转子惯性运转的动能来进行制动的，所以称为能耗制动。能耗制动时产生制动力矩的大小，与通入定子绕组中直流电流的大小、电动机的转速及转子电路中的电阻有关。电流越大，产生的静止磁场就越强，而转速越高，转子切割磁力线的速度就越大，产生的制动力矩也就越大。对于笼型异步电动机增大制动力矩只能通过增大通入电动机的直流电流来实现，而通入的直流电流又不能太大，过大会烧坏定子绕组。

3）发电制动（回馈制动）：再生发电制动是一种比较经济的制动方法。制动时不需要改变线路即可从电动机运行状态自动转入发电制动状态，把机械能转换成电能，再回馈到电网，节能效果显著。其缺点是应用范围窄，仅当电动机转速大于同步转速时才能实现发电制动。所以常用于在位能负载作用下的起重机械和多速异步电动机由高速转为低速时的情况。

9. 电气控制电路的维修

电气控制电路维修的方法和步骤是全书的重点技能之一，是维修机床电气设备的基础技能。

复习思考题

1. 什么是电路图？简述绘制、识读电路图时应遵循的原则。
2. 什么是接线图？简述绘制、识读接线图时应遵循的原则。
3. 什么是布置图？
4. 何谓低压开关？常用的低压开关有哪些？
5. 开启式负荷开关具有哪些特点？
6. 封闭式负荷开关的操作机构具有哪些特点？
7. 组合开关的用途有哪些？组合开关能否用来分断故障电流？
8. 低压断路器具有哪些优点？
9. DZ5—20 型低压断路器主要由哪几部分组成？
10. 低压断路器具有哪些保护功能？分别由低压断路器的哪些部件完成？
11. 熔断器主要有哪几部分组成？各部分有哪些作用？
12. 熔断器为什么一般不能作过载保护？
13. 常用的熔断器有哪几种类型？
14. RL1 螺旋式熔断器有何特点？适用于哪些场合？
15. RM10 系列无填料封闭管式熔断器的结构具有哪些特点？
16. 如何安装负荷开关、低压断路器和熔断器？
17. 交流接触器主要由哪几部分组成？

18. 交流接触器的铁心结构有何特点?
19. 为什么交流接触器的铁心加装短路环后,其振动和噪声会显著减少?
20. 交流接触器在动作时,常开和常闭触头的动作顺序是怎样的?
21. 简述交流接触器的工作原理。
22. 何谓主令电器?主令电器的作用有哪些?常用的主令电器有哪几种类型?
23. 如何安装按钮?
24. 如何安装交流接触器?
25. 简述电动机基本控制电路的安装步骤。
26. 什么叫点动控制?试分析图1-91所示各控制电路是否能实现点动控制?若不能,试分析说明原因,并加以改正。

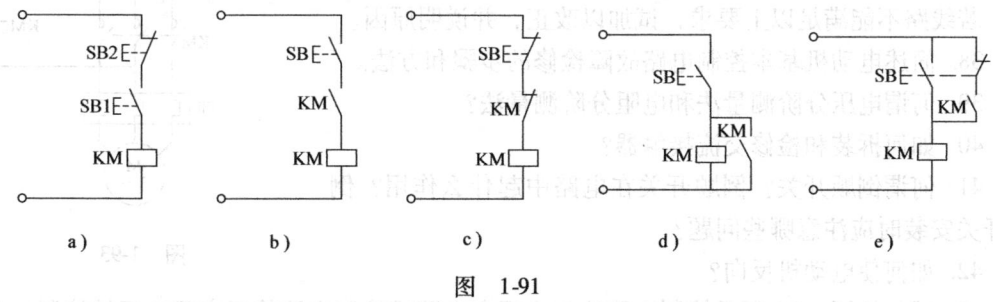

图 1-91

27. 在控制板上安装电器元件的要求有哪些?
28. 板前明线布线的工艺要求有哪些?
29. 什么叫自锁控制?试分析图1-92所示各控制电路能否实现自锁控制?若不能,试分析说明原因,并加以改正。

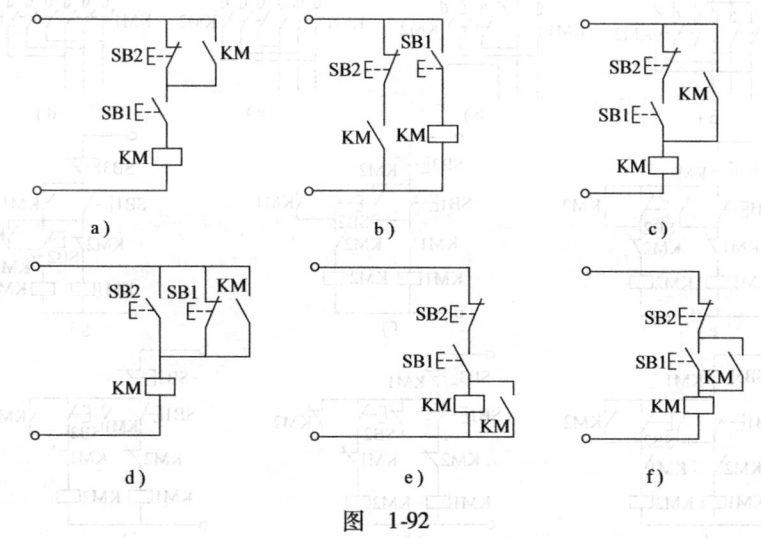

图 1-92

30. 何谓欠电压保护和失电压保护?用什么元件实现欠电压保护和失电压保护?
31. 什么叫过载保护?为什么对电动机进行过载保护?
32. 什么是热继电器?它有哪些用途?

33. 简述热继电器的主要结构。

34. 为什么对△联结的电动机进行断相保护，必须采用三相带断相保护装置的热继电器？

35. 热继电器能否作短路保护？

36. 在电动机的控制电路中，短路保护和过载保护各由什么电器来实现？它们能否互相代替？为什么？

37. 试分析图1-93所示控制电路能否满足以下控制要求和保护要求：

（1）能实现单向起动和停止。

（2）具有短路、过载、欠电压和失电压保护。

若线路不能满足以上要求，试加以改正，并说明原因。

38. 简述电动机基本控制电路故障检修的步骤和方法。

39. 何谓电压分阶测量法和电阻分阶测量法？

40. 如何拆装和检修交流接触器？

41. 何谓倒顺开关？倒顺开关在电路中起什么作用？倒顺开关安装时应注意哪些问题？

42. 如何使电动机反向？

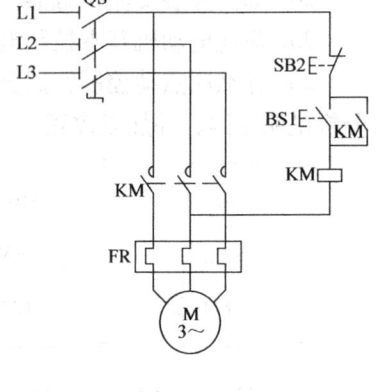

图 1-93

43. 试分析图1-94所示控制电路能否实现主电路或控制电路能否实现正反转控制？若不能，试说明原因。

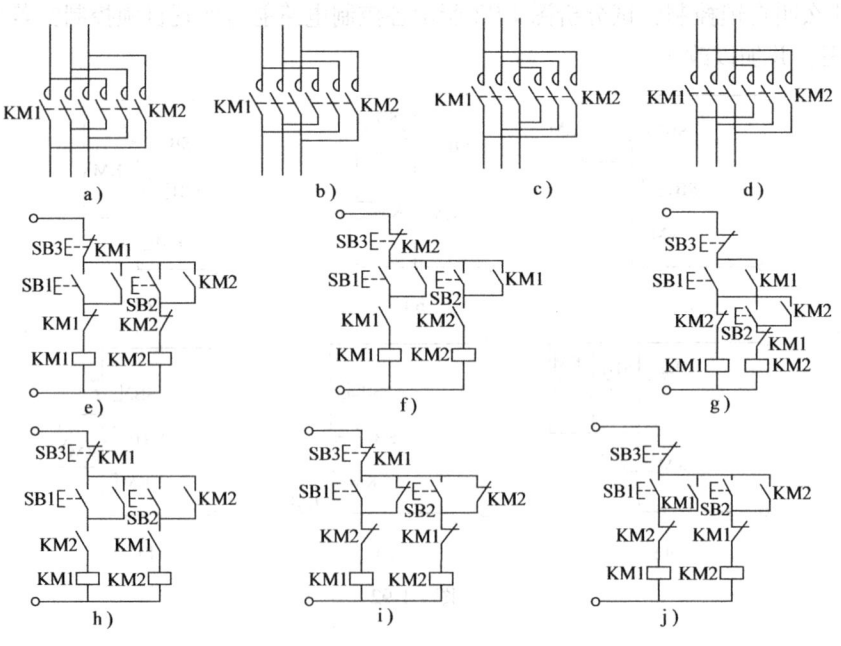

图 1-94

44. 什么叫联锁控制？在电动机正反转控制电路中为什么必须有联锁控制？试指出图 1-95 所示控制电路中哪些电器元件起联锁作用？各线路有什么优点？

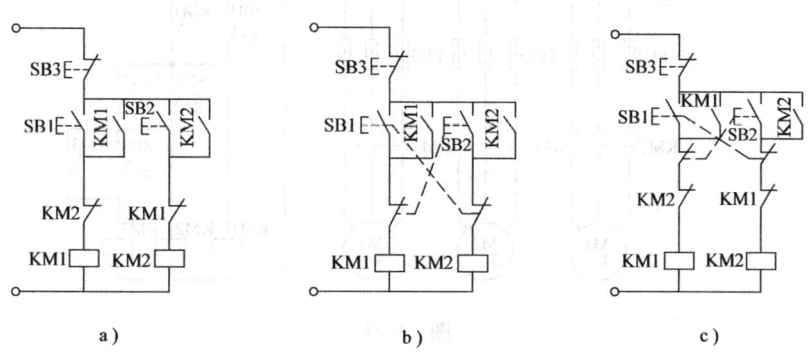

图 1-95

45. 接触器联锁的正反转控制电路有哪些特点？
46. 试画出点动的双重联锁正反转控制电路。
47. 图 1-96 所示为电动机正反转控制电路，请检查图中哪些地方画错了？试加以改正，并说明改正的原因。

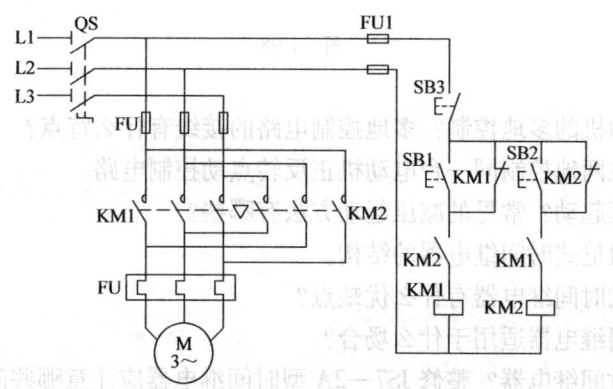

图 1-96

48. 什么是位置控制？位置开关有哪些特点？
49. 简述板前线槽配线的工艺要求。
50. 什么是顺序控制？顺序控制具有哪些特点？
51. 试分析图 1-97 所示控制电路的工作原理，并说明该线路属于哪种顺序控制电路？
52. 图 1-98 所示是两种在控制电路实现顺序控制（主电路略），试分析说明各线路有什么特点？能满足什么控制要求？

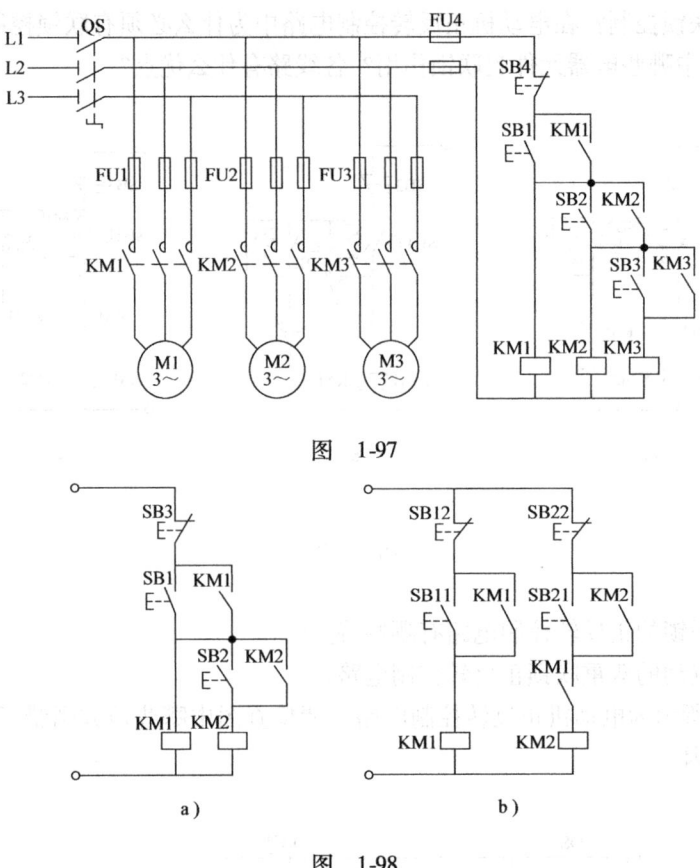

图 1-97

图 1-98

53. 什么叫电动机的多地控制？多地控制电路的接线有什么特点？
54. 试画出能在两地控制同一台电动机正反转点动控制电路。
55. 什么叫减压起动？常见的减压起动方法有哪些？
56. 简述空气阻尼式时间继电器的结构。
57. 空气阻尼式时间继电器有什么优缺点？
58. 晶体管时间继电器适用于什么场合？
59. 如何安装时间继电器？整修 JS7—2A 型时间继电器应注意哪些问题？
60. 试分析图 1-99 能否正常实现串电阻减压起动？若不能，请说明原因并加以改正。
61. 试分析图 1-100 所示控制电路的工作原理，并说明该电路有哪些优点。
62. 图 1-101 是 Y—△减压起动控制电路。请检查图中哪些地方画错了？把错处改正过来，并按改正后的线路叙述工作原理。
63. 何谓中间继电器？中间继电器有何用途？中间继电器与交流接触器有什么区别？
64. 补画图 1-102 所示延边三角形减压起动控制电路，并说明各电器的作用，分析叙述其工作原理。
65. 图 1-103 所示为绕线转子异步电动机串电阻起动控制电路的主电路。试分别补画出用按钮操作和时间继电器自动控制的控制电路，并分别叙述它们的工作原理。

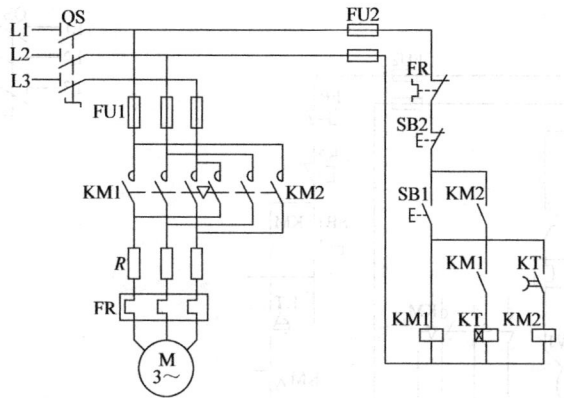

图 1-99

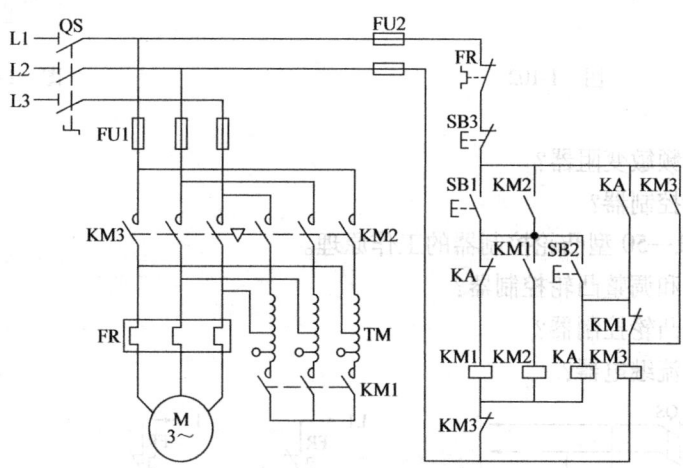

图 1-100

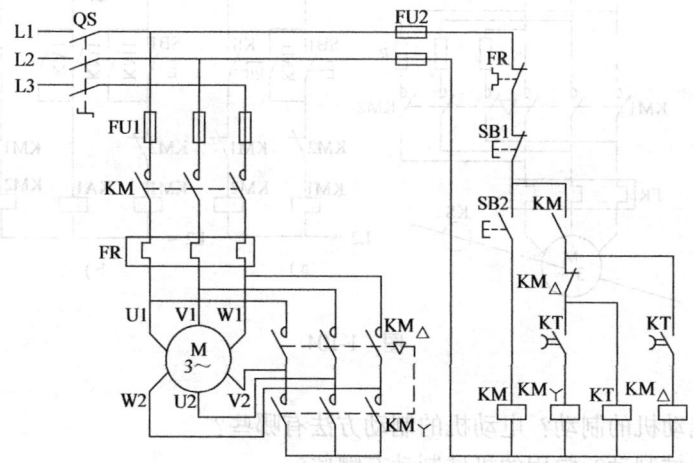

图 1-101

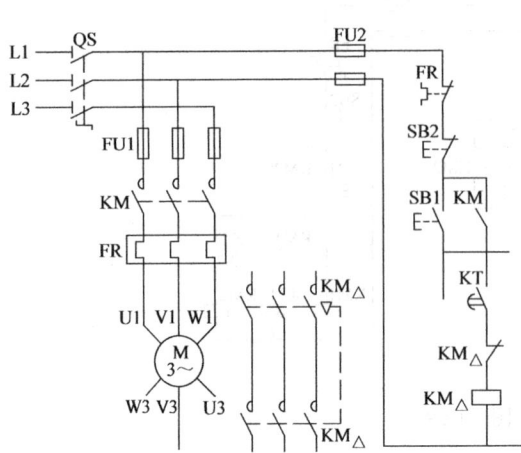

图 1-102　　　　　　　　　图 1-103

66. 如何调整频敏变阻器？
67. 何谓凸轮控制器？
68. 试述 KTJ1—50 型凸轮控制器的工作原理。
69. 如何安装和调整凸轮控制器？
70. 如何检修凸轮控制器？
71. 何谓过电流继电器？

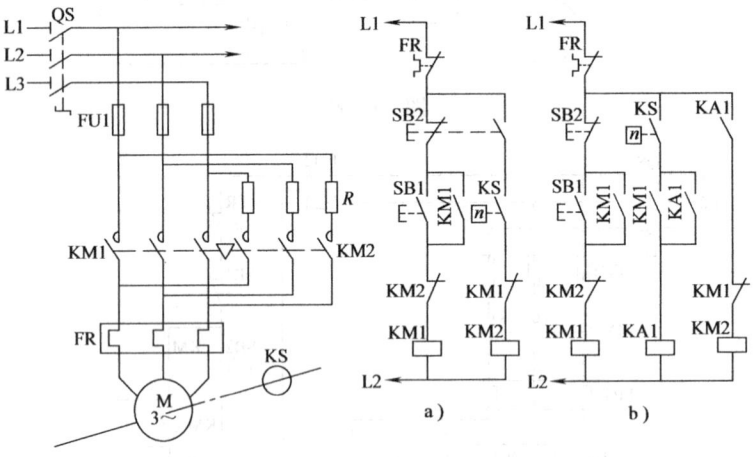

图 1-104

72. 什么叫电动机的制动？电动机的制动方法有哪些？
73. 什么叫机械制动？常用的机械制动有哪些？
74. 电磁抱闸制动分为哪两种类型？其性能有哪些？
75. 什么叫电力制动？常用的电力制动有哪两种？简要说明各种制动方法的制动原理。

76. 速度继电器的主要作用有哪些?
77. 如何安装和调整速度继电器?
78. 试分析图 1-104 所示两种控制电路有何不同?并叙述图 1-104b 的工作原理。
79. 图 1-105 所示为有变压器桥式整流单向起动能耗制动控制电路。试分析线路中哪些地方画错了?请改正后叙述工作原理。

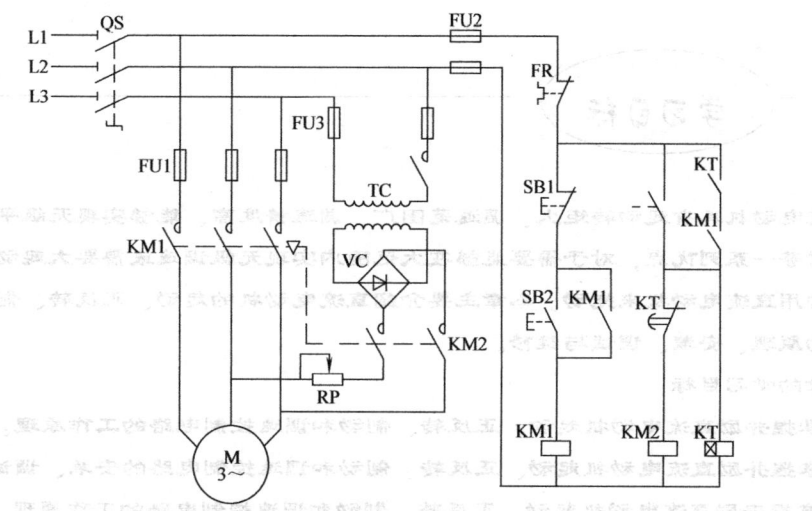

图 1-105

第二章 直流电动机典型控制电路及其安装、调试与维修

学习目标

直流电动机具有起动转矩大、调速范围广、调速精度高、能够实现无级平滑调速以及频繁起动等一系列优点,对于需要能够在大范围内实现无级调速或需要大起动转矩的生产机械,常用直流电动机来拖动。本章主要介绍直流电动机的起动、正反转、制动和调速控制电路的原理、安装、调试与维修。

本章的学习目标:
1. 掌握并励直流电动机起动、正反转、制动和调速控制电路的工作原理。
2. 掌握并励直流电动机起动、正反转、制动和调速控制电路的安装、调试与维修。
3. 掌握串励直流电动机起动、正反转、制动和调速控制电路的工作原理。
4. 掌握串励直流电动机起动、正反转、制动和调速控制电路的安装、调试与维修。

第一节 并励直流电动机基本控制电路

一、并励直流电动机的起动控制电路

直流电动机常用的起动方法有两种:一是电枢回路串联电阻起动;二是降低电源电压起动。对并励直流电机常采用的是电枢回路串联电阻起动。

并励直流电动机手动起动、调速控制电路如图 2-1 所示。

(1) 启 Z 型起动变阻器 图 2-1 所示控制电路中采用了四点式起动变阻器,它有电压为 110V 和 220V 两种系列,电压为 110V 的启 Z 型起动变阻器,可用来起动 1~5kW 的直流电动机;电压为 220V 的启 Z 型起动变阻器,可用来起动 1~10kW 的直流电动机。

(2) 起动原理分析 四点式起动变阻器共有四个接线端 E1、L_+、A1 和 L_-,分别与电

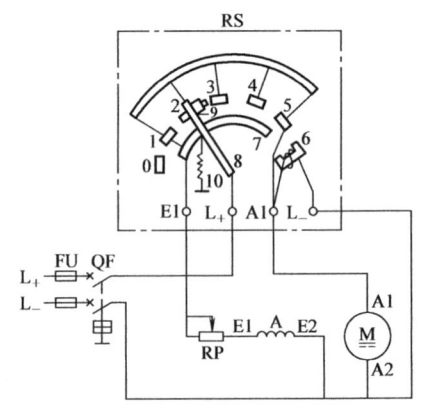

图 2-1 并励直流电动机手动起动、调速控制电路
1~5—静触头 6—用磁铁 7—弧形铜条
8—手轮 9—衔铁 10—恢复弹簧

源、电枢绕组和励磁绕组相连。手轮 8 附有衔铁 9 和恢复弹簧 10,弧形铜条 7 的一端直接与励磁电路接通,同时经过全部起动电阻与电枢绕组接通。在起动之前,起动变阻器的手轮置于"0"位,然后合上电源开关 QF,慢慢转动手轮 8,使手轮从"0"位转到静触头 1,接通励磁绕组电路,同时将全部电阻接入电枢电路,电动机开始起动旋转。随着转速的升高,手轮依次转到静触头 2、3、4 等位置,使起动电阻逐级切除,当手轮转到最后一个静触头 5 时,电磁铁 6 吸住手轮衔铁 9,此时起动电阻全部切除,直流电动机起动完毕,进入正常运转。

由于并励直流电动机的励磁绕组具有很大的电感,所以当手轮回复到"0"位时,励磁绕组会因突然断电而产生很大的自感电动势,可能会击穿绕组的绝缘,在手轮和铜条间还会产生火花,将动触头烧坏。因此,为了防止发生这些现象,应将弧形铜条 7 与静触头 1 相连,在手轮回到"0"位时励磁绕组、电枢绕组和起动电阻能组成一闭合回路,作为励磁绕组断电时的放电回路。

起动时,为了获得较大的起动转矩,应使励磁电路中的外接电阻 RP 短接,此时励磁电流最大,才能产生较大的起动转矩。电路中的外接电阻 RP 还可以起到调速的作用。

二、并励直流电动机的调速控制电路

直流电动机的调速方法有机械调速、电气调速以及机械电气配合调速三种方式。直流电动机的电气调速是通过改变电动机的机械特性来改变电动机的转速的。它可用三种方法来实现:一是电枢回路串电阻调速;二是改变主磁通调速;三是改变电枢电压调速。

1. 电枢回路串电阻调速

电枢回路串电阻调速电路如图 2-2 所示。
它是在电枢电路中串接调速变阻器来实现的。当电枢电路串接电阻 R 后,电动机的转速为

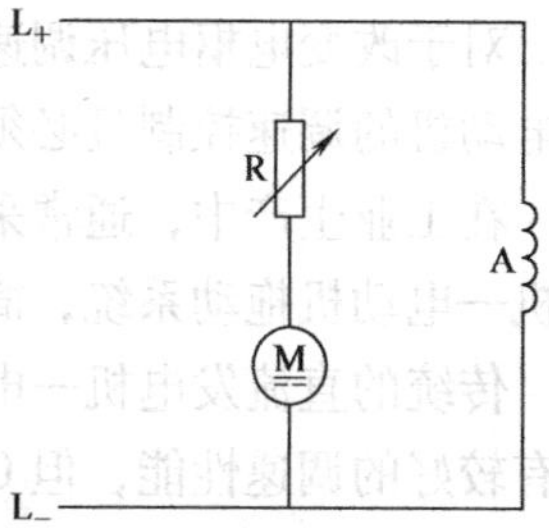

$$n = \frac{U - I_a(R_a + R)}{C_e \Phi}$$

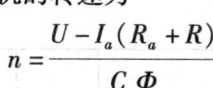

图 2-2 电枢回路串电阻调速电路

当电源电压 U 及主磁通 Φ 保持不变时,调速电阻 R 增大,则电阻压降 $I_a(R_a + R)$ 增加,电动机转速 n 下降;反之,转速上升。

该电路的特点为:

① 设备简单,投资少,只需增加电阻和切换开关,操作方便。
② 属于恒转矩调速方式,转速只能由额定转速往下调。
③ 只能分别调速,调速平滑性能较差。低速时,机械特性很软,转速受负载影响变化大,电能损耗大,经济性能较差。

注意:起动电阻器不能作为调速电阻用,因为起动变阻器只能用于短时间的工作,调速变阻器可以作为起动变阻器用。

2. 改变主磁通调速

并励电动机改变主磁通调速电路如图 2-3 所示。
改变主磁通调速是通过改变励磁电流的大小来实现的。具体方法是在励磁回路中串入可

调节的电阻,调节励磁电流,进而改变主磁通,使直流电动机的转速发生改变。这种调速方法又称为弱磁调速。

改变主磁通调速的特点是:

①由于调速是在励磁回路中进行的,功率较小,所以能量损失比较小,控制也较为方便。

②速度变化比较平滑,但只能向高转速调节,不能在额定转速以下调节,故往往只能与其他调速方法结合使用,作为辅助调速。

③调速范围窄,在磁通减少太多时,由于电枢磁场对主磁场的影响加大,会使电动机产生火花增大,换向困难,最高转速控制在1.2倍额定转速范围以内。

④在减少励磁调速时,如果负载转矩不变,电枢电流必然增大,要防止电流太大带来的问题。

3. 改变电枢电压调速

改变电枢电压调速的特点是:

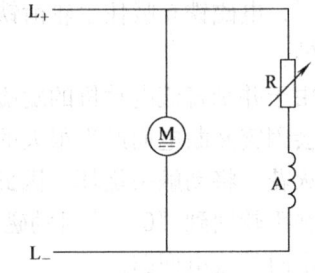

图 2-3 并励电动机改变主磁通调速

①改变电枢调速时,机械特性曲线的斜率不变,所以调速的稳定性好。

②电压可作连续变化,调速的平滑性好,调速范围广。

③属于恒转矩调速,电动机电压不允许超过额定值,只能由额定值往下降低电压调速。

④电源设备投资费用较高,但电能损耗小,效率高,还可用于减压起动。

对于改变电枢电压调速,由于电网电压一般是不变的,所以这种调速方法适用于他励直流电动机的调速控制且必须配置专用的直流调压设备。

在工业生产中,通常采用他励直流发电机作为他励直流电动机电枢的电源,组成直流发电机—电动机拖动系统,简称G—M系统。

传统的直流发电机—电动机调速系统(G—M系统)的调速范围广,可实现无级调速,具有较好的调速性能,但G—M系统的设备费用昂贵,成本较高;随着晶闸管变流技术的飞速发展,可控调压调速正在得到广泛的应用。

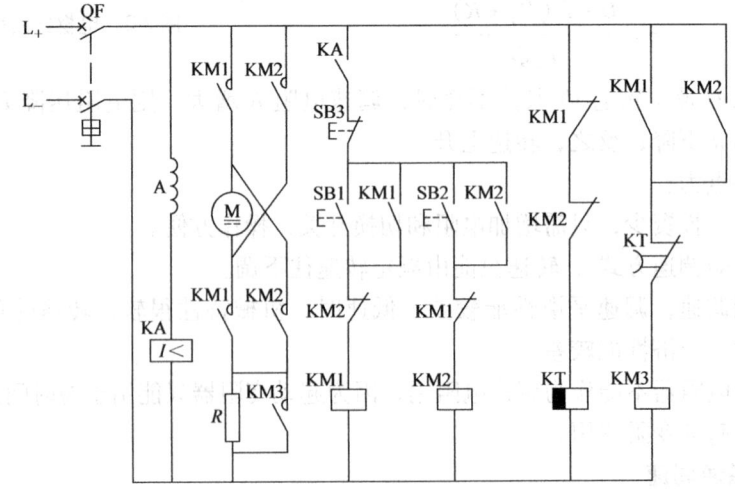

图 2-4 并励直流电动机的正反转控制电路

三、并励直流电动机的正反转控制电路

并励直流电动机的正反转控制方法有两种：一是电枢反接法，即改变电枢电流方向，保持励磁电流方向不变；二是励磁绕组反接法，即改变励磁电流方向，保持电枢电流方向不变。而在实际应用中，并励直流电动机的反转常采用电枢反接法来实现。这是因为并励直流电动机励磁绕组的匝数多，电感大，当从电源上断开励磁绕组时，会产生较大的自感电动势，不但在开关的刀刃上或接触器的主触头上产生电弧烧坏触头，而且也容易把励磁绕组的绝缘击穿。同时励磁绕组在断开时，由于失磁造成很大电枢电流，易引起飞车事故。并励直流电动机的正反转控制电路如图 2-4 所示。

该控制电路采用了电枢反接法来实现并励直流电动机的反转，电路的工作原理如下：

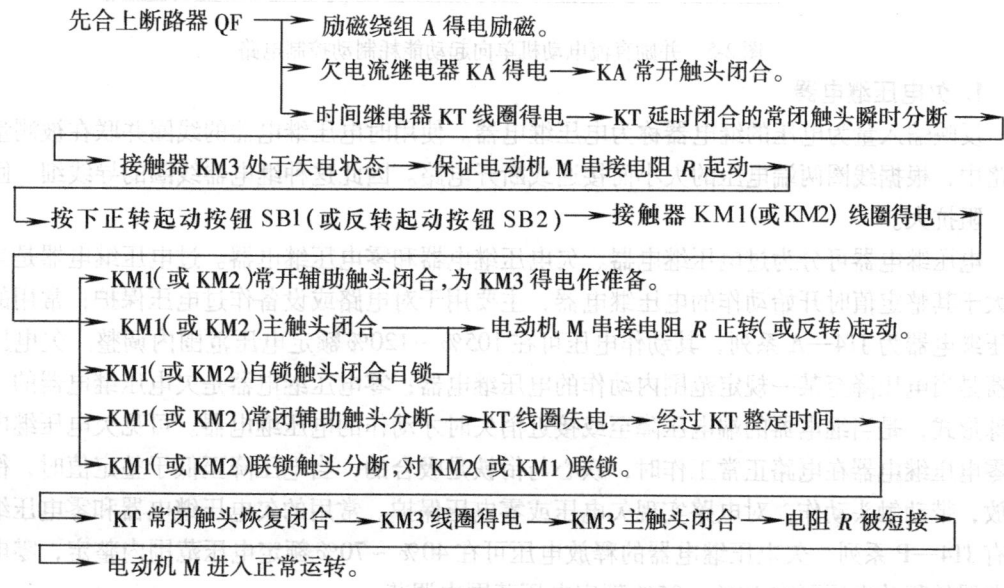

注意： 需要使电动机停止转动时，按下 SB3 即可。

值得注意的是，电动机从一种转向变为另一种转向时，必须先按下停止按钮 SB3，使电动机停转后，再按相应的起动按钮。

四、并励直流电动机的制动控制电路

并励直流电动机的制动与三相异步电动机的制动相似，其制动方法也有机械制动和电气制动。机械制动常用的方法是电磁抱闸制动器制动；电力制动常用的方法是能耗制动、反接制动和再生发电制动三种。

能耗制动是维持直流电动机的励磁电源不变，切断正在运转的直流电动机的电枢电源，再接入一个外加制动电阻，组成一条闭合回路，将机械动能转变为热能消耗在电枢和制动电

阻上,从而迫使电动机迅速停转。并励直流电动机能耗制动控制电路如图 2-5 所示。

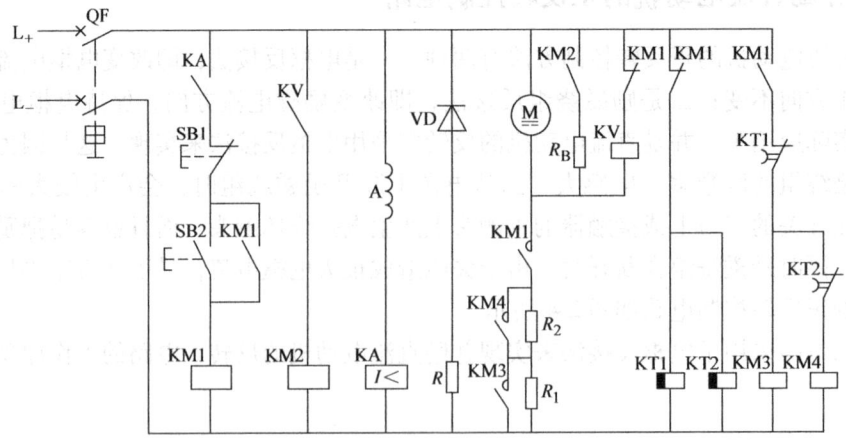

图 2-5　并励直流电动机单向起动能耗制动控制电路

1. 欠电压继电器

反映输入量为电压的继电器称为电压继电器。使用时电压继电器的线圈并联在被测量的电路中,根据线圈两端电压的大小而接通或断开电路。因此这种继电器线圈的导线细、匝数多、阻抗大。

电压继电器可分为过电压继电器、欠电压继电器和零电压继电器。过电压继电器是当电压大于其整定值时开始动作的电压继电器,主要用于对电路或设备作过电压保护;常用的过电压继电器为 JT4—A 系列,其动作电压可在 105% ~120% 额定电压范围内调整。欠电压继电器是当电压降至某一规定范围内动作的电压继电器;零电压继电器是欠电压继电器的一种特殊形式,是当继电器的端电压降至或接近消失时才动作的电压继电器。可见欠电压继电器和零电压继电器在电路正常工作时,铁心与衔铁是吸合的,当电压降至低于整定值时,衔铁释放,带动触头动作,对电路实现欠电压或零电压保护。常用的欠电压继电器和零电压继电器有 JT4—P 系列。欠电压继电器的释放电压可在 40% ~70% 额定电压范围内整定,零电压继电器的释放电压可在 10% ~35% 额定电压范围内调节。

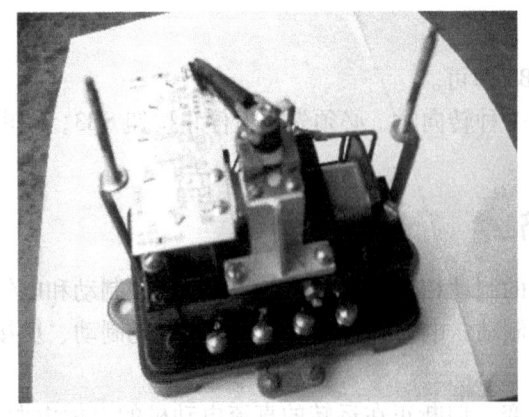 

图 2-6　电压继电器的外形

电压继电器的结构、工作原理及安装使用等知识，与电流继电器相似。电压继电器的外形如图 2-6 所示。

电压继电器在电路图中的符号如图 2-7 所示。

2. 直流接触器

直流接触器是用于远距离接通和分断直流电路及频繁地操作和控制直流电动机的一种自动控制电器。其结构及工作原理与交流接触器基本相同，但也有区别。目前生产中常用的直流接触器有 CZ0、CZ17、CZ18、CZ21 等系列，其中 CZ0 系列具有结构紧凑、体积小、重量轻、维护检修方便和零部件通用性强等优点，得到了广泛应用。

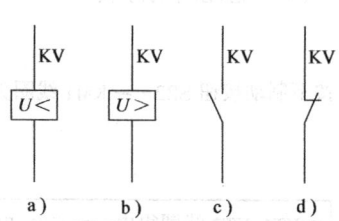

图 2-7 电压继电器的符号
a) 欠电压线圈 b) 过电压线圈
c) 常开触头 d) 常闭触头

直流接触器的型号及含义如下：

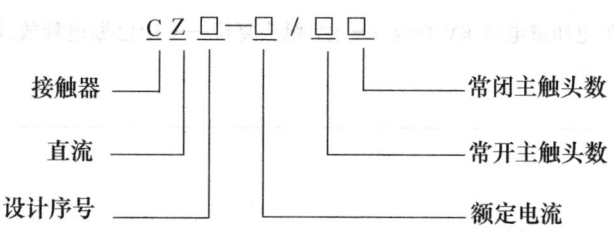

直流接触器主要由电磁系统、触头系统和灭弧装置三部分组成。直流接触器的电磁系统由线圈、铁心和衔铁组成，其电磁系统采用绕棱角转动的拍合方式。由于线圈通过的是直流电，铁心中不会因产生涡流和磁滞损耗而发热，因此铁心可用整块铸钢或铸铁制成，铁心端面也不需要嵌装短路环。为了保证线圈断电后衔铁能够可靠释放，通常在磁路中垫加非磁性垫片，以减少剩磁的影响。

直流接触器线圈的匝数比交流接触器多，且电阻值大，铜损耗也大，是接触器发热的主要部件。为使线圈散热良好，通常把线圈作成长而薄的圆筒形，且不设置骨架，使线圈与铁心间距离很小，以借助铁心来散发热量。

直流接触器的触头也有主、辅之分。由于主触头接通和断开的电流较大，多采用滚动接触的指形触头，以延长触头的使用寿命。为了减少运行时的线圈功耗及延长吸引线圈的使用寿命，对于容量较大的直流接触器往往采用串联双绕组，接触器的一个常闭触头与保持线圈并联。

直流接触器的灭弧装置是靠拉长电弧和冷却电弧来灭弧。在同样的电气参数下，熄灭直流电弧比交流电弧要困难，直流灭弧装置一般比交流灭弧装置复杂。它一般采用磁吹式灭弧装置结合其他灭弧装置灭弧。磁吹式灭弧装置主要由磁吹线圈、铁心、两块导磁夹板、灭弧罩和引弧角等部分组成。它是依靠磁吹力的作用使电弧拉长，并在空气和灭弧罩中快速冷却，从而使电弧迅速熄灭的。

3. 电路原理分析

电路的工作原理如下：

（1）串联电阻单向起动运转　合上电源开关 QF，按下起动按钮 SB1，直流电动机 M 接通电源进行串联电阻二级起动运转。

(2) 能耗制动停转

按下制动按钮 SB2 → KM1 线圈失电
- → KM1 常开辅助触头分断 → KM3、KM4 失电,触头复位。
- → KM1 主触头分断 → 电枢回路断电。
- → KM1 自锁触头分断解除自锁。
- → KM1 常闭辅助触头恢复闭合 →
- → KT1、KT2 线圈得电 → KT1、KT2 延时闭合的常闭触头瞬时分断。
- → 由于惯性运转的电枢切割磁力线而在电枢绕组中产生感生电动势 → 使并接在电枢两端的欠电压继电器 KV 的线圈得电 → KV 常开触头闭合 → KM2 线圈得电 → KM2 常开触头闭合 → 制动电阻 R_B 接入电枢回路进行能耗制动 → 当电动机转速减小到一定值时,电枢绕组的感生电动势也随之减小到很小 → 使欠电压继电器 KV 释放 → KV 触头复位 → KM2 断电释放,断开制动回路,能耗制动完毕。

直流接触器与交流接触器的主要区别在哪里?能否用交流接触器替代直流接触器?为什么?

想一想

技能训练17 并励直流电动机起动、调速基本控制电路的安装

一、训练目的
1. 掌握并励直流电动机的起动、调速的基本控制电路的工作原理。
2. 掌握并励直流电动机的起动、调速的基本控制电路的安装技能。

二、训练器材
训练所需器材见表2-1。

表2-1 训练所需器材

序号	名称	型号与规格	单位	数量
1	直流电动机	Z4—100—1,并励式,160V,1.5kW,995r/min	台	1
2	配线板	500mm×600mm×20mm	块	1
3	断路器	DZ5—20/230,220V,20A,整定电流13.4A	个	1
4	起动变阻器	启 Z—203,1.5kW,0~13.9Ω	只	1
5	调速变阻器	BC1—300,300W,0~20Ω	只	1
6	熔断器及熔芯配套	RC1A—60/30,60A,配熔体30A	套	2

(续)

序号	名称	型号与规格	单位	数量
7	接线端子排	JX2-1015,500 V、10 A、15 节或配套自定	条	1
8	木螺钉	$\phi3mm \times 20mm$；$\phi3mm \times 15mm$	个	30
9	平垫圈	$\phi4mm$	个	30
10	圆珠笔	自定	支	1
11	塑料铜线	BV—2.5mm^2,颜色自定	m	20
12	塑料铜线	BV—1.5mm^2,颜色自定	m	20
13	塑料软铜线	BVR—0.75mm^2,颜色自定	m	5
14	别径压端子	UT2.5—4,UT1—4	个	20
15	电工通用工具	验电笔、钢丝钳、螺钉旋具(一字形和十字形)、电工刀、尖嘴钳、活扳手、剥线钳等	套	1
16	万用表	自定	块	1
17	绝缘电阻表	型号自定,或 500 V、0～200 MΩ	台	1
18	钳形电流表	0～50 A	块	1

三、训练内容与步骤

（1）检查元器件 按表 2-1 配齐所用元器件，并检查元器件的质量。

（2）固定元器件 按图 2-1 所示电路牢固安装除电动机及起动变阻器以外的各元器件。

（3）布线 按照电路图进行板前明线布线，并套编码套管。

（4）安装电动机并接线 安装直流电动机、起动变阻器，并进行正确接线。电源开关及起动变阻器的安装位置要接近电动机和被拖动的机械，以便在控制时能看到电动机和被拖动机械的运行情况。

（5）连接电源，自检后交验。

（6）经指导教师检查后通电试车。

具体操作顺序是：

1）合上电源断路器 QF 之前，先检查起动变阻器 RS 的手轮是否置于最左端的"0"位；并将调速变阻器 RP 的阻值调到零。

2）合上电源断路器 QF。

3）慢慢转动起动变阻器 RS 的手轮 8，使手轮从 0 位逐步转至 5 位，逐级切除起动电阻。在每切除一级起动电阻后要停留数秒钟，用转速表测量其转速，并填入表 2-2。用钳形电流表测量电枢电流以观察电流的变化情况。

表 2-2 测量结果（一）

手轮位置	1	2	3	4	5
转速/(r/min)					

4)调节调速变阻器RP,在逐步增大其阻值时,要注意测量电动机的转速,其转速不能超过电动机的最高转速2000r/min,测量结果填入表2-3。

表2-3 测量结果(二)

手轮位置	1	2	3	4	5
转速/(r/min)					

5)停转时,切断电源断路器QF,将调速变阻器RP的阻值调到零,并检查起动变阻器RS是否自动返回起始位置。

注意事项:

①通电试车前,要认真检查励磁回路的接线,必须保证连接可靠,以防止电动机运行时出现因励磁回路断路失磁引起"飞车"事故。

②起动时,应使调速变阻器RP短接,使电动机在满磁情况下起动,起动变阻器RS要逐级切换,不可越级切换或一扳到底。

③直流电源若采用单相桥式整流供电时,必须外接13mH的电抗器。

④通电试车时,必须有指导教师在现场监护,同时做到安全文明生产。如遇异常情况,应立即断开电源断路器QF。

技能训练18 并励直流电动机正反转控制电路的安装

一、训练目的

1. 掌握并励直流电动机正反转控制电路的工作原理。
2. 掌握并励直流电动机正反转控制电路的安装技能。

二、训练器材

训练所需器材见表2-4。

表2-4 训练所需器材

序号	名称	型号与规格	单位	数量
1	直流电动机	Z4—100—1,并励、160V、1.5kW、995r/min	台	1
2	配线板	500 mm×600 mm×20 mm	块	1
3	直流断路器		只	1
4	直流接触器		只	2
5	时间继电器		套	1
6	欠电流继电器		只	1
7	按钮		只	1
8	起动变阻器	100Ω、1.2A	只	1
9	接线端子排	JX2—1015,500 V、10 A、15 节或配套自定	条	1
10	木螺钉	$\phi3mm\times20mm$;$\phi3mm\times15mm$	个	30
11	平垫圈	$\phi4mm$	个	30

第二章 直流电动机典型控制电路及其安装、调试与维修 | 125

(续)

序号	名 称	型号与规格	单位	数量
12	圆珠笔	自定	支	1
13	塑料铜线	BV—2.5mm^2,颜色自定	m	20
14	塑料铜线	BV—1.5mm^2,颜色自定	m	20
15	塑料软铜线	BVR—0.75mm^2,颜色自定	m	5
16	别径压端子	UT2.5—4,UT1—4	个	20
17	电工通用工具	验电笔、钢丝钳、螺钉旋具(一字形和十字形)、电工刀、尖嘴钳、活扳手、剥线钳等	套	1
18	万用表	自定	块	1
19	绝缘电阻表	型号自定,或500V、0~200MΩ	台	1
20	钳形电流表	0~50A	块	1

三、训练内容及步骤

1)按表2-4配齐所用电器元件,并检查元件的质量。

2)画出布置图并固定元器件。根据图2-4所示电路及布置图牢固安装除电动机及起动变阻器以外的各电器元件。并贴上醒目的文字符号。

3)安装电动机并接线。安装直流电动机、起动变阻器,并进行正确接线。电源开关及起动变阻器的安装位置要接近电动机和被拖动的机械,以便在控制时能看到电动机和被拖动机械的运行情况。

4)连接电源。

5)自检后交验。

6)经指导教师检查后通电试车。其操作顺序是:

①将起动变阻器的阻值调到最大位置,合上电源断路器QF,按下正转起动按钮SB1,用钳形表测量电枢绕组和励磁绕组的电流,观察其大小的变化;同时观察并记下电动机的转向,待转速稳定后,用转速表测其转速。然后按下SB3停车,并记下无制动停车所用的时间。

②按下反转起动按钮SB2,用钳形表测量电枢绕组和励磁绕组的电流,观察其大小的变化;同时观察并记下电动机的转向,与①比较看是否两者相反。否则,应切断电源并检查接触器KM1、KM2主触头的接线正确与否,改正后重新通电试车。

技能训练19 并励直流电动机制动控制电路的安装与检修

一、训练目的

1. 掌握并励直流电动机制动控制电路的工作原理。
2. 掌握并励直流电动机制动控制电路的安装和检修技能。

二、训练器材

训练所需器材见表2-5。

表2-5 训练所需器材

序号	名　　称	型号与规格	单位	数量
1	直流电动机	Z4—100—1,并励,160V,1.5kW,995r/min	台	1
2	配线板	500mm×600mm×20mm	块	1
3	组合开关	HZ10—25/3	个	1
4	直流接触器		只	4
5	直流接触器		只	
6	时间继电器		套	
7	中间继电器			
8	按钮			
9	起动变阻器	100Ω,1.5A	只	3
10	欠电压继电器		只	1
11	接线端子排	JX2—1015,500V、10A、15节或配套自定	条	1
12	木螺钉	$\phi 3mm \times 20mm$;$\phi 3mm \times 15mm$	个	30
13	平垫圈	$\phi 4mm$	个	30
14	圆珠笔	自定	支	1
15	塑料铜线	BV—2.5mm²,颜色自定	m	20
16	塑料铜线	BV—1.5mm²,颜色自定	m	20
17	塑料软铜线	BVR—0.75mm²,颜色自定	m	5
18	别径压端子	UT2.5—4、UT1—4	个	20
19	电工通用工具	验电笔、钢丝钳、螺钉旋具(一字形和十字形)、电工刀、尖嘴钳、活扳手、剥线钳等	套	1
20	万用表	自定	块	1
21	绝缘电阻表	型号自定,或500V、0~200MΩ	台	1
22	钳形电流表	0~50A	块	1

三、训练内容及步骤

1. 安装

1)按表2-5配齐所用电器元件,并检查元件的质量。

2)根据图2-5所示电路画出布置图并牢固安装除电动机及起动变阻器、制动电阻器以外的各电器元件,并贴上醒目的文字符号。

3)在控制电路板上按照图2-5所示电路进行板前明线布线和套编码套管。

4)安装直流电动机、起动变阻器和制动电阻器,并进行正确接线。电源开关及起动变阻器的安装位置要接近电动机和被拖动的机械,以便在控制时能看到电动机和被拖动机械的运行情况。

5）连接电源，自检后交验。

6）经指导教师检查后通电试车。具体操作顺序是：

①合上电源断路器 QF，按下起动按钮 SB1，起动直流电动机，待电动机转速稳定后，用转速表测其转速。

②按下 SB2，电动机进行能耗制动，记下能耗制动所用时间 t_2，并与无制动所用时间 t_1 进行比较，求出时间差 $\Delta t = t_1 - t_2$。

注意事项：

①通电试车前要认真检查接线是否正确、牢靠，特别是励磁绕组的接线；各电器动作是否正常，有无卡阻现象；欠电压继电器、时间继电器的整定值是否满足要求。

②对电动机无制动停车时间 t_1 和能耗制动停车时间 t_2 的比较，比较保证电动机的转速在两种情况下基本相同时开始记时。

③制动电阻 R_B 的值，可按下式估算：

$$R_B = \frac{E_a}{I_N} - R_a \approx \frac{U_N}{I_N} - R_a$$

④若遇异常情况，应立即断开电源停车检查。若带电检查，必须有指导教师在现场监护。

2. 检修

（1）故障设置　在按照图 2-5 所示电路安装好的电路板上，人为地在控制电路或主电路中设置电气故障两处。

（2）故障检修　在教师的指导下，可让学生参照检修工艺步骤及要求进行检修。

注意事项：

1）寻找故障现象时，不要漏检欠电压继电器。

2）要做到安全文明生产。

第二节　串励直流电动机的基本控制电路

串励直流电动机与并励直流电动机相比较，主要特点是：一是具有较大的起动转矩，起动性能好；二是过载能力强。因此，在要求具有较大起动转矩、负载变化时转速允许变化的恒功率负载场合，如起重机、吊车、电力机车等，宜选用串励直流电动机。本节主要介绍串励直流电动机的起动、正反转、制动以及调速的基本控制电路的安装与检修。

一、串励直流电动机的起动、调速控制电路

1. 串励直流电动机的起动

串励直流电动机与直流电动机一样，常采用电枢回路串联起动电阻的方法进行起动，以限制起动电流。手动起动控制电路如图 2-8 所示。

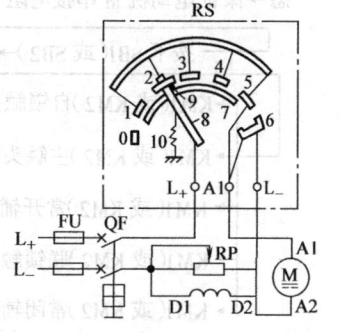

图 2-8　串联启 Z 型起动变阻器起动直流电动机

本例中采用启 Z 型起动变阻器，改变起动变阻器的手轮可以逐级切除电阻，即可起动。

2. 串励直流电动机的调速

串励直流电动机的电气调速方法与并励直流电动机的电气调速方法相同，即电枢回路串联电阻调速、改变主磁通调速和改变电枢电压调速三种方法。其中，对于改变主磁通调速，在大型串励直流电动机上，常采用在励磁绕组两端并联可调分流电阻的方法进行调磁调速；在小型串励直流电动机上，常采用改变励磁绕组的匝数或接线方式来进行调速。本电路中采用在励磁绕组两端并联可调分流电阻的方法进行调磁调速。

二、串励直流电动机的正反转控制电路

由于串励直流电动机电枢绕组两端的电压很高，而励磁绕组两端的电压很低，反接较容易，所以串励直流电动机的反转常采用励磁绕组反接法来实现。串励直流电动机的正反转控制电路如图 2-9 所示。

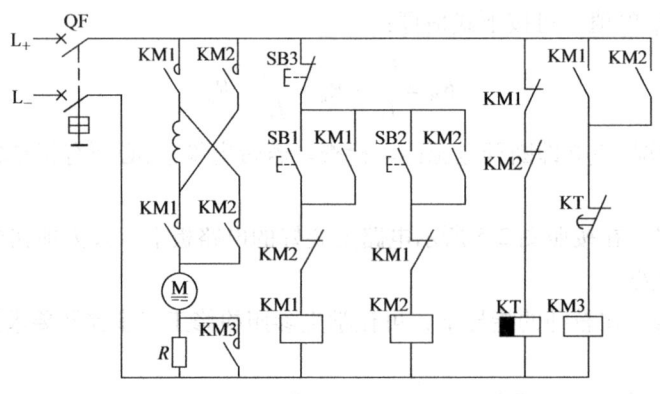

图 2-9　串励直流电动机的正反转控制电路

该电路的工作原理如下：

合上电源断路器 QF→KT 线圈得电→KT 延时闭合的常闭触头瞬时分断→KM3 处于断电状态→保证电动机 M 串接电阻 R 起动。

按下 SB1(或 SB2)→KM1(或 KM2)线圈得电

→KM1(或 KM2)自锁触头闭合自锁→电动机 M 串接 R 起动正转(或反转)。

→KM1(或 KM2)主触头闭合

→KM1(或 KM2)常开辅助触头闭合，为 KM3 获电作准备。

→KM1(或 KM2)联锁触头分断对 KM2(或 KM1)联锁。

→KM1(或 KM2)常闭辅助触头分断→时间继电器 KT 线圈失电→经 KT 整定时间→

→KT 延时闭合的常闭触头恢复闭合→KM3 线圈得电→KM3 主触头闭合短接电阻 R→

→电动机 M 进入正常运转状态。

注意：需要使电动机停止转动时，按下停止按钮 SB3 即可。

三、串励直流电动机的制动控制电路

由于串励直流电动机的理想空载转速趋于无穷大，所以运行中不可能满足再生发电制动的条件，因此，串励直流电动机电力制动方法只有能耗制动和反接制动两种。

1. 串励直流电动机的能耗制动

串励直流电动机的能耗制动分为自励式和他励式两种。

（1）自励式能耗制动　当电动机断开电源后，将励磁绕组反接并与电枢绕组和制动电阻串联构成闭合回路，使惯性运转的电枢处于自励发电状态，产生与原转动方向相反的电磁转矩，从而迫使电动机迅速停止转动。

自励式能耗制动的特点是设备比较简单，在高速时制动力矩大，制动效果好；但是，在低速时制动力矩减小很快，制动效果变差。

串励电动机自励式能耗制动控制电路如图 2-10 所示。

该电路工作原理如下：

1）串电阻起动运转：合上电源

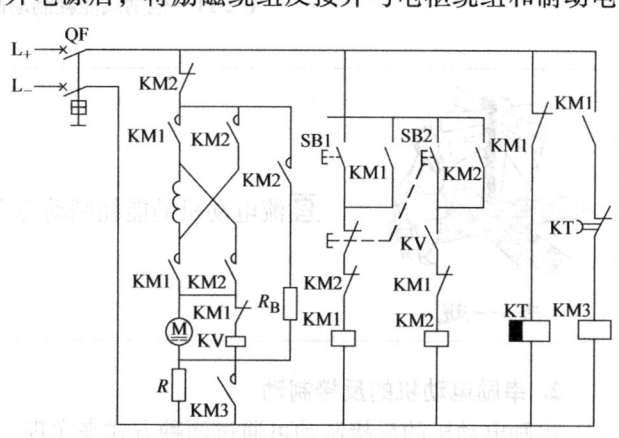

图 2-10　串励电动机自励式能耗制动控制电路

断路器 QF，时间继电器 KT 线圈得电，KT 的延时闭合常闭触头瞬时分断。按下起动按钮 SB1，接触器 KM1 线圈得电，KM1 触头动作，使电动机 M 串电阻 R 起动后并自动转入正常运转状态。

2）能耗制动停转：

按下停止按钮 SB2 ─┬─ SB2 常闭触头先分断 → KM1 线圈失电 → KM1 触头复位 ─┐
　　　　　　　　　└─ SB2 常开触头后闭合 ────────────────────────────────┤
由于惯性运转的电枢绕组切割磁力线产生感生电动势 → KV 线圈得电 → KV 常开触头闭合 ─┤
─ KM2 线圈得电 → KM2 常闭辅助触头分断，切断电动机电源。
　　　　　　　 └─ KM2 主触头闭合 → 这时励磁绕组反接后与电枢绕组和制动电阻构成闭合回路
使电动机 M 受制动迅速停转 → KV 线圈断电释放 → KV 常开触头分断 → KM2 线圈失电
→ KM2 触头复位，制动过程结束。

（2）他励式能耗制动　这种制动方式的工作原理如图 2-11 所示。制动时，切断电动机电源，将电枢绕组与放电电阻 R_1 接通，将励磁绕组与电枢绕组断开后串入分压电阻 R_2，再接入外加直流电源励磁。若与电枢供电电源共用时，则需要在串励回路中串入较大的降压电阻（因串励绕组电阻很小）。这种制动方法不仅需要外加的直流电源设备，而且励磁电路消耗的功率较大，所以经济性较差。

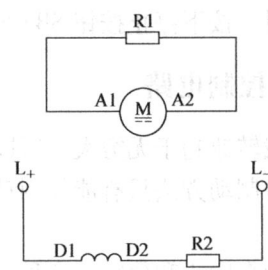

图 2-11　他励式能耗制动的工作原理

直流电动机的能耗制动与交流电动机的能耗制动有哪些区别？

2. 串励电动机的反接制动

串励电动机的反接制动可通过两种方式来实现：一是位能负载时转速反向法；二是电枢直接反接法。

（1）位能负载时转速反向法　就是强迫电动机的转速反向，使电动机的转速方向与电磁转矩的方向相反，以实现制动。如提升机下放重物时，电动机在重物（位能负载）的作用下，转速 n 与电磁转矩 T 反向，使电动机处于制动状态，如图 2-12 所示。

（2）电枢直接反接法　是指切断电动机的电源后，将电枢绕组串入制动电阻后反接，并保持其励磁电流方向不变的制动方法。必须注意的是，采用电枢绕组反接制动时，不能直接将电源极性反接，否则，因电枢电流和励磁电流同时反向而起不到制动作用。

1) 主令控制器：它是用来按顺序操纵多个控制回路的主令电器。其主要用于电力拖动系统中，按一定操作分合触头，向控制系统发出指令，通过接触器以达到控制电动机的起动、制动、调速及反转的目的，同时也可以实现控制电路的联锁作用。例如，常用于起重机、轧钢机等的操作控制。

图 2-12　串励电动机转速反向法制动原理

LK1 系列主令控制器主要由基座、转轴、动触头、静触头、凸轮鼓、操作手柄、面板支架及外护罩组成。其外形及结构如图 2-13 所示。

主令控制器所有的静触头都安装在绝缘板 5 上，动触头固定在能绕轴 9 转动的支架 6 上，凸轮鼓是由多个凸轮块 7 嵌装而成，凸轮块根据触头系统的开闭顺序制成不同角度的凸出轮缘，每个凸轮块控制两对触头。当转动手柄时，方形转轴带动凸轮块转动，凸轮块的凸

第二章 直流电动机典型控制电路及其安装、调试与维修 | **131**

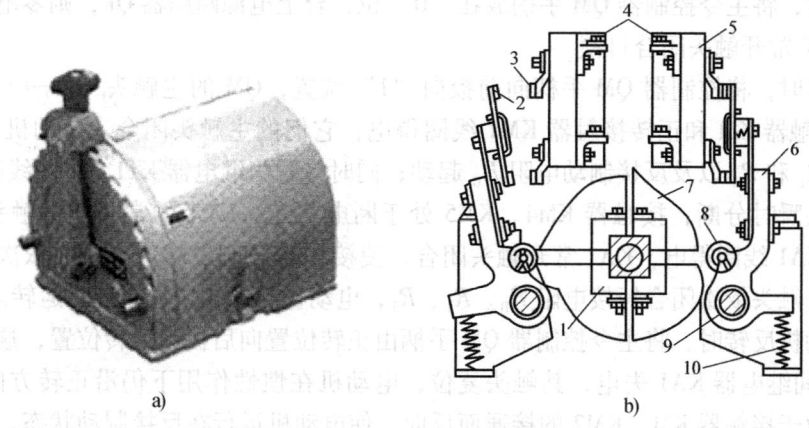

图 2-13 主令控制器
a）外形 b）结构
1—方形转轴 2—动触头 3—静触头 4—接线柱 5—绝缘板
6—支架 7—凸轮块 8—小轮 9—轴 10—复位弹簧

出部分压动小轮 8，使动触头 2 离开静触头 3，这样便可以分断电路；当转动手柄使小轮 8 位于凸轮块 7 的凹处时，在复位弹簧的作用下使动触头和静触头闭合，从而可以接通电路。可见，触头的闭合和分断顺序都是由凸轮块的形状决定的。

2）电路原理分析：串励电动机反接制动自动控制电路如图 2-14 所示。

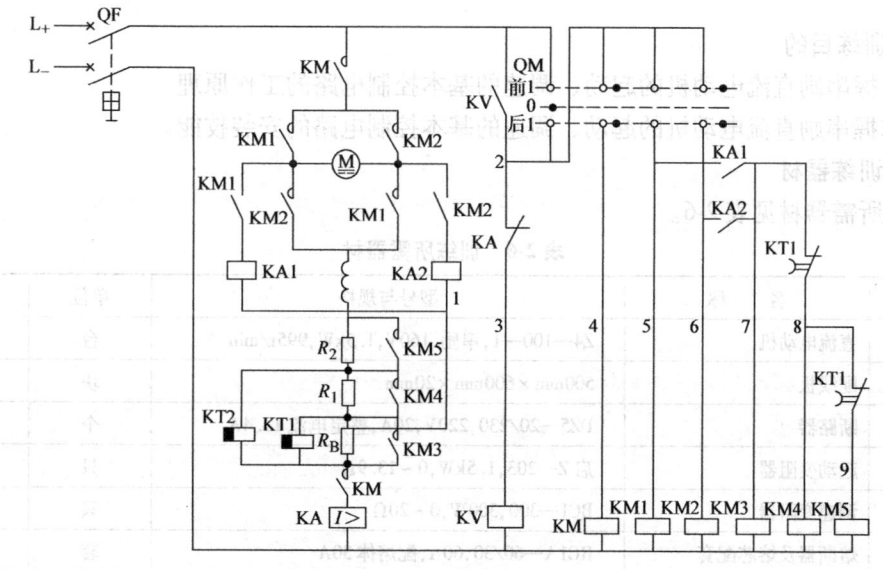

图 2-14 串励电动机反接制动自动控制电路

图中，QM 是主令控制器，用来控制电动机的正反转；KA 是过电流继电器，用来对电动机进行过载和短路保护；KV 是零电压保护继电器；KA1、KA2 是中间继电器；R_1，R_2 是起动电阻；R_B 是制动电阻。

该电路的工作原理如下：

准备起动时，将主令控制器 QM 手柄放在"0"位，合上电源断路器 QF，则零电压继电器 KV 得电，KV 常开触头闭合自锁。

电动机正转时，将控制器 QM 手柄向前扳向"1"位置，QM 的主触头（2—4），（2—5）闭合，则接触器 KM 和正转接触器 KM1 线圈得电，它们的主触头闭合，电动机 M 串入二级起动电阻 R_1 和 R_2 以及反接制动电阻 R_B 起动；同时，时间继电器 KT1、KT2 线圈得电，它们的常闭触头瞬时分断，接触器 KM4、KM5 处于断电状态；KM1 的常开辅助触头闭合，使中间继电器 KA1 线圈得电，KA1 常开触头闭合，使接触器 KM3、KM4、KM5 依次得电动作，它们的常开触头依次闭合短接电阻 R_B、R_1、R_2，电动机起动完毕进入正常运转。

若需要电动机反转时，将主令控制器 QM 手柄由正转位置向后扳向反转位置，这时，接触器 KM1 和中间继电器 KA1 失电，其触头复位，电动机在惯性作用下仍沿正转方向转动。但电枢电源则由于接触器 KM、KM2 的接通而反向，使电动机运行在反接制动状态，而中间继电器 KA2 线圈上的电压变得很小并未吸合，KA2 常闭触头分断，接触器 KM3 线圈失电，KM3 常开触头分断，制动电阻 R_B 接入电枢电路，电动机进行反接制动，其转速迅速下降。当转速降到接近于零时，KA2 线圈上的电压升到吸合电压，此时，KA2 线圈得电，KA2 常开触头闭合，使 KM3 得电动作，R_B 被短接，电动机进入反转起动运转。若要电动机停转，把主令控制手柄扳向"0"位即可。

技能训练 20　串励直流电动机起动、调速控制电路的安装

一、训练目的
1. 掌握串励直流电动机的起动、调速的基本控制电路的工作原理。
2. 掌握串励直流电动机的起动、调速的基本控制电路的安装技能。

二、训练器材
训练所需器材见表 2-6。

表 2-6　训练所需器材

序号	名　　称	型号与规格	单位	数量
1	直流电动机	Z4—100—1，串励，160V，1.5kW，995r/min	台	1
2	配线板	500mm×600mm×20mm	块	1
3	断路器	DZ5—20/230，220V，20A，整定电流 13.4A	个	1
4	起动变阻器	启 Z—203，1.5kW，0～13.9Ω	只	1
5	调速变阻器	BC1—300，300W，0～20Ω	只	1
6	熔断器及熔芯配套	RC1A—60/30，60A，配熔体 30A	套	2
7	接线端子排	JX2—1015，500V，10A，15 节或配套自定	条	1
8	塑料铜线	BV—2.5mm²，颜色自定	m	20
9	塑料铜线	BV—1.5mm²，颜色自定	m	20
10	塑料软铜线	BVR—0.75mm²，颜色自定	m	5
11	别径压端子	UT2.5—4，UT1—4	个	20

(续)

序号	名称	型号与规格	单位	数量
12	电工通用工具	验电笔、钢丝钳、螺钉旋具(一字形和十字形)、电工刀、尖嘴钳、活扳手、剥线钳等	套	1
13	万用表	自定	块	1
14	绝缘电阻表	型号自定,或500V,0~200MΩ	台	1
15	钳形电流表	0~50A	块	1

三、训练内容及步骤

1) 按表2-6配齐所用电器元件,并检查元件的质量。

2) 根据2-8所示电路,牢固安装除电动机及起动变阻器以外的各电器元件,并进行布线。

注意事项:

①电源开关及起动变阻器的安装位置要接近电动机和被拖动的机械,以便在控制时能看到电动机和被拖动机械的运行情况。

串励直流电动机试车时,必须带29%~30%的额定负载,严禁空载或轻载起动运行,而且串励电动机和拖动生产机械之间不要用带传动,以防止带断裂或滑脱引起电动机"飞车"事故。

②调速变阻器RP应与励磁绕组并联。起动前,应把变阻器RP的阻值调到最大。调速时,RP的阻值逐渐调小,使电动机的转速逐渐升高,但其最高转速不得超过2000r/min。

技能训练21　串励直流电动机正反转控制电路的安装

一、训练目的

1. 掌握串励直流电动机正反转控制电路的工作原理。
2. 掌握串励直流电动机正反转控制电路的安装技能。

二、训练器材

训练所需器材见表2-7。

表2-7　训练所需器材

序号	名称	型号与规格	单位	数量
1	直流电动机	Z4—100—1,串励式、160V,1.5kW,995r/min	台	1
2	配线板	500mm×600mm×20mm	块	1
3	断路器	DZ5—20/230,220V,20A,整定电流13.4A	个	1
4	起动变阻器	启Z—203,1.5kW,0~13.9Ω	只	1
5	调速变阻器	BC1—300	只	1
6	熔断器及熔芯配套	RC1A—60/30,60A,配熔体30A	套	2
7	接线端子排	JX2-1015,500V、10A、15节或配套自定	条	1

(续)

序号	名称	型号与规格	单位	数量
8	直流接触器	CZ0—40/20	只	3
9	时间继电器	JS7—2A	只	1
10	木螺钉	$\phi 3mm \times 20mm$；$\phi 3mm \times 15mm$	个	30
11	平垫圈	$\phi 4mm$	个	30
12	圆珠笔	自定	支	1
13	塑料铜线	BV—2.5mm^2，颜色自定	m	20
14	塑料铜线	BV—1.5mm^2，颜色自定	m	20
15	塑料软铜线	BVR—0.75mm^2，颜色自定	m	5
16	别径压端子	UT2.5—4，UT1—4	个	20
17	电工通用工具	验电笔、钢丝钳、螺钉旋具(一字形和十字形)、电工刀、尖嘴钳、活扳手、剥线钳等	套	1
18	万用表	自定	块	1
19	绝缘电阻表	型号自定，或500V，0~200MΩ	台	1
20	钳形电流表	0~50A	块	1

三、训练内容及步骤

1) 按表2-7配齐所用电器元件，并检查元件的质量。
2) 根据2-9所示电路，牢固安装除电动机及起动变阻器以外的各电器元件，并进行布线。
3) 连接电动机，通电试车后交验。

注意事项：
① 串励直流电动机起动时，严禁空载或轻载起动运行，防止出现"飞车"现象。
② 时间继电器的整定要符合控制要求。

技能训练22　串励电动机能耗制动控制电路的安装

一、训练目的
1. 掌握串励电动机能耗制动控制电路的工作原理。
2. 掌握串励电动机能耗制动控制电路的安装。

二、训练器材
训练所需器材见表2-8。

表2-8　训练所需器材

序号	名称	型号与规格	单位	数量
1	直流电动机	Z4—100—1，串励、160V、1.5kW，995r/min	台	1
2	配线板	500mm×600mm×20mm	块	1

(续)

序号	名称	型号与规格	单位	数量
3	断路器	DZ5—20/230,220V,20A,整定电流 13.4A	个	1
4	起动电阻器	100Ω,1.2A	只	2
5	熔断器及熔芯配套	RC1A—60/30,60A,配熔体 30A	套	2
6	接线端子排	JX2—1015,500V,10A,15 节或配套自定	条	1
7	直流接触器	CZO—40/20	只	3
8	时间继电器	JS7—2A	只	1
9	按钮	LA10—3H,保护式、按钮数 3	只	1
10	木螺钉	φ3mm×20mm;φ3mm×15mm	个	30
11	平垫圈	φ4mm	个	30
12	圆珠笔	自定	支	1
13	塑料铜线	BV—2.5mm^2,颜色自定	m	20
14	塑料铜线	BV—1.5mm^2,颜色自定	m	20
15	塑料软铜线	BVR—0.75mm^2,颜色自定	m	5
16	别径压端子	UT2.5—4,UT1—4	个	20
17	行线槽	18mm×25mm	m	若干
18	电工通用工具	验电笔、钢丝钳、螺钉旋具(一字形和十字形)、电工刀、尖嘴钳、活扳手、剥线钳等	套	1
19	万用表	自定	块	1
20	绝缘电阻表	型号自定,或 500V,0~200MΩ	台	1
21	钳形电流表	0~50A	块	1

三、训练内容及步骤

1) 按表 2-8 配齐所用元器件,并进行质量检验。

2) 按照图 2-10 所示电路画出布置图并进行板前线槽配线。

注意事项:

1) 串励直流电动机试车时,必须带 29%~30% 的额定负载,严禁空载或轻载起动运行。

2) 起动前,应把所有电阻串入起动电路。

3) 调整过电流继电器的整定值使其符合动作要求。

4) 时间继电器的整定时间要调整适当。

技能训练 23 串励电动机反接制动控制电路的安装与检修

一、训练目的

1. 掌握串励电动机反接制动控制电路的工作原理。

2. 掌握串励电动机反接制动控制电路的安装与检修技能。

二、训练器材

训练所需器材见表2-9。

表2-9 训练所需器材

序号	名称	型号与规格	单位	数量
1	直流电动机	Z4—100—1,串励,160V,1.5kW,995r/min	台	1
2	配线板	500mm×600mm×20mm	块	1
3	断路器	DZ5—20/230,220V,20A,整定电流13.4A	个	1
4	主令控制器	LK1—12/90	台	1
5	起动电阻器	100Ω,1.2A	只	2
6	制动电阻	100Ω,1.2A	只	1
7	熔断器及熔芯配套	RC1A—60/30,60A,配熔体30A	套	2
8	接线端子排	JX2—1015,500V,10A,15节或配套自定	条	1
9	直流接触器	CZO—40/20	只	5
10	时间继电器	JS7—2A	只	2
11	中间继电器	JZ14	只	2
12	过电流继电器	JL14	只	2
13	零电压继电器	JT4—P	只	1
14	木螺钉	ϕ3mm×20mm;ϕ3mm×15mm	个	30
15	平垫圈	ϕ4mm	个	30
16	圆珠笔	自定	支	1
17	塑料铜线	BV—2.5mm²,颜色自定	m	20
18	塑料铜线	BV—1.5mm²,颜色自定	m	20
19	塑料软铜线	BVR—0.75mm²,颜色自定	m	5
20	别径压端子	UT2.5—4,UT1—4	个	20
21	行线槽	18mm×25mm	m	若干
22	电工通用工具	验电笔、钢丝钳、螺钉旋具(一字形和十字形)、电工刀、尖嘴钳、活扳手、剥线钳等	套	1
23	万用表	自定	块	1
24	绝缘电阻表	型号自定,或500V、0~200MΩ	台	1
25	钳形电流表	0~50A	块	1

三、训练内容及步骤

1. 安装

1) 按表2-9配齐所用元器件,并进行质量检验。

2) 画出布置图,并在控制电路板上按布置图安装走线槽和所有电器元件,贴上醒目的文字符号。

3) 按图2-14所示电路进行板前线槽配线,并在导线端部套编码套管和冷压接线头。

4）根据电路图检验控制电路板内部布线的正确性。
5）安装电动机。可靠连接电动机和各电器元件金属外壳的保护接地线。
6）连接电源、电动机等控制板外部的导线。
7）自检。
8）交验，检查无误后通电试车。

2. 检修

（1）故障设置　在控制电路或主电路中人为设置电气故障两处。
（2）故障检修　在教师的指导下，可让学生参照检修步骤及要求进行检修。
（3）操作要点
1）寻找故障现象时，不要漏检主令控制器。
2）主令控制器的常见故障和处理方法见表2-10。

表2-10　主令控制器的常见故障和处理方法

故障现象	可能的原因	处理方法
操作不灵活或有噪声	（1）滚动轴承损坏或卡死 （2）凸轮鼓或触头嵌入异物	（1）更换或修理轴承 （2）取出异物，修复或更换产品
触头过热或烧毁	（1）控制器容量太小 （2）触头压力过小 （3）触头表面烧毛或有油污	（1）选用较大容量的主令控制器 （2）调整或更换触头弹簧
定位不准或分合顺序不对	凸轮片碎裂脱落或凸轮角度磨损变化	更换凸轮片

主令控制器的安装与使用

小技能

安装前应操作手柄不少于5次，检查动静触头接触是否良好，有无卡轧现象。

主令控制器投入运行前，应使用500~1000V的绝缘电阻表测量其绝缘电阻，绝缘电阻一般应大于0.5MΩ，同时根据接线图检查接线是否正确。

主令控制器外壳上的接地螺栓应与接地网可靠连接。

使用前手柄应在零位。

【阅读材料】　直流电动机的调压调速

直流电动机改变电枢电压调速的装置有直流发电机-直流电动机自动调速系统和晶闸管-直流电动机调速系统两种。

（1）直流发电机-直流电动机自动调速系统的调速　直流发电机-直流电动机自动调速系统控制电路，简称G-M系统，如图2-15所示。其中M1是他励直流电动机，用来拖动生产机械；G1是他励直流发电机，为他励直流电动机M1提供电枢电压；G2是并励直流发电机，为他励直流电动机M1和他励直流发电机G1提供励磁电压，同时为控制电路提供直流电源；M2是三相笼型异步电动机，用来拖动与主轴连接的他励直流发电机G1和并励直流发电机 G2；A1、A2 和 A 分别是 G1、G2 和 M1 的励磁绕组；R_1、R_2 和 R 是调节变阻器，分别用来调节 G1、G2 和 M1 的励磁电流；KA 是过电流继电器，用于电动机 M1 的过载和短路保护；SB1、KM1 组成正转控制电路；SB2、KM2 组成反转控制电路。

调节 R_1 的阻值能够改变直流发电机 G1 的输出电压 U，即可达到调节直流电动机 M1 转速的目的。不过加在直流电动机 M1 电枢上的电压 U 不能超过其额定电压值。所以在一般情况下，调节电阻 R_1 只能使电动机在低于额定转速情况下进行平滑调速。

当需要电动机在额定转速以上进行调速时，则应先调节 R_1，使电动机电枢电压 U 保持在额定值不变，然后将电阻 R 的阻值调大，使电动机 M1 的励磁电流减小，其主磁通 Φ 也减小，电动机 M1 的转速升高。

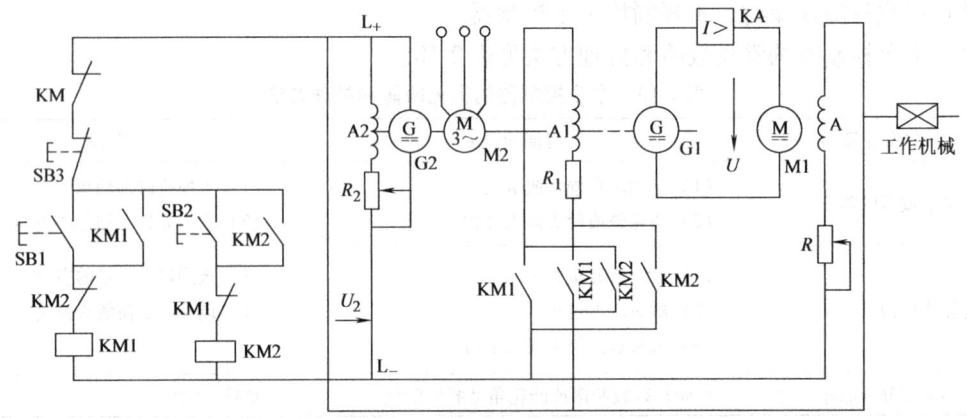

图 2-15　直流发电机-直流电动机自动调速系统控制电路

若保持他励直流电动机磁通为额定值不变，电枢回路不串接电阻，此时调节电枢的电源电压，电源电压越低，转速也就越低，调速方向从额定转速向下调。降低电源电压，直流电动机的机械特性硬度不变，这样比起电枢回路串电阻使机械特性变软来说，降低电源电压可以使电动机在低速范围内运行时，转速随负载变化的幅度较小，速度稳定性要好得多。

当直流电动机需要调速时，可调节 R_1，改变发电机 G1 的励磁电流 I_{G1}，使发电机的输出电压 U_{G1} 发生改变，电动机 M 因电枢电压 U_M 改变而得以调速。改变电枢电压的调速过程如下：

$R_1 \downarrow \rightarrow I_{G1} \uparrow \rightarrow U_{G1} \uparrow \rightarrow U_M \uparrow \rightarrow n_M \uparrow$

$R_1 \uparrow \rightarrow I_{G1} \downarrow \rightarrow U_{G1} \downarrow \rightarrow U_M \downarrow \rightarrow n_M \downarrow$

G-M 调速系统的调速平滑性好，可实现无级调速，具有较好的起动、调速、正反转、制动控制性能，因此曾被广泛应用于龙门刨床、重型镗床、轧钢机、矿井提升设备等生产机械上，但由于 G-M 系统存在设备费用高，机组多，占地面积大，效率降低，过渡过程的时间较长等不足，所以，目前正广泛地使用晶闸管整流装置作为直流电动机的可调电源，组成晶闸管—直流电动机调速系统。

（2）晶闸管—直流电动机调速系统的调速　晶闸管—直流电动机调速系统从信号传递的路径分为开环与闭环调速系统。常见的闭环调速系统有：转速负反馈、电压负反馈、电压负反馈和电流正反馈及电流截止负反馈、电压微分和电流微分负反馈、速度和电流双闭环自动调速系统。

1) 转速负反馈调速系统：控制电路如图 2-16 所示。

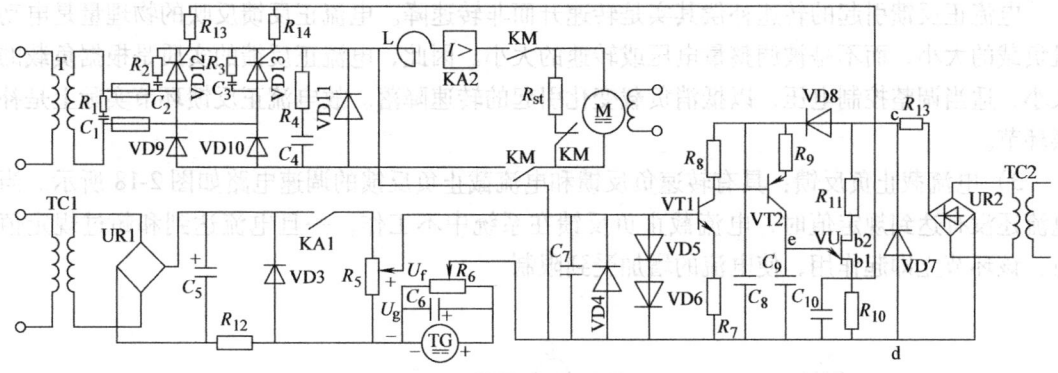

图 2-16　转速负反馈调速系统

当系统受到外界干扰时，负载转矩 T 增加，电动机的转速 n 下降，反馈电压 U_f 减少，ΔU 增加，VT1 的集电极电位下降，VT2 的集电极电流增加，电容 C_9 的充电速度加快，产生触发脉冲的时刻提前，触发延迟角 α 减少，晶闸管输出的电压增大，电动机转速回升，使电动机的转速基本保持不变。

反之，若负载转矩减少，电动机转速升高，通过系统内部的调整，可以使电动机转速下降。

2) 电压负反馈及电流正反馈自动调速电路：利用电压负反馈来补偿电源内阻上的电压降变化，用电流正反馈补偿电动机绕组上的电压降的变化，也可基本维持电动机的转速恒定。即电压负反馈主要克服电源内阻引起的转速降落 Δn_1，而电枢回路电阻 R_a 引起的转速降 Δn_2 将通过电流正反馈来补偿。电压负反馈及电流正反馈自动调速电路如图 2-17 所示。

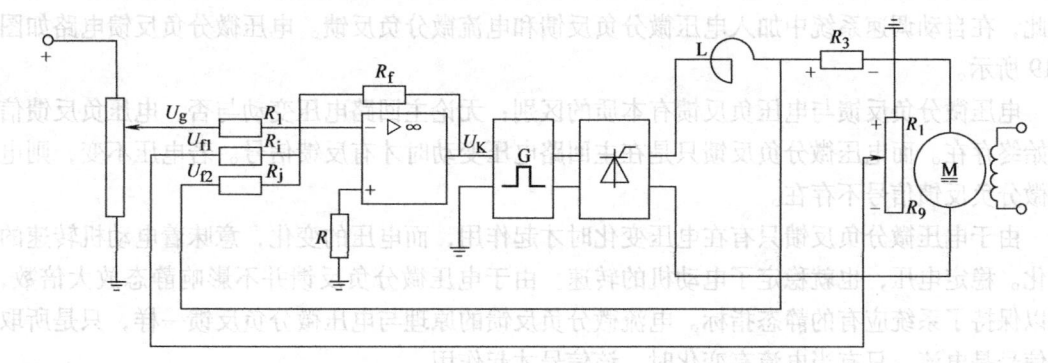

图 2-17　电压负反馈及电流正反馈自动调速电路

转速负反馈系统中的被控量是转速，因而系统维持转速基本不变；但电压负反馈系统的被控量是电动机的端电压 U_a，因而它只能维持电枢电压 U_a 基本不变。所以当负载增加时，由于负载电流 I_a 在电动机电枢电阻上产生的压降 $I_a R_a$ 所引起的转速降 $\triangle n_2$ 没有得到补偿，故电压负反馈的效果不如转速负反馈好。

电流正反馈引起的转速补偿其实是转速升而非转速降。电流正反馈反映的物理量是电动机负载的大小，而不是被调整量电压或转速的大小。因此，电流正反馈的实质是根据负载的大小，适当调整控制电压，以抵消负载变化引起的转速降落。故电流正反馈环节实际上是补偿环节。

3) 电流截止负反馈：具有转速负反馈和电流截止负反馈的调速电路如图 2-18 所示。当电流还没有达到规定值时，电流截止负反馈在系统中不工作，一旦电流达到和超过规定值时，该环节立即起作用，使电流的增加受到限制。

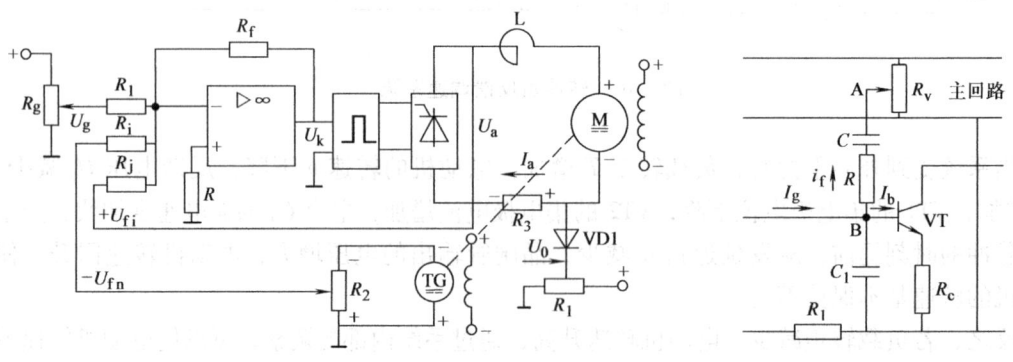

图 2-18　具有转速负反馈和电流截止负反馈的调速电路　　　　图 2-19　电压微分负反馈电路

4) 电压微分负反馈和电流微分负反馈：在闭环调速系统中，造成系统不稳定的主要原因是系统动态放大倍数太大。最好的解决方法是降低动态放大倍数。而静态放大倍数不变。因此，在自动调速系统中加入电压微分负反馈和电流微分负反馈。电压微分负反馈电路如图 2-19 所示。

电压微分负反馈与电压负反馈有本质的区别：无论主回路电压变动与否，电压负反馈信号始终存在。而电压微分负反馈只是在主回路电压变动时才有反馈信号。若电压不变，则电压微分负反馈信号不存在。

由于电压微分负反馈只有在电压变化时才起作用，而电压的变化，意味着电动机转速的变化。稳定电压，也就稳定了电动机的转速。由于电压微分负反馈并不影响静态放大倍数，所以保持了系统应有的静态指标。电流微分负反馈的原理与电压微分负反馈一样，只是所取的信号是电流，只有当电流有变化时，该信号才起作用。

本 章 小 结

1. 并励直流电动机的控制电路

（1）并励直流电动机的起动控制电路　直流电动机常用的起动方法有两种：一是电枢回路串联电阻起动；二是降低电源电压起动。对并励直流电机常采用的是电枢回路串联电阻起动。

（2）并励直流电动机的调速控制电路　直流电动机的电气调速是通过改变电动机的机械特性来改变电动机的转速的。它可用三种方法来实现：一是电枢回路串电阻调速；二是改变主磁通调速；三是改变电枢电压调速。

（3）并励直流电动机的正反转控制电路　并励直流电动机的正反转控制方法有两种：一是电枢反接法，即改变电枢电流方向，保持励磁电流方向不变；二是励磁绕组反接法，即改变励磁电流方向，保持电枢电流方向不变。而在实际应用中，并励直流电动机的反转常采用电枢反接法来实现。

（4）并励直流电动机的制动　与三相异步电动机的制动相似，其制动方法也有机械制动和电气制动。机械制动常用的方法是电磁抱闸制动器制动；电力制动的方法是能耗制动、反接制动和再生发电制动三种。

1）欠电压继电器：欠电压继电器是当电压降至某一规定范围内动作的电压继电器；零电压继电器是欠电压继电器的一种特殊形式，是当继电器的端电压降至或接近消失时才动作的电压继电器。欠电压继电器可以起到欠电压保护和失电压保护。

2）直流接触器：其结构及工作原理与交流接触器基本相同，但铁心可用整块铸钢或铸铁制成，铁心端面也不需要嵌装短路环。直流接触器线圈的匝数比交流接触器多，电阻值大，铜损大，是接触器发热的主要部件。直流接触器的触头多采用滚动接触的指形触头；直流接触器的灭弧装置是靠拉长电弧和冷却电弧来灭弧。在同样的电气参数下，熄灭直流电弧比交流电弧要困难。

3）电力制动最常用的是能耗制动和反接制动。

2. 串励直流电动机的控制电路

（1）串励直流电动机的起动　串励直流电动机与直流电动机一样，常采用电枢回路串联起动电阻的方法进行起动，以限制起动电流。

（2）串励直流电动机的调速　串励直流电动机的电气调速方法与并励直流电动机的电气调速方法相同。即电枢回路串电阻调速、改变主磁通调速和改变电枢电压调速三种方法。其中，改变主磁通调速，在大型串励直流电动机上，常采用在励磁绕组两端并联可调分流电阻的方法进行调磁调速；在小型串励直流电动机上，常采用改变励磁绕组的匝数或接线方式来进行调速。

（3）串励直流电动机的正反转控制电路　由于串励直流电动机电枢绕组两端的电压很高，而励磁绕组两端的电压很低，反接较容易，所以串励直流电动机的反转常采用励磁绕组反接法来实现。

（4）串励电动机制动控制电路　由于串励电动机的理想空载转速趋于无穷大，所以运行中不可能满足再生发电制动的条件，因此，串励电动机电力制动方法只有能耗制动和反接制动两种。

复习思考题

1. 直流电动机常用的起动方法有哪两种？并励直流电动机常采用哪种方法起动？
2. 直流电动机有哪三种调速方法？这三种调速方法各有什么特点？
3. 使直流电动机反转有哪两种方法？并励直流电动机反转常采用哪种方法？为什么？
4. 何谓电压继电器？电压继电器根据动作原理有哪几种？各自的作用有哪些？
5. 试述直流接触器的用途、特点及灭弧原理？
6. 直流电动机的电力制动常用哪三种方法？如何实现能耗制动和反接制动？
7. 并励直流电动机采用反接制动时应注意哪些问题？
8. 串励直流电动机常采用哪一种方法起动？
9. 为什么串励直流电动机的反转常采用励磁绕组反接法来实现？
10. 串励直流电动机的能耗制动分为哪两种？各有什么特点？
11. 串励直流电动机的反接制动有哪两种方法？是如何实现的？
12. 串励直流电动机采用电枢反接制动时，通过改变外电源的电压极性是否达到制动目的，为什么？
13. 串励直流电动机改变主磁通调速时通常采用哪些方法？
14. 简述主令控制器的用途、结构和工作原理。

第三章 常用机床控制电路的检修

> **学习目标**
>
> 机床电气设备在运行的过程中，由于各种原因难免会产生各种故障，致使机床不能正常工作，不但影响生产效率，严重时还会造成设备和人身事故。因此，电气设备发生故障后，维修人员能够及时、熟练、准确、迅速、安全地查出故障并加以排除，尽快恢复机床正常运行，是非常重要的。
>
> 常用机床设备种类很多，在此选择典型的车床、钻床、铣床各一种，通过认识、维护和分析这些机床及电气故障的检修，进一步掌握各基本控制电路在机床控制系统中的应用及电气控制系统中机械与电气控制的配合，从而提高在实际工作中分析问题和解决问题的能力。本章主要介绍车床、钻床、铣床控制电路的原理、调试与维修。
>
> 本章的学习目标：
> 1. 掌握 CA6140 型车床控制电路的原理、调试与维修。
> 2. 掌握 Z3050 型钻床控制电路的原理、调试与维修。
> 3. 掌握 X6132 铣床控制电路的原理、调试与维修。

第一节 车床控制电路的检修

车床是一种应用极为广泛的金属切削机床。它能完成车内圆、外圆、端面、螺纹、钻孔、镗孔、倒角、割槽及切断等加工工序，广泛用于机械制造业的单件、小批生产车间，各行业的工具制造部门，机器设备修理部门以及试验室等。车床可分为卧式车床和立式车床等不同的种类。现以 CA6140 型卧式车床为例进行介绍。

该 CA6140 型卧式车床型号的含义如下：

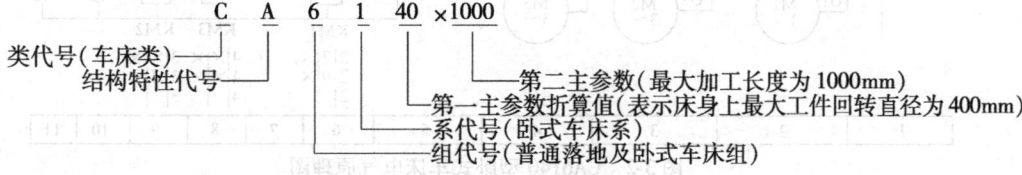

一、CA6140 型卧式车床的主要结构和运动形式

CA6140 型卧式车床的外形如图 3-1 所示。它主要由床身、主轴箱、溜板箱、进给箱、刀架、丝杠、光杠、尾座等部分组成。

车床的切削运动包括工件旋转的主运动和刀具的直线进给运动。

（1）主运动　车床的主轴电动机带动被固定在卡盘上的工件作旋转运动。主轴的变速是主轴电动机经V带传递到主轴变速箱实现的。CA6140型卧式车床的主轴正转速度有24种（10～1400r/min）；反转速度有12种（14～1580r/min）。

（2）进给运动　车床的刀架带动刀具作直线运动。溜板箱把丝杠或光杠的转动传递给刀架部分、变换箱外的手柄位置，经刀架部分使车刀做沿着床身的纵向或垂直床身的横向进给。

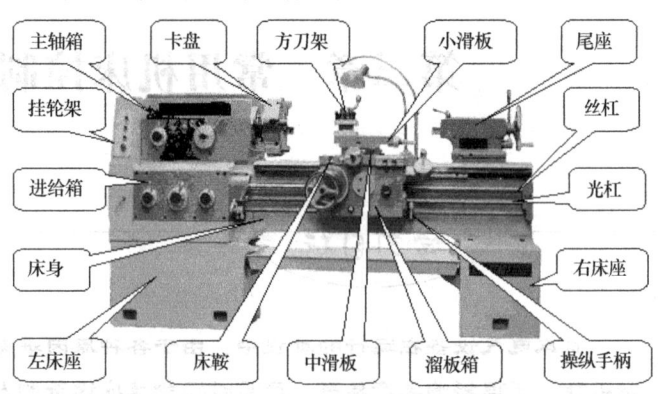

图3-1　GA6140型卧式车床的外形

（3）辅助运动　车床除切削运动以外的其他运动，如尾座的纵向移动，工件的夹紧与放松等。

二、CA6140型卧式车床电气控制电路的分析

1. 阅读机床电气原理图的基本知识

电气原理图一般由电源电路、主电路、控制电路和辅助电路等四部分组成，如图3-2所示。

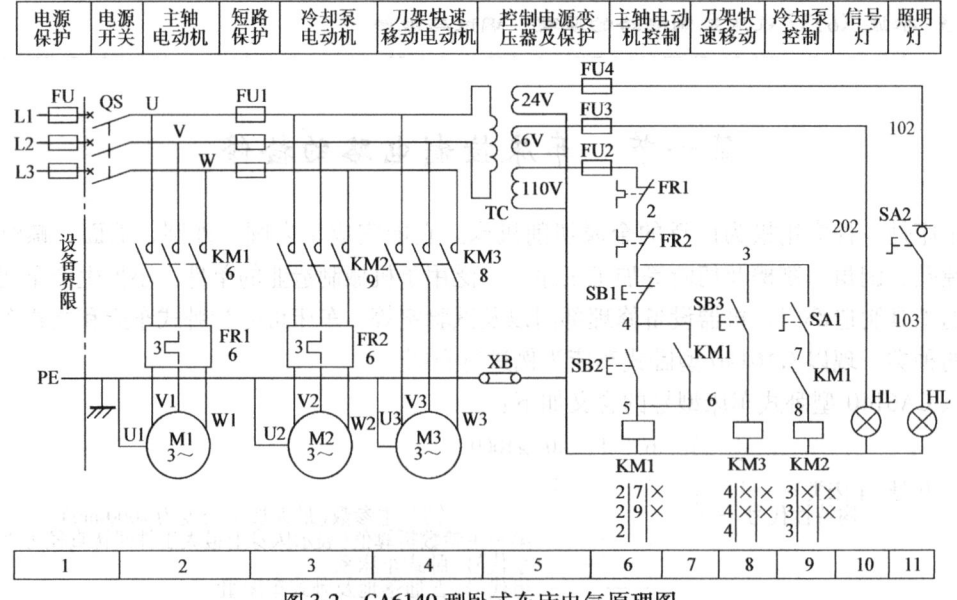

图3-2　CA6140型卧式车床电气原理图

（1）电源电路　由电源保护电器（熔断器）和电源开关组成，按规定应画成水平直线。

（2）主电路　作用于被控对象的电路，包含电动机、电磁铁及其保护电器主电路直接输出功率，并且通过较大的电流。按规定，主电路垂直于电源电路，且画在图的左侧。

(3) 控制电路　用于实现对被控对象的运转控制，具有逻辑判断、记忆、顺序动作等功能。按规定，控制电路应垂直于电源电路，且位于主电路的右侧。继电器、接触器和电磁铁的线圈、灯泡等元件连接到接地的水平电源线上，继电器、接触器的触头连接到上方水平电源线与线圈等耗能元件之间。

(4) 辅助电路　由变压器、整流电源、照明灯和信号灯等低压电路组成。

机床电气原理图所包含的电器元件和电气设备的符号较多，要正确阅读机床电气原理图，需明确以下几点：

1) 电气原理图按功能划分成若干个图区，通常是一条回路或一条支路划为一个图区，并从左向右依次用阿拉伯数字编号，标注在图形下部的图区栏中，如图3-2所示。

2) 电气原理图中每个电路在机床电气操作中的用途，必须用文字标明在电气原理图上部的用途栏内，如图3-2所示。

3) 在电气原理图中，每个接触器线圈的文字符号KM1、KM2、KM3的下面画有两条竖直线，分成左、中、右三栏，左栏为主触头所处的图区号，中栏为辅助常开触头所处的图区号，右栏为辅助常闭触头所处的图区号。而未用的触头，在相应的栏中用记号"×"标出或不标任何符号，如图3-2所示。

4) 在电气原理图中，每个继电器线圈符号下面画有一条竖直线，分成左、右两栏，左栏为常开触头所处的图区号，右栏为常闭触头所处的图区号。同样，未用的触头，在相应的栏中用记号"×"标出或不标任何符号。

2. 阅读机床电气原理图的方法

查线阅读法是阅读分析机床电气原理图最基本的也是应用最广泛的方法。它采用"从主电路着眼，从控制电路着手"的方法进行电路分析。

1) 从主电路来看，控制元件的主触头及其组合方式，就可以大致了解电动机的基本工作状况（例如，其起动方式，是否有正反转、制动、调速等）。

2) 由主电路中主触头的文字符号，在控制电路中找到控制元件（接触器、继电器等）的控制支路（环节），按功能的不同划分为若干个局部控制电路来进行分析。

3) 假定按动操作按钮、行程开关，观察其触头是如何控制其他控制元件动作的和使电动机如何运转的。

4) 要注意各个环节相互的联系和制约关系，即电路的自锁、互锁、保护环节，以及与机械、液压部件的动作关系。

5) 初步分析了每一局部电路的工作原理以及各部分之间的控制关系后，还应分析整个控制电路，即从整体角度进一步理解其工作原理。

通过边阅读分析、边查找线路，同时写出其工作过程，就能够分析出电路的工作原理。由于查线阅读法具有直观性强、易于掌握等优点，因而在电路分析中得到广泛的应用。

3. 主电路分析

机床电源采用三相380V交流电路——由电源开关QF(低压断路器)引入，总电源短路保护采用熔断器FU。主轴电动机M1的短路保护由低压断路器QF的电磁脱扣器来实现，而冷却泵电动机M2、刀架快速移动电动机M3的短路保护由熔断器FU1来实现，M1和M2的过载保护是由各自的热继电器FR1和FR2来实现的，三台电动机分别采用接触器KM1、

KM2 和 KM3 来实现控制。

4. 控制电路分析

控制电路由控制变压器 TC 供电，控制电源电压为 110V，熔断器 FU2 作为短路保护。

（1）M1 起动

闭合电源开关 QF→主轴电动机准备起动,指示灯 HL 亮→

按下起动按钮 SB2 → KM1 线圈得电 → KM1 自锁触头(7 区)闭合自锁 →
　　　　　　　　　　　　　　　　　 → KM1 主触头(2 区)闭合 → 主轴电动机 M1 起动运转
　　　　　　　　　　　　　　　　　 → KM1 辅助常开触头(9 区)闭合 → 为冷却泵起动做好准备

（2）M1 停止

按下停止按钮 SB1→KM1 线圈失电→KM1 触头复位→主轴电动机 M1 失电停转。

注意：冷却泵电动机 M2 与主轴电动机 M1 是联锁控制的，只有当 M1 起动并闭合开关 SA1 后，M2 才能起动，M1 停止后，M2 也立即停止，以满足车工工艺的要求。

从安全需要考虑，快速进给电动机采用点动控制，按下 SB3，就可以实现快速进给运动。当电动机 M1 或 M2 过载时，热继电器 FR1 或 FR2 动作，其常闭触头断开控制电路电源，接触器 KM1 或 KM2 断电释放，电动机 M1 或 M2 断电停转，从而起到过载保护作用。

主轴的正反转是采用多片离合器实现的。

5. 照明、指示电路分析

当车床主电源接通后，由控制变压器 6V 绕组供电的指示灯 HL 亮，表示车床已接通电源，可以开始工作。若闭合开关 SA2，由控制变压器 24V 绕组供电的车床照明工作灯 EL 点亮。

小知识

机床电气设备维修的一般要求

1）采取的维修步骤和方法必须正确，切实可行。
2）不可损坏完好的电器元件。
3）不可随意更换电器元件及连接导线的型号规格。
4）不可擅自改动电路。
5）损坏的电气装置应尽量修复使用，但不能降低其固有的性能。
6）电气设备的各种保护性能必须满足使用要求。
7）绝缘电阻合格，通电试车能满足电路的各种功能，控制环节的动作程序符合要求。
8）修理后的电器装置必须满足其质量标准要求。电器装置的检修质量标准是：
①外观整洁，无破损和炭化现象。
②所有的触头均应完整、光洁、接触良好。
③压力弹簧和反作用力弹簧应具有足够的弹力。
④操纵、复位机构都必须灵活可靠。
⑤各种衔铁运动灵活，无卡阻现象。
⑥灭弧罩完整、清洁，安装牢固。
⑦整定数值大小应符合电路使用要求。
⑧指示装置能正常发出信号。

三、CA6140 型卧式车床常见电气故障的检修

1. 常见故障的检查与分析

（1）合上电源开关 QF，电源指示灯 HL 不亮　首先闭合照明灯开关 SA2，检查照明灯 EL 是否正常工作，根据实际情况作出具体分析：

1）如果照明灯亮，则说明控制变压器 TC 之前的电路没有问题。可检查熔断器 FU3 是否熔断；指示灯泡是否烧坏；灯泡与灯座之间接触是否良好。如果都没有问题，则需要检查有无 6V 电压。可用万用表的交流 10V 挡或用 6V 的试灯，从指示灯 HL 的灯座倒着往前测量到控制变压器 TC 的 6V 绕组输出接线端，也可顺着从变压器测量到灯座，通过测量即可确定是连线问题，还是控制变压器的 6V 绕组问题，或是某处有接触不良的问题。

2）如果照明灯不亮，则故障很可能发生在控制变压器之前。当然，也不能排除电源指示灯和照明灯电路同时出问题的可能性。但发生这种情况的概率毕竟很小，一般应先从控制变压器前查起。

首先检查熔断器 FU1 是否熔断，如果没有问题，可用万用表的交流 500V 挡测量电源开关 QF 输出端 U、V 之间电压是否正常。如果不正常，再检查电源开关输入电源进线端，从而可判断出是电源进线无电压，还是电源开关接触不良或损坏；如果 U、V 之间电压正常，可再检查控制变压器 TC 输入接线端电压是否正常。如果不正常，应检查电源开关输出到控制变压器输入之间的电路，例如，连线是否有问题、熔断器接触是否良好等。如果变压器输入电压正常，可再测量变压器 6V 绕组输出端的电压是否正常。如果不正常，则说明控制变压器有问题；如果 6V 电压正常，说明电源指示灯和照明灯电路同时出问题，可按前面的步骤进行检查，直到查出故障点。

（2）合上电源开关 QF，电源指示灯 HL 亮，合上照明灯开关 SA2，照明灯不亮　首先检查照明灯泡是否烧坏；熔断器 FU4 对公共端有无电压。

1）如果熔断器一端有电压一端无电压，说明熔断器熔体与熔断器座之间接触不良。

2）如果熔断器两端都无电压，应检查控制变压器 TC 的 24V 绕组输出端。如果有电压，则是变压器输出到熔断器之间的连线有问题；如果无电压，则是变压器 24V 绕组有问题。

3）如果熔断器两端都有电压，再检查照明灯两端有无电压。如果有电压，说明照明灯泡与灯座之间接触不好；如果无电压，可继续检查照明灯开关两端的电压，从而判断出是连线问题还是开关的问题。

（3）按下起动按钮 SB2，电动机 M1 不能转动　在电源指示灯亮的情况下，首先检查接触器 KM1 线圈是否有电。

1）如果接触器 KM1 因线圈无电而不吸合，可检查热继电器 FR1 触头是否动作后没有复位，以及熔断器 FU2 是否熔断。如果两者都没有问题，可用万用表交流 250V 挡逐级检查接触器 KM1 线圈回路的 110V 电压是否正常，从而判断出是控制变压器 110V 绕组的问题，还是接触器 KM1 线圈烧坏，还是熔断器插座或某个触头接触不良，或是回路中的连线有问题。

2）如果接触器 KM1 因线圈有电而能吸合，电动机 M1 还不能转动，则用万用表交流

500V挡检查接触器 KM1 主触头的输出端有无电压。如果无电压，可测量 KM1 主触头的输入端，如果还没有电压，则只能是 U、V、W 到接触器 KM1 输入端的连线有问题；如果 KM1 输入端有电压，则是由于 KM1 的主触头接触不好；如果接触器 KM1 的输出端有电压，则应检查电动机 M1 有无进线电压，如果无电压，说明接触器 KM1 输出端到电动机 M1 进线端之间有问题（包括热继电器 FR1 和相应边线）；如果电动机 M1 进线电压正常，则只能是电动机本身的问题。

另外，若电动机 M1 断相，或者负载过重，也可引起电动机不转，应进一步检查判断。

（4）主轴电动机能起动，但不能自锁，或工作中突然停转　首先检查接触器 KM1 的自锁触头接触是否良好，自锁回路导线是否接好。如果自锁不好的话，按主轴起动按钮 SB2 后，接触器 KM1 吸合，主轴电动机转动，但起动按钮 SB2 一松开，由于 KM1 的自锁回路有问题而不能自锁，KM1 马上释放，主轴电动机停转。也可能主轴起动时，KM1 的自锁回路起作用，KM1 能够自锁，但由于自锁回路有接触不良的现象存在，在工作中瞬间断开一下，就会使 KM1 释放而使主轴停转。

另外，当接触器 KM1 的控制回路（起动按钮 SB2 除外）的任何地方有接触不良的现象，都可能出现主轴电动机工作中突然停转的现象。

（5）按下停止按钮 SB1，主轴不停转　断开电源开关 QF，看接触器 KM1 是否能释放。如果能释放，说明 KM1 的控制回路有短路现象，应进一步排查；如果 KM1 仍然不释放，说明接触器内部有机械卡死现象，或接触器主触头因"熔焊"而粘死，需拆开修理。

（6）合上冷却泵开关 SA1，冷却泵电动机 M2 不能转动　冷却泵必须在主轴运转时才能运转，首先起动主轴电动机，在主轴正常运转的情况下，检查接触器 KM2 线圈是否吸合。

1）如果接触器 KM2 线圈不吸合，应进一步检查接触器 KM2 线圈两端有无电压。如果有电压，说明接触器 KM2 线圈损坏；如果无电压，应检查 KM1 的辅助触头、冷却泵开关 SA1 接触是否良好，相关连线是否接好。

2）如果接触器 KM2 线圈吸合，应检查电动机 M2 的进线电压有无断相，电压是否正常。如果正常，说明冷却泵电动机或冷却泵有问题；如果电压不正常，应进一步检查热继电器 FR2 是否烧坏、接触器 KM2 的主触头是否接触不良、熔断器 FU1 是否熔断，以及相关连线是否连接好。

（7）按下刀架快速移动按钮 SB3，刀架不移动　首先起动主轴电动机和冷却泵，若两者运转均正常，可检查接触器 KM3 线圈是否吸合。如果 KM3 线圈吸合，应进一步检查 KM3 的主触头是否接触不良、相关连线是否连接好、刀架快速移动电动机 M3 是否有问题、机械负载是否有卡死现象；如果 KM3 线圈不吸合，则应进一步检查 KM3 的线圈是否烧坏、刀架快移按钮是否接触不上，以及相关连线是否接好。

2. 机床检修的一般步骤和方法

对机床进行故障检修时，一般按照图 3-3 所示的步骤进行操作。

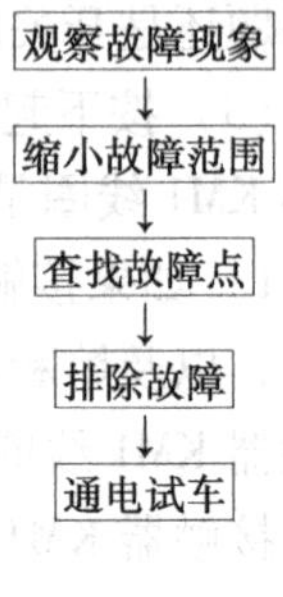

（1）观察故障现象　当机床发生故障后，切忌盲目随便动手检修，在检修前，应通过问、看、听、闻、摸来了解故障前后的操作情况和故

图 3-3　检修步骤

观察故障现象 → 缩小故障范围 → 查找故障点 → 排除故障 → 通电试车

障发生后出现的异常现象,以便根据故障现象判断出故障发生的部位,进而准确地排除故障。

1)问:通过询问操作者故障前后机床的运行状况,如机床是否有异常的响声、冒烟、火花等。故障发生前有无切削力过大和频繁的起动、停止、制动等情况;有无经过保养检修或改电路等。

2)看:观察故障发生后是否有明显的外观征兆,如各种信号;有指示装置熔断器的情况;保护电器脱扣动作;接线脱落;触头烧蚀或熔焊;线圈过热烧毁等。

3)听:在电路还能运行和不扩大故障范围、不损坏机床的前提下,通电试车,听电动机、接触器和继电器等电器的声音是否正常。

4)闻:走近有故障的机床旁,有时能闻到电动机、变压器等过热直至烧毁所发出的异味、焦味。

5)摸:在刚切断电源后,尽快触摸检查电动机、变压器、电磁线圈及熔断器等,看是否有过热现象。

(2)判断故障范围 检修简单的电气控制电路时,若采取对每个电器元件、每根连接导线逐一检查,也是能够找到故障点的。但遇到复杂电路时,仍采用逐一检查的方法,不仅需耗费大量的时间而且也容易漏查。在这种情况下,根据电器的工作原理和故障现象,采用逻辑分析法确定故障可能发生的范围,提高检修操作的针对性,从而达到既准确又快捷的检修效果。

当故障范围可能较大时,可在故障范围内的中间环节寻找突破口,进一步判断故障究竟发生在哪个部分,从而通过逻辑推理,合理地缩小故障可能发生的范围,这就是逻辑分析法。

现以图3-4所示的主轴电动机检修流程来说明运用逻辑分析法判断故障范围(假设主轴电动机M1不能正常运转)。

运用逻辑分析法判断故障范围,可避免盲目性,大大缩短检修时间。确定故障范围后,选用适当的检修方法,根据实际走线路径,依次在故障范围内逐点找出故障点,并一一予以排除。

(3)查找故障点 确定故障范围后,应选择合适的检修方法。常用的检修方法有:直观法、电压测量法、电阻测量法、短接法、试灯法、波形测试法等。查找故障必须在确定的故障范围内,顺着检修思路逐点检查,直到找出故障点。

1)电压测量法:就是利用万用表检测电路的工作电压,把测量结果和正常值作比较,电压测量法又分为电压分阶测量法和电压分段测量法。其中本教材中已有叙述,这里仅对电压分段测量法进行介绍,如图3-5所示。

2)电阻分段测量法:电阻分段测量法如图3-6所示。

检查时,选择万用表合适的挡位($R \times 100\Omega$)调零。先切断电源,按下起动按钮SB2或SB3,然后依次逐段测量相邻两标号1-2、2-3、3-4、4-5、5-6、6-7间的电阻值。电路正常时,则上述各两点间的电阻值为零。7-0间为KM1线圈的电阻值。若测得某两点间的电阻值为无穷大,则说明这两点间的触头接触不良、线圈或连接导线断路。根据测量结果可迅速找出故障点。

3）短接法：短接法是用一根绝缘性能良好的导线，把可能发生断路的部位短接。如果短接过程中电路被接通，就说明该处存在断路，如图 3-7 所示。

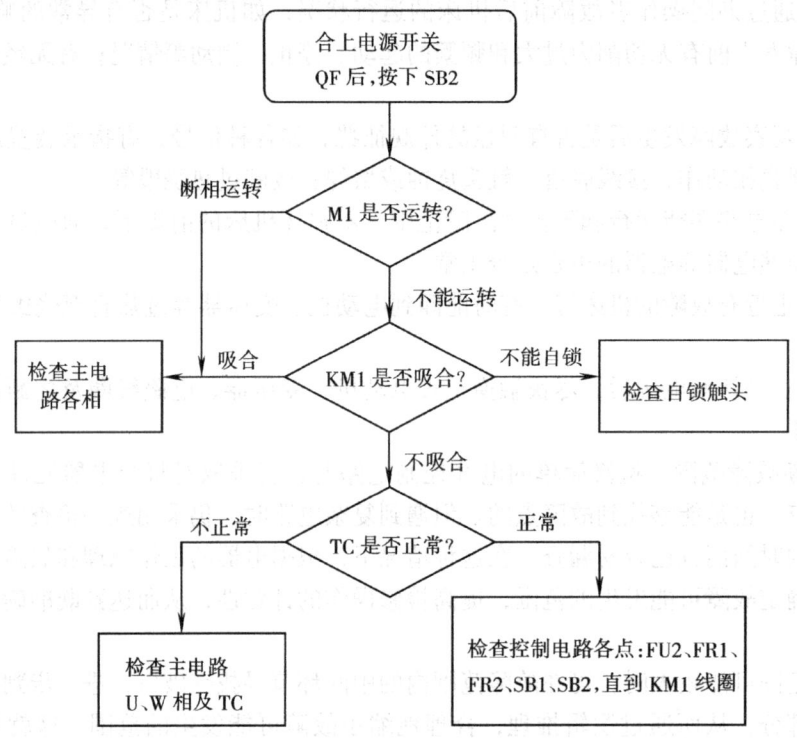

图 3-4　主轴电动机检修流程

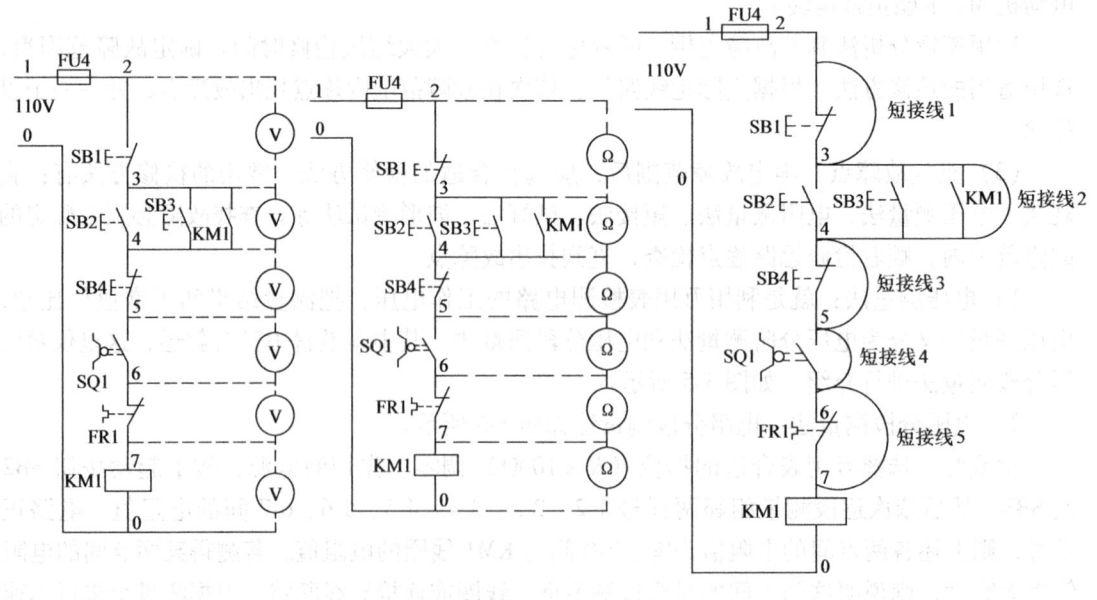

图 3-5　电压分段测量法　　　图 3-6　电阻分段测量法　　　图 3-7　短接法

按下主轴起动按钮 SB2 或 SB3，若接触器 KM1 线圈不吸合，则说明该电路有断路故障。检修时，先用万用表交流电压 250V 挡位测量 0-2 两点间的电压值。若电压正常，可按住 SB2 或 SB3 不放，用一根绝缘良好的导线分别短接 2-3、3-4、4-5、5-6、6-7。当短接到某两点时，接触器 KM1 线圈得电吸合，说明断路故障点就在这两点之间。

短接法一般用于控制电路，不能在主电路中使用；而且绝对不能短接负载，如果短接接触器 KM1 线圈的两端，将发生严重短路故障。

在实际检修中，机床电气故障是多样的，就是同一种故障现象，发生的故障部位也是不同的。因此，采用以上故障检修步骤和方法时，不要生搬硬套，而应按不同的故障情况灵活应用，力求迅速、准确地找出故障点，查明故障原因，及时正确地排除故障。

（4）排除故障 找到故障点后，就要进行故障排除，如更换元件和设备、紧固线头、修补作业等。对更换的新元器件要注意尽量使用相同规格、相同型号的产品，并进行性能检测，待确认性能完好后方可予以替换。特别是要更换相同规格和型号的熔体，不得随意加大使用规格。在故障排除中，还要注意不要破坏周围的元器件和导线等，不可再将故障范围扩大。

（5）通电试车 故障排除后，应重新通电试车检查机床的各项操作，必须符合技术要求。

上述的五个步骤中，重点是判断故障范围和查找故障点这两个步骤。

3. 常见故障的排除及注意事项

1）发现熔断器熔断后，不要急于更换熔断器的熔体，而应仔细分析熔断器熔断的原因。如果是负载电流过大或者存在短路现象，应进一步查找出故障原因并排除后，再更换熔断器的熔体；如果是容量选小了，应根据所接负载重新核算熔体的使用规格；如果是接触不良所引起的，应对熔断器座进行修理或更换。

2）如果确认电动机、变压器、接触器等发生故障，可按照前面介绍的方法进行修理。

3）为了减少设备的停机时间，可先用新电器元件将故障电器元件替换下来再进行维修。

4）对于接触器主触头"熔焊"粘死这种故障现象，很可能是由于负载短路造成的，所以一定要先将负载短路等问题解决后再进行试验。

5）由于故障的诊断或修理多数情况下是带电操作的，所以一定要严格遵守电工操作规程，注意人身安全。

四、CA6140 型卧式车床的调试

1. 电气系统调试的一般方法和步骤

（1）试车前的检查

1）用绝缘电阻表对电路进行测试，检查元器件及导线的绝缘性能是否良好，相间或相线与底板间有无短路现象。

2）用绝缘电阻表对电动机及其引线进行对地绝缘性能的测试，检查是否存在对地短路故障。断开电动机三相绕组间的连接头，检查电动机绕组相间绝缘情况，确认有无相间短路现象。

3）用手转动电动机转轴，观察电动机转动是否灵活，有无噪声及卡阻等现象。

4）断开交流接触器下接线端子的电动机引线，接上起动和停止按钮。在电气柜电源进线端通上三相额定电压，按下起动按钮，观察交流接触器是否吸合，并确认松开起动按钮后能否自我保持，然后用万用表500V交流挡测量交流接触器下接线端有无三相额定电压，是否有断相故障。如果电压正常，按下停止按钮，观察交流接触器是否断开。若一切动作正常后，可断开总电源开关，将交流接触器下接线端头和电动机引线复原。

(2) 试车

1）闭合总电源开关。

2）按下起动按钮，电动机起动后，注意听和观察电动机有无异常声音及转向是否正确。如果有异常声音或转向不对，应立即按下停止按钮，使电动机迅速断电。由于断电后电动机依然惯性转动，此时应注意是否仍有异常声音，若声音仍有异常，则可判定是机械部分存在故障；若无异常声音，则可判定是电气部分存在故障。通常情况下，有噪声时也应对电动机进行检修。若电动机发生反转，可将接线盒打开，将电动机电源进线中的任意两相对调即可。

3）再次起动电动机时，用钳形电流表夹住电动机三根引线的其中一根引线，测量电动机的起动电流，一般情况下，起动电流是额定电流的5~7倍。测量时，钳形电流表的量程应该超过这一数值的1.2~1.5倍，否则容易损坏钳形电流表或造成测量数据的不准确。

电动机转入正常运转后，用钳形电流表依次卡住电动机三根引线，分别测量电动机三相电流，比较它们是否平衡，空载和有负载时电流是否超过额定值。

如果电流正常，使电动机运行30min，运行中应经常测量电动机的外壳温度，检查长时间运行中的温升是否太高或上升太快。

(3) 试验记录

1）记录试验设备名称、位置，参加试验人员名单、试验日期等。

2）填写工具、材料清单，如万用表、钳形电流表、导线、调压器等。

3）准备试验中有关图样、资料以及加工工件的毛坯。

4）列出具体试验步骤。

5）记录试验中出现的问题、解决方法以及更换的元器件。

6）记录试验中所测量的电气参数。

7）对于试验过程中更改的元器件或控制电路，要予以记录和存档，并将其反映在有关图样资料中。

2. 调试前的准备

(1) 图样、资料　有关CA6140型卧式车床的图样和安装、使用、维修、调试说明书。

(2) 工具、仪表　电工工具、绝缘电阻表、万用表和钳形电流表等。

(3) 元器件的检查

1）测量电动机M1、M2、M3绕组间、各绕组对地绝缘电阻是否大于0.5MΩ，否则要进行浸漆烘干处理；测量电路对地电阻是否大于3MΩ。检查电动机是否转动灵活，轴承有无缺油等异常现象。

2）检查低压断路器、熔断器是否和电器元件明细表一致，热继电器调整是否合理。

3）检查主电路、控制电路所用元器件是否完好、动作是否灵活，有无接错、掉线、漏接和螺钉松动等现象，接地系统是否可靠。

3. 控制电路试车

先将电动机 M1、M2、M3 接线端的接线断开，并进行必要的绝缘处理。

1）接通低压断路器 QF，检查熔断器 FU1 两端有无 380V 电压。

2）检查控制变压器一次和二次电压是否分别为 380V、24V、6V 和 110V；再检查 FU2、FU3 和 FU4 后面的电压是否正常。此时电源指示灯 HL 应发光。

3）按下按钮 SB2，接触器 KM1 因线圈得电而吸合，检查 U1、V1 和 W1 之间有无 380V 电压。按下按钮 SB1，接触器 KM1 因线圈失电而释放，同时 U1、V1 和 W1 之间的电压应消失，接触器无异常响声。

4）采用同样方法，按下按钮 SB3 检查 KM3 和 U2、V2、W2 的基本情况。

5）按下按钮 SB2 和接通冷却泵旋钮开关 SA1 可检查 KM2 和 U3、V3、W3 的工作是否正常。

6）断开热继电器 FR1 或 FR2 的辅助触头，上述 3）～5）项动作应不能进行，接触器 KM1、KM2、KM3 也不吸合。

7）接通照明开关 SA2，照明灯 EL 亮。

4. 主电路通电试车

首先断开机械负载，分别连接电动机与端子 U1、V1、W1、U2、V2、W2、U3、V3 和 W3 之间的连线。按控制电路试车中 3）～7）的顺序进行试车操作。检查主轴电动机 M1、冷却泵电动机 M2 和刀架快速移动电动机 M3 的运转情况是否正常。

1）检查电动机旋转方向是否与工艺要求相同，检查电动机的空载电流是否正常。

2）经过一段时间的试运行，观察及检查电动机有无异常响声、异味、冒烟、振动和温升过高等现象。

3）让电动机带上机械负载，按控制电路试车操作中第 3）～7）项的顺序试车。检查机械负载能否满足工艺要求，并按最大切削负载进行运转；检查电动机的工作电流是否超过额定值，再按上述 2）项中的内容检查电动机。

以上各项调试完毕后，全部合格才能验收并交付使用。

CA6140 型卧式车床在车削过程中，若有一个控制主轴电动机的接触器主触头接触不良，会出现什么现象？如何解决？

在 CA6140 型卧式车床电气控制电路中，为什么未对 M3 进行过载保护？

技能训练 24　CA6140 型卧式车床控制电路的检修

一、训练目的

1. 掌握机床电气控制电路维护和保养的要求。
2. 掌握机床电气控制电路的检修步骤和方法。
3. 掌握 CA6140 型卧式车床控制电路的检修步骤和方法。

二、训练器材

（1）工具　测电笔、电工刀、剥线钳、尖嘴钳、斜口钳、螺钉旋具等。
（2）仪表　万用表。
（3）设备　CA6140 型卧式车床及配套电路图。

三、训练内容及步骤

（1）在教师的指导下，认真分析和理解主轴电动机的电气控制电路原理，由电气接线图和电器位置图出发，在车床上通过测量等方法找出实际走线路径。

（2）在 CA6140 型卧式车床上人为设置一个自然故障点，并进行示范检修。示范检修时，一般检修步骤为：观察故障现象、判断故障范围、查找故障点、排除故障、通电试车。

（3）使学生预先明确故障点的位置，思考如何从所观察到的现象着手进行分析，并运用正确的检修步骤和方法。

（4）学生练习一个故障点的检修

1）观察故障现象：合上电源开关 QS，按下 SB2 或 SB3 时，KM1 吸合，主轴电动机 M1 转速极低甚至不转，并发出"嗡嗡"声。此时，应立即切断电源，以免损坏电动机。

2）判断故障范围：根据故障现象，判断故障可能发生的范围。

3）查找故障点：

①断开电源开关 QS，将万用表的选择开关拨至交流电压 500V 挡，检验无电后，拆除主轴电动机的三根线（U1、V1、W1）并恢复绝缘。

②再次合上电源开关 QS，按下 SB2 或 SB3，然后测接线端子排 XT1 上 U1、V1、W1 两两标号间的电压，当测得电压值为 380V 时说明电路正常，如果电压为 0V，说明电路不正常。用此法确定故障在中间一相，即 XT1（V11）、V11 导线、KM1、V12 导线、FR1、V1 导线、XT1（V1）。

③接着采用电压分阶测量法，将万用表的黑表笔接到参考点 XT1（U1）上，使红表笔依次测量 XT1（V11）、KM1（V11）、KM1（V12）、FR1（V12）、FR1（V1）、XT1（V1）各点，若测得电压值为 380V 说明电路正常。

④当测得前一点电压值正常，而后一点电压约为 0V 时，则表明故障点就在此处。如果测到 FR1（V1）电压值正常，而测得 XT1（V1）电压约为 0V，则表明故障点为连接热继电器 FR1 常闭触头和接线端子排 XT1 的 V1 导线断路。

4）排除故障：根据故障点的具体情况，断开电源开关 QS，排除故障现象。即更换同规格的连接热继电器 FR1 和接线端子排 XT1 的 V1 导线，装上主轴电动机的三根导线（U1、V1、W1）。

5）通电试车。检查车床各项操作，直至符合技术要求为止。
① 带电操作检修时，必须有指导教师监护，确保人身、设备安全。
② 检修所用工具、仪表等符合使用要求。
③ 排除故障时，必须修复故障点，严禁扩大故障范围或产生新故障。

第二节 钻床控制电路的检修

钻床是一种用来进行钻孔、扩孔、铰孔、镗孔、刮平面及攻螺纹等机械加工的通用机床。钻床的结构有多种，如立式钻床、卧式钻床、深孔钻床等。摇臂钻床属于立式钻床。本节以 Z3050 型摇臂钻床为例进行介绍。

一、Z3050 型摇臂钻床的主要结构和运动形式

Z3050 型摇臂钻床的外形如图 3-8 所示。

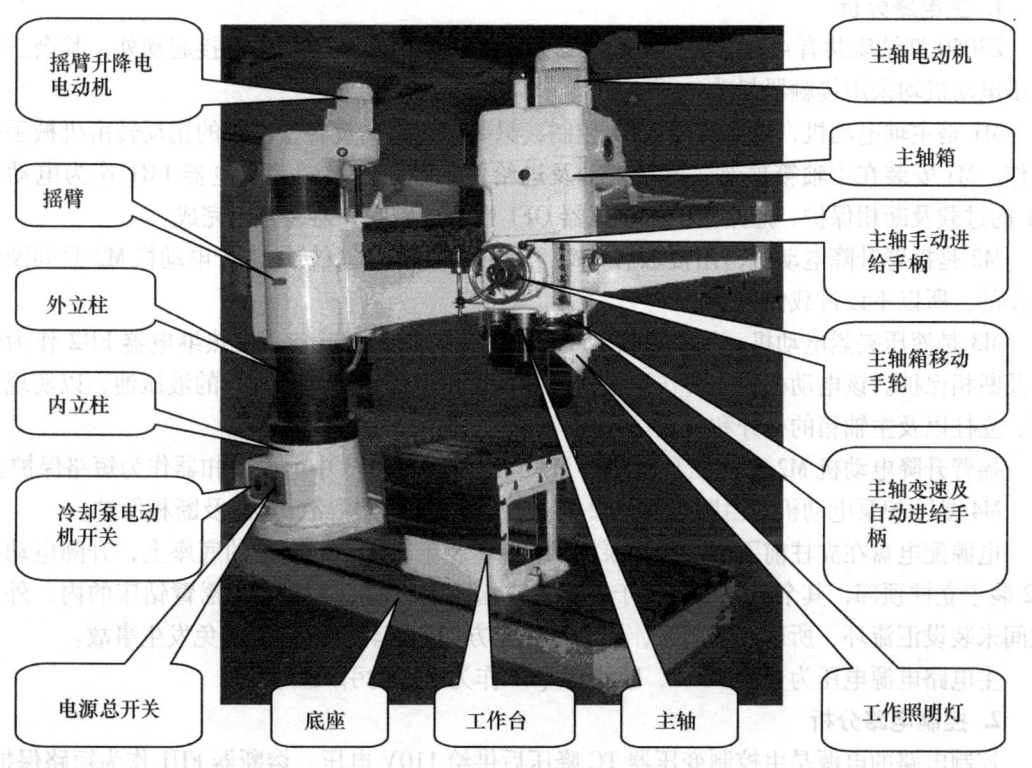

图 3-8 Z3050 型摇臂钻床的外形

Z3050 型摇臂钻床主要由底座、外立柱、内立柱、摇臂、主轴箱、工作台等部分组成。工作台用螺柱固定在底座上，用于固定待加工的工件。内立柱亦固定在底座上。外立柱套装在内立柱上，用液压夹紧机构夹紧后，二者不能作相对运动；松开后，外立柱用手推动可绕内立柱旋转 360°。

该钻床型号的含义如下：

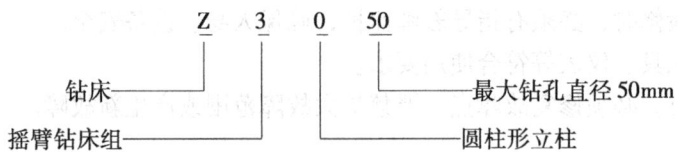

Z3050型摇臂钻床的运动形式如下：

（1）主运动　摇臂钻床主轴带着钻头（刀具）的旋转运动。

（2）进给运动　摇臂钻床主轴的垂直运动（手动或自动）。

（3）辅助运动　辅助运动用来调整主轴（刀具）与工件纵向、横向即水平面上的相对位置以及相对高度。

二、Z3050型摇臂钻床电气控制电路的分析

Z3050型摇臂钻床电气控制电路如图3-9所示。

1. 主电路分析

Z3050型钻床共有4台电动机。除冷却泵电动机采用断路器QF2直接起动外，其余三台异步电动机均采用接触器起动。

M1是主轴电动机，由接触器KM1控制，只要求单方向旋转，主轴的正反转由机械手柄操作。M1安装在主轴箱顶部，拖动主轴及进给传动系统运转。热继电器FR1作为电动机M1的过载及断相保护，短路保护由断路器QF1中的电磁脱扣器装置来完成。

M2是摇臂升降电动机，用接触器KM2和KM3控制其正反转。由于电动机M2是间断性工作的，所以不设过载保护。

M3是液压夹紧电动机，用接触器KM4和KM5控制其正反转。由热继电器FR2作为过载及断相保护。该电动机的主要作用是拖动油泵供给液压装置一定压力的液压油，以实现摇臂、立柱以及主轴箱的松开和夹紧。

摇臂升降电动机M2和液压泵电动机M3共用断路器QF3中电磁脱扣器作为短路保护。

M4是冷却泵电动机，由断路器QF2直接控制，并实现短路、过载及断相保护。

电源配电盘在立柱前下部。冷却泵电动机M4装于靠近靠近立柱的底座上，升降电动机M2装于立柱顶部，其余电气设备置于主轴箱或摇臂上。由于Z3050型摇臂钻床的内、外立柱间未装设汇流环，所以在使用时，请勿沿一个方向连续转动摇臂，以免发生事故。

主电路电源电压为交流380V，断路器QF1作为电源的引入开关。

2. 控制电路分析

控制电路的电源是由控制变压器TC降压后供给110V电压，熔断器FU1作为短路保护。

（1）开车前的准备工作　为保证操作安全，本钻床具有"开门断电"功能。所以开车前应将立柱下部及摇臂后部的电门盖关好，方能接通电源。合上QF3（5区）及总电源开关QF1（2区），则电源指示灯HL1（11区）发光，表示钻床的电气线路已进入带电状态。

（2）主轴电动机M1的控制　按下起动按钮SB3（13区），接触器KM1吸合并自锁，使主轴电动机M1开始旋转，同时指示灯HL2发光。

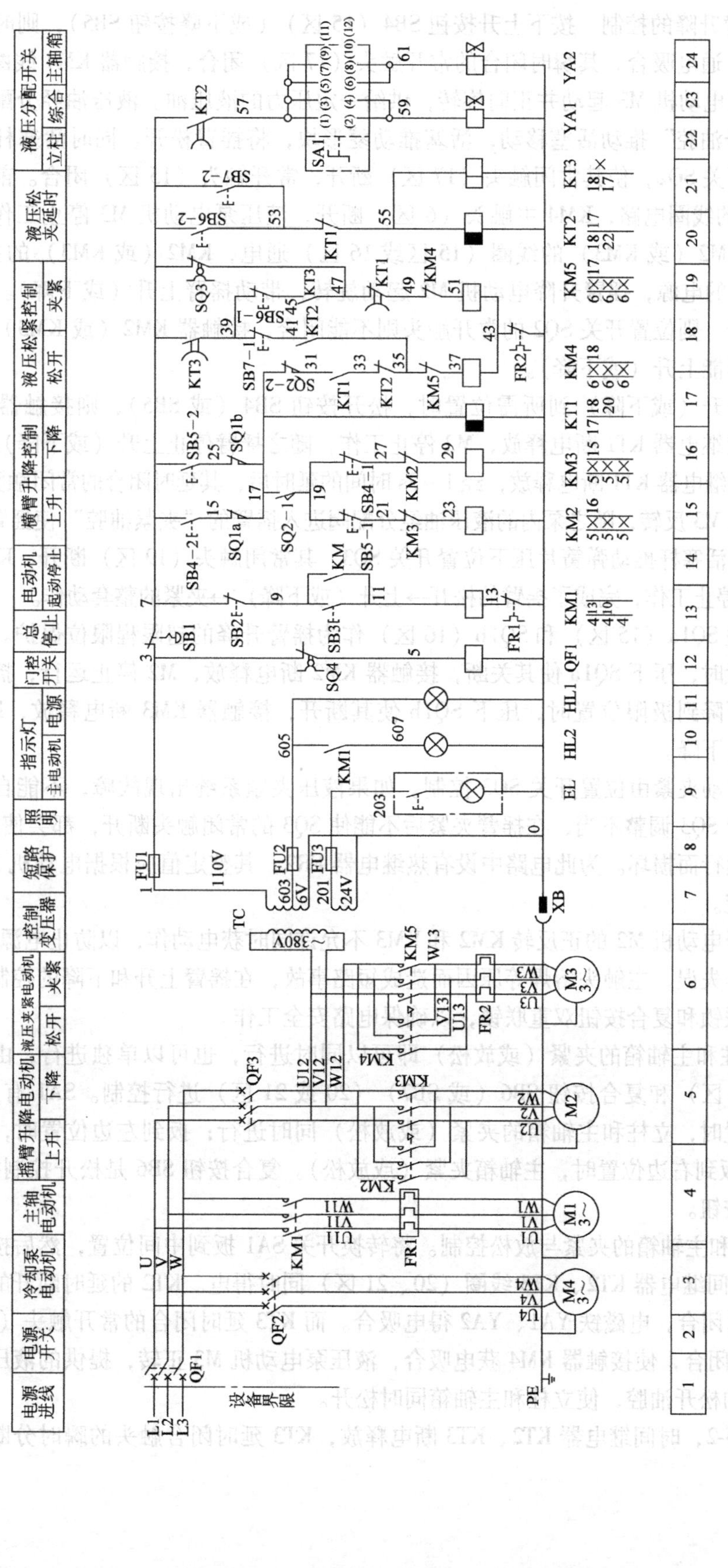

图3-9 Z3050型摇臂钻床电气控制电路

(3) 摇臂升降的控制　按下上升按钮 SB4（15 区）（或下降按钮 SB5），则时间继电器 KT1（17 区）通电吸合，其瞬时闭合的常开触头（17 区）闭合，接触器 KM4 线圈（17 区）通电，液压泵电动机 M3 起动并正向旋转，供给一定压力的液压油。液压油经分配阀体进入摇臂的"松开油腔"推动活塞移动，活塞推动菱形块，将摇臂松开。同时活塞杆通过弹簧片压下位置开关 SQ2，使其常闭触头（17 区）断开，常开触头（15 区）闭合。前者切断了接触器 KM4 的线圈电路，KM4 主触头（6 区）断开，液压泵电动机 M3 停止工作。后者使交流接触器 KM2（或 KM3）的线圈（15 区或 16 区）通电，KM2（或 KM3）的主触头（5 区）接通 M2 的电源，摇臂升降电动机 M2 起动旋转，带动摇臂上升（或下降）。如果此时摇臂尚未松开，则位置开关 SQ2 的常开触头则不能闭合，接触器 KM2（或 KM3）的线圈无电，摇臂就不能上升（或下降）。

当摇臂上升（或下降）到所需位置时，松开按钮 SB4（或 SB5），则接触器 KM2（或 KM3）和时间继电器 KT1 断电释放，M2 停止工作，随之摇臂停止上升（或下降）。

由于时间继电器 KT1 断电释放，经 1～3s 时间的延时后，其延时闭合的常闭触头（18 区）闭合，液压泵 M3 反转，随之泵内的液压油经分配阀进入摇臂的"夹紧油腔"使摇臂夹紧。在摇臂夹紧后，活塞杆推动弹簧片压下位置开关 SQ3，其常闭触头（19 区）断开，KM5 断电释放，M3 最终停止工作，完成了摇臂的松开→上升（或下降）→夹紧的整套动作。

组合开关 SQ1a（15 区）和 SQ1b（16 区）作为摇臂升降的超限程限位保护。当摇臂上升到限位位置时，压下 SQ1a 使其关断，接触器 KM2 断电释放，M2 停止运行，摇臂停止上升；当摇臂下降到极限位置时，压下 SQ1b 使其断开，接触器 KM3 断电释放，M2 停止运行，摇臂停止下降。

摇臂的自动夹紧由位置开关 SQ3 控制。如果液压夹紧系统出现故障，不能自动夹紧摇臂，或者由于 SQ3 调整不当，在摇臂夹紧后不能使 SQ3 的常闭触头断开，都会使液压泵 M3 因长期过载运行而损坏。为此电路中设有热继电器 FR2，其整定值应根据电动机 M3 的额定电流进行整定。

摇臂升降电动机 M2 的正反转 KM2 和 KM3 不允许同时获电动作，以防止电源相间短路，为避免因操作失误，主触头熔焊等原因而造成短路事故，在摇臂上升和下降的控制电路中采用了接触器联锁和复合按钮双重联锁，以确保电路安全工作。

(4) 立柱和主轴箱的夹紧（或放松）即可以同时进行，也可以单独进行，由转换开关 SA1（22～24 区）和复合按钮 SB6（或 SB7）（20 或 21 区）进行控制。SA1 有三个位置，扳到中间位置时，立柱和主轴箱的夹紧（或放松）同时进行；扳到左边位置时，立柱夹紧（或放松）；扳到右边位置时，主轴箱夹紧（或放松）。复合按钮 SB6 是松开控制按钮，SB7 是夹紧控制按钮。

1) 立柱和主轴箱的夹紧与放松控制。将转换开关 SA1 扳到中间位置，然后按下松开按钮 SB6-2，时间继电器 KT2、KT3 线圈（20、21 区）同时得电。KT2 的延时断开的常开触头（22 区）瞬时闭合，电磁铁 YA1、YA2 得电吸合。而 KT3 延时闭合的常开触头（18 区）经 1～3s 延时后闭合，使接触器 KM4 获电吸合，液压泵电动机 M3 正转，提供的液压油进入立柱和主轴箱的松开油腔，使立柱和主轴箱同时松开。

松开 SB6-2，时间继电器 KT2、KT3 断电释放，KT3 延时闭合触头的瞬时分断，接触器

KM4断电释放，液压泵电动机M3停转。KT2延时分断的常开触头（22区）经1~3s后分断，电磁铁YA1、YA2线圈断电释放，立柱和主轴箱同时松开的操作结束。

立柱和主轴箱同时夹紧的工作原理与松开相似，只要使接触器KM5获电吸合，液压泵电动机M3反转即可。

2）立柱和主轴箱单独松开、夹紧。如果希望单独控制主轴箱，可将转换开关SA1扳到右侧位置。按下松开按钮SB6（或SB7），时间继电器KT2、KT3线圈同时得电，这时只有电磁铁YA2单独通电吸合，从而实现主轴箱的单独松开（或夹紧）。

松开复合按钮SB6（或SB7），时间继电器KT2、KT3断电释放，KT3通电延时闭合的常开触头瞬时分断，接触器KM4断电释放，液压泵电动机M3停转。经1~3s的延时后，KT2延时分断的常开触头（22区）分断，电磁铁YA2的线圈断电释放，主轴箱松开（或夹紧）的操作结束。

同理，把转换开关SA1扳到左侧，则使立柱单独松开或夹紧。

因为立柱和主轴箱的松开与夹紧是短时间的调整工作，所以采用点动控制。

（5）冷却泵电动机M4的控制　扳动断路器QF2，就可以接通或断开电源，操纵冷却泵电动机M4的工作或停止。

3. 照明、指示电路分析

照明、指示电路的电源也有控制变压器TC降压后提供24V、6V的电压，由熔断器FU3、FU2作短路保护，EL是照明灯，HL1是电源指示灯，HL2是主轴指示灯。Z3050型摇臂钻床的电器元件明细见表3-1。

表3-1　Z3050型摇臂钻床的电器元件明细

代号	名称	型号	规格	数量	用途
M1	主轴电动机	Y112M—4	4kW、1440r/min	1	驱动主轴及进给
M2	摇臂升降电动机	Y90L—4	1.5kW、1440r/min	1	驱动摇臂升降
M3	液压泵电动机	Y802—4	0.75kW、1390r/min	1	驱动液压系统
M4	冷却泵电动机	AOB—25	90W、2800r/min	1	驱动冷却泵
KM1	交流接触器	CJ0—20B	线圈电压110V	1	控制主轴电动机
KM2~KM5	交流接触器	CJ0—10B	线圈电压110V	4	控制M2、M3正反转
FU1~FU3	熔断器	BZ—001A	2A	3	控制、指示、照明电路的短路保护
KT1、KT2	时间继电器	JJSK2—4	线圈电压110V	2	
KT3	时间继电器	JJSK2—2	线圈电压110V	1	
FR1	热继电器	JR0—20/3D	6.8~11A	1	M1过载保护
FR2	热继电器	JR0—20/3D	1.5~2.4A	1	M3过载保护
QF1	低压断路器	DZ5—20/330FSH	10A	1	总电源开关
QF2	低压断路器	DZ5—20/330H	0.3~0.45A	1	M4控制开关
QF3	低压断路器	DZ5—20/330H	6.5A	1	M2、M3电源开关
YA1、YA2	交流电磁铁	MFJ1—3	线圈电压110V	2	液压分配
TC	控制变压器	BK—150	380/110-24-6V	1	控制、指示、照明电路供电

（续）

代号	名称	型号	规格	数量	用途
SB1	按钮	LAY3—11	红色	1	总停止开关
SB2	按钮	LAY3—11D		1	主轴电动机停止
SB3	按钮	LAY3—11	绿色	1	主轴电动机起动
SB4	按钮	LAY3—11		1	摇臂上升
SB5	按钮	LAY3—11		1	摇臂下降
SB6	按钮	LAY3—11		1	松开控制
SB7	按钮	LAY3—11		1	夹紧控制
SQ1	组合开关	HZ4—22		1	摇臂升降限位
SQ2、SQ3	位置开关	LX5—11		1	摇臂松、紧限位
SQ4	门控开关	JWM6—11		1	门控
SA1	万能转换开关	LW6—2/8071		1	液压分配开关
HL1	信号灯	XD1	6V、白色	1	电源指示
HL2	指示灯	XD1	6V	1	主轴指示
EL	铣床工作灯	JC—25	40W、24V	1	铣床照明

三、Z3050 型摇臂钻床常见电气故障的检修

摇臂钻床电气控制的特殊环节是摇臂升降、立柱和主轴箱的夹紧和松开。Z3050 型摇臂钻床的工作过程是由电气、机械以及液压系统紧密配合实现的。因此，在维修中不仅要注意电气部分能否正常工作，而且也要注意它与机械和液压部分的协调关系。

1. 摇臂不能升降

由摇臂升降原理可知，升降电动机 M2 旋转，带动摇臂升降，其条件是使摇臂从立柱上完全松开后，活塞杆压合位置开关 SQ2。所以当发生故障时，应首先检查位置开关 SQ2 是否动作，如果 SQ2 不动作，常见故障 SQ2 的安装位置移动或已损坏。这样摇臂虽已放松，但活塞杆压不上 SQ2，摇臂就不能升降。有时，液压系统发生故障，使摇臂放松不够，也会压不上 SQ2，使摇臂不能运动。由此可见，SQ2 的位置非常重要，排除故障时，应配合机械、液压调整好后加以紧固。

2. 摇臂升降后不能夹紧

由摇臂夹紧的动作可知，夹紧的动作的结果是由位置开关 SQ3 来完成的，如果 SQ3 动作过早，使 M3 尚未充分夹紧就停转。常见的故障原因 SQ3 安装位置不合适，或固定螺钉松动造成 SQ3 移位，使 SQ3 在摇臂夹紧动作未完成时就被压上，切断 KM5 回路，M3 停转；如果因 SQ3 调整不足，也可能出现这种故障。

判断此故障时，首先判断是液压系统的故障（如活塞杆阀芯卡死或油路堵塞造成的夹紧力不够），还是电气系统故障。对电气方面的故障，应重新调整 SQ3 的动作距离，固定好螺钉即可。

3. 立柱和主轴箱不能夹紧和松开

立柱和主轴箱不能夹紧和松开的可能原因是 YA1 和 YA2 均未通电，接触器 KM4 或

KM5 不能吸合。出现这种故障时，应检查按钮 SB6、SB7 接线情况是否良好。若 KM4 或 KM5 能吸合，M3 能运转，可排除电气方面的故障，则应请液压、机械修理人员检修油路，以确定是否是油路故障。

4. 摇臂上升或下降限位保护开关失灵

组合开关 SQ1 的失灵分两种情况：一是组合开关 SQ1 损坏，SQ1 触头不能因开关动作而闭合或接触不良使电路断开，由此使摇臂不能上升或下降；二是组合开关 SQ1 不能动作，触头熔焊，使电路始终处于接通状态，当摇臂上升或下降到极限位置后，摇臂升降电动机 M2 发生堵转，这时应立即松开 SB4 或 SB5。根据上述情况进行分析，找出故障原因，更换或修理失灵的组合开关 SQ1 即可。

5. 按下 SB6，立柱、主轴箱能夹紧，但释放后就松开

由于立柱、主轴箱的夹紧和放松机构都采用机械菱形块结构，所以这种故障多为机械故障原因造成（可能是菱形块和承压块的角度方向装错，或者距离不适当。如果菱形块立不起来，这是因为夹紧力调得太大或夹紧液压系统压力不够所致），可找机械维修工检修。

Z3050 型摇臂钻床大修后，若 SQ2 和 SQ3 安装位置不当，试分析会出现什么故障？

你能说明 Z3050 型摇臂钻床照明灯不亮的原因吗？

技能训练 25　Z3050 型摇臂钻床控制电路的检修

一、训练目的

1. 掌握 Z3050 型钻床摇臂控制电路的工作原理。
2. 掌握 Z3050 型钻床摇臂控制电路的检修。

二、训练器材

（1）工具　测电笔、电工刀、剥线钳、尖嘴钳、斜口钳、螺钉旋具等。

（2）仪表　万用表。

（3）设备　Z3050 型摇臂钻床及配套电路图。

三、训练内容及步骤

1）在操作师傅的指导下，对钻床进行正规操作，以进一步了解钻床的各种工作状态及操作方法。

2）在教师指导下，弄清钻床电器元件安装位置及走线情况；结合机械、电气、液压几方面的相关知识，搞清钻床电气控制的特殊环节。

3）在有故障的铣床上或人为设置故障的钻床上，由教师示范检修，其步骤如下：

①用通电试验法引导学生观察故障现象。

②根据故障现象，依据电路图用逻辑分析法确定故障范围。

③采用正确的检查方法，查找故障点并排除故障。

4）检修完毕，进行通电试验，并做好维修记录。

5）由教师设置让学生事先知道的故障点，指导学生如何从故障现象着手进行分析，逐步引导学生采用正确的检修步骤和检修方法。

6）教师再次设置故障，由学生按照检修步骤和检修方法进行检修。

注意事项：

①熟悉 Z3050 型摇臂钻床电气控制电路的基本环节及控制要求；弄清电器与执行元件如何配合实现某种运动形式；认真观察教师的示范检修。

②检修所用的工具、仪表应符合使用要求。

③不能随意改变升降电动机原来的电源相序。

④排除故障时，必须修复故障点，但不得采用元件代换法。

⑤检修时，严禁扩大故障范围或产生新的故障。

⑥带电检修，必须有指导教师监护，以确保安全。

第三节 铣床控制电路的检修

铣床是一种用来加工平面、斜面、沟槽，装上分度盘可以铣切齿轮和螺旋面，装上圆工作台可以铣切凸轮和弧形槽的常用机床。铣床种类很多，可分为卧式铣床、立式铣床、仿形铣床、龙门铣床、专用铣床和万能铣床等。

一、X6132 型万能铣床的主要结构

X6132 型万能铣床主要由底座、床身、主轴、悬梁、刀杆支架、升降台、横溜板及工作台等组成，如图 3-10 所示。

二、X6132 型万能铣床电气控制电路的分析

X6132 型万能铣床电气控制电路如图 3-11 所示。

1. 主电路分析

主电路有三台电动机：M1 是主轴电动机；M2 是进给电动机；M3 是冷却泵电动机。

1）主轴电动机 1M 通过换相开关 SA4 与接触器 KM1 配合，能进行正反转控制，而与接触器 KM2、制动电阻器 R 及速度继电器 KS 配合，能实现串联电阻瞬时冲动和正反转反接制动控制，并能通过机械进行变速。

图 3-10 X6132 型万能铣床的外形

2）进给电动机 M2 能进行正反转控制，通过接触器 KM3、KM4 与行程开关及 KM5、牵引电磁铁 YA 配合，能实现进给变速时的瞬时冲动、6 个方向的常速进给和快速进给控制。

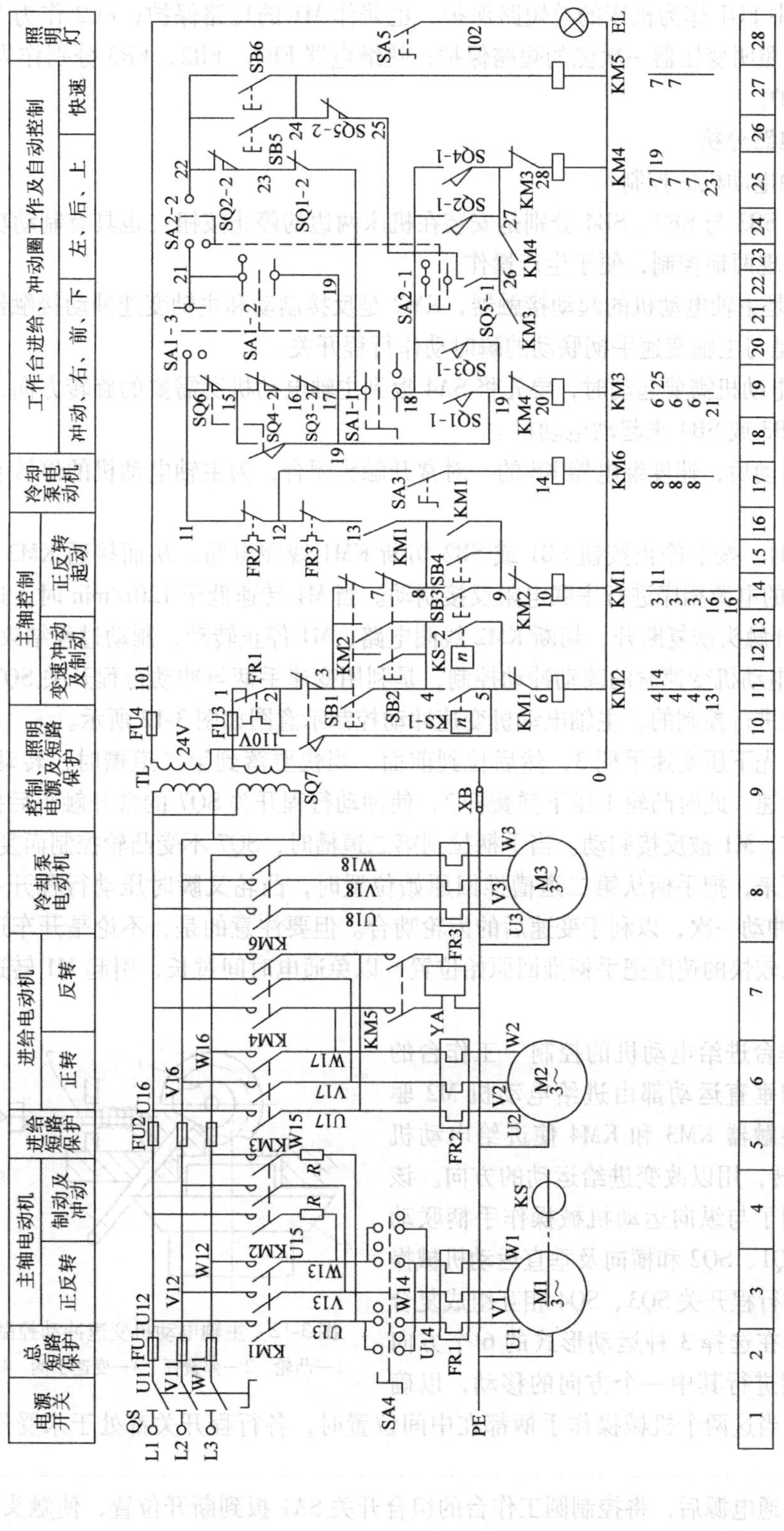

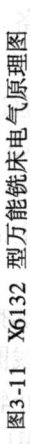

图3-11 X6132型万能铣床电气原理图

3）冷却泵电动机 M3 只能正转。

4）电路中 FU1 作为机床的总短路保护，也兼作 M1 的短路保护；FU2 作为 M2、M3 及控制变压器、照明变压器一次侧的短路保护；热继电器 FR1、FR2、FR3 分别作为 M1、M2、M3 的过载保护。

2. 控制电路分析

（1）主轴电动机的控制

1）SB1、SB3 与 SB2、SB4 分别是安装在机床两边的停止按钮（也具有制动功能）和起动按钮，可实现两地控制，便于生产操作。

2）KM1 是主轴电动机的起动接触器，KM2 是反接制动和主轴变速冲动接触器。

3）SQ7 是与主轴变速手柄联动的瞬时动作行程开关。

4）主轴电动机需要起动时，要先将 SA4 扳到主轴电动机所需要的旋转方向，然后再按下起动按钮 SB3 或 SB4 来起动电动机。

5）M1 起动后，速度继电器 KS 的一对常开触头闭合，为主轴电动机的停转制动作好准备。

6）停车时，按下停止按钮 SB1 或 SB2 切断 KM1 线圈电路，从而接通 KM2 线圈电路，通过改变 M1 的电源相序进行串联电阻反接制动。当 M1 转速低于 120r/min 时，速度继电器 KS 的一对常开触头恢复断开，切断 KM2 线圈电路，M1 停止转动，制动过程结束。

7）主轴电动机变速时的瞬动冲动控制，是利用变速手柄与冲动行程开关 SQ7 通过机械上的联动机构进行控制的。主轴电动机变速冲动控制示意图如图 3-12 所示。

变速时，先下压变速手柄 3，然后拉到前面，当快要落到第二道槽时，转动变速盘 4，选择需要的转速。此时凸轮 1 压下弹簧杆 2，使冲动行程开关 SQ7 的常开触头后接通，KM2 线圈得电动作，M1 被反接制动。当手柄拉到第二道槽时，SQ7 不受凸轮控制而复位，M1 停止转动。接下来，把手柄从第二道槽推回原始位置时，凸轮又瞬时压动行程开关 SQ7，使 M1 反向瞬时冲动一次，以利于变速后的齿轮啮合。但要注意的是，不论是开车还是停车时变速，都应以较快的速度把手柄推回原始位置，以免通电时间过长，引起 M1 转速过高而损坏齿轮。

（2）工作台进给电动机的控制　工作台的纵向、横向和垂直运动都由进给电动机 M2 驱动，并通过接触器 KM3 和 KM4 使进给电动机 M2 实现正反转，用以改变进给运动的方向。该控制电路采用了与纵向运动机械操作手柄联动的行程开关 SQ1、SQ2 和横向及垂直运动机械操作手柄联动的行程开关 SQ3、SQ4 相互组成复合联锁控制，即在选择 3 种运动形式的 6 个方向移动时，只能进行其中一个方向的移动，以确保操作安全。当这两个机械操作手柄都在中间位置时，各行程开关都处于未受压的原始状态。

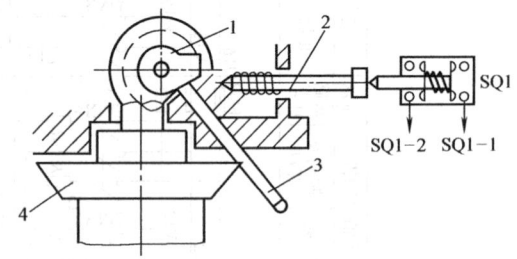

图 3-12　主轴电动机变速冲动控制示意图
1—凸轮　2—弹簧杆　3—变速手柄　4—变速盘

在机床接通电源后，将控制圆工作台的组合开关 SA1 扳到断开位置，使触头 SA1-1（17-

18)和SA1-3(11-21)闭合,而SA1-2(19-21)断开,再将选择工作台自动与手动控制的组合开关SA2扳到手动位置,使触头SA2-1(18-25)断开,而SA2-2(21-22)闭合,然后起动主轴电动机M1。这时接触器KM1吸合,使KM1(8-13)闭合,就可进行工作台的进给控制。

1) 工作台垂直（上下）和横向（前后）运动的控制。工作台的垂直和横向运动由垂直和横向进给手柄操纵。此手柄是复式的,有两个完全相同的手柄分别安装在工作台左侧的前、后方。手柄的联动机械一方面能压下行程开关SQ3或SQ4,同时能接通垂直或横向进给离合器。操纵手柄有5个位置,且5个位置是联锁的,工作台的上下和前后的终端保护是利用安装在床身导轨旁与工作台座上的撞铁,将操纵十字手柄撞击中间位置,使M2断电停转。操作手柄位置与工作台的运动方向见表3-2。

表3-2　操作手柄位置与工作台的运动方向

手柄位置	工作台运动方向	接通离合器	动作行程开关	动作接触器	2M转向
向上	向上进给或快速向上	垂直进给离合器	SQ4	KM4	反转
向下	向下进给或快速向下	垂直进给离合器	SQ3	KM3	正转
向前	向前进给或快速向前	横向进给离合器	SQ3	KM3	正转
向后	向后进给或快速向后	横向进给离合器	SQ4	KM4	反转
中间	垂直或横向停止	横向进给离合器	—	—	停止

① 工作台向上运动的控制：在M1起动后,将操作手柄扳至向上位置,其联动机构一方面使机械传动装置接通垂直进给离合器,同时压下行程开关SQ4,图区19上的SQ4(15-16)断开,图区25上的SQ4(18-27)闭合,见表3-3。接触器KM4线圈通电吸合,M2反转,工作台向上运动。

表3-3　工作台垂直、横向进给行程开关SQ3、SQ4的通断情况

触头	位置	向上、向后	停止	向下、向前
SQ3	18-19	−	−	+
	16-17	+	+	−
SQ4	18-27	+	−	−
	15-16	−	+	+

② 工作台向后运动的控制：当操纵手柄扳至向后位置,机械传动装置接通横向进给离合器,而压下的行程开关仍是SQ4,所以在电路上仍然接通KM4,M2也是反转,但在横向进给离合器的作用下,机械传动装置带动工作台向后进给运动。

③ 工作台向下运动的控制：将操纵手柄扳至向下位置时,机械传动装置接通垂直进给离合器,同时压下行程开关SQ3,其图区19上的常闭触头SQ3-2(16-17)断开,图区20上的常开触头SQ3-1(18-19)闭合,接触器KM3吸合,M2正转,工作台向下进给运动。

④ 工作台向前运动的控制：当操纵手柄扳至向前位置时,机械传动装置接通横向进给离合器,而压下的行程开关仍是SQ3,所以在电路上仍然接通KM3,M2也是正转,但在横向

离合器的作用下，机械传动装置带动工作台向前运动。

2）工作台纵向（左右）运动的控制。工作台的纵向运动也是由进给电动机 M2 驱动，由纵向操纵手柄来控制。此手柄也是复式的，一个安装在工作台底座的顶面中央部位，另一个安装在工作台底座的左下方。手柄有 3 个位置：向左、向右、零位。当手柄扳到向右或向左运动方向时，手柄的联动机构压下行程开关 SQ1 或 SQ2，使接触器 KM3 或 KM4 动作，控制进给电动机 M2 的正反转。工作台左右运动的行程，可通过调整安装在工作台两端的撞铁位置来实现。当工作台纵向运动到极限位置时，撞铁撞动纵向操纵手柄，使它回到零，M2 停转，工作台停止运动，从而实现了纵向终端保护。

①工作台向左运动：在 M1 起动后，将操作手柄扳至向左位置，一方面机械传动装置接通纵向进给离合器，同时压下行程开关 SQ2，使图区 25 上的行程开关常闭触头 SQ2-2（22-23）断开，图区 24 上的行程开关 SQ2-1（18-27）闭合，而其他控制进给运动的行程开关都处于原始位置，见表 3-4。此时，使接触器 KM4 吸合，M2 反转，工作台向左进给运动。

表 3-4　工作台纵向进给行程开关 SQ1、SQ2 的通断情况

触头	位置	向左	停止	向右
SQ1	18-19	-	-	+
	17-23	+	+	-
SQ2	18-27	+	-	-
	22-23	-	+	+

②工作台向右运动：当操纵手柄扳至向右位置时，机械上仍然接通纵向进给离合器，但却压动了行程开关 SQ1。其 SQ1 常闭触头（17-23）断开，常开触头（18-19）闭合，这样，接触器 KM3 吸合，M2 正转，工作台向右进给运转。

3）工作台的快速进给控制。为了提高劳动生产率，要求铣床在不作铣削加工时，工作台能够快速移动。工作台快速移动控制分为手动和自动两种方法。铣工在操作时，多数采用手动快速进给控制。

工作台的快速进给运动也是由进给电动机 M2 来驱动的，在纵向、横向和垂直三种运动形式 6 个方向上都可以实现快速进给控制。

主轴电动机起动后，将进给操纵手柄扳到所需要的位置，当工作台按照选定的速度和方向作常速进给移动时，再按下快速进给按钮 SB5（或 SB6），使接触器 KM5 通电吸合，接通牵引电磁铁 YA，电磁铁通过杠杆使离合器闭合，以减少中间传动装置，于是工作台会按原运动方向作快速进给运动。当松开快速进给按钮时，电磁铁 YA 断电，离合器断开，快速进给运动停止，工作台仍按原常速进给时的速度继续运动。

4）进给电动机变速时的瞬动（冲动）控制。变速时，为使齿轮易于啮合，进给变速与主轴变速一样，也设有变速冲动环节。当需要进行进给变速时，应将转速盘的蘑菇形手轮向外拉出并转动转速盘，把所需进给量的标尺数字对准箭头，然后再把蘑菇形手轮用力向外拉到极限位置并随即推向原位，就在一次操纵手轮的同时，其连杆机构二次瞬时压下行程开关

SQ6，使 SQ6 的常闭触头 SQ6(11-15) 断开，常开触头 SQ6(15-19) 闭合，使接触器 KM3 得电吸合，其通电回路是 11-21-22-23-17-16-15-19-20-KM3-0，电动机 M2 正转，因为 KM3 是瞬时接通的，故能达到 2M 瞬时转动一下，从而保证变速齿轮易于啮合。

由于进给变速瞬时冲动的通电回路要经过 SQ1～SQ4 四个行程开关的常闭触头，因此，只有当进给运动的操作手柄都在中间（停止）位置时，才能实现进给变速冲动控制，以保证操作时的安全。同时与主轴变速时冲动控制一样，电动机的通电时间不能太长，以防止转速过高，在变速时打坏齿轮。

(3) 圆工作台运动的控制　铣床如需铣切螺旋槽、弧形槽等曲线时，可在工作台上安装圆工作台及其传动机械。圆形工作台的回转运动也是由进给电动机 M2 经传动机构驱动的。

圆工作台工作时，应先将进给操作手柄都扳到中间（停止）位置，然后将圆工作台组合开关 SA1 扳到接通位置，这时图 3-1 中图区 19 和图区 20 上的 SA1-1 及 SA1-3 断开，图区 22 上的 SA1-2 闭合，见表 3-5。准备就绪后，按下主轴起动按钮 SB3 或 SB4，则接触器 KM1 与 KM3 相继吸合，主轴电动机 M1 与进给电动机 M2 相继起动并运转，而进给电动机仅以正转方向带动圆工作台作定向回转运动，此时 KM3 的通电回路为：1-2-3-7-8-13-12-11-15-16-17-23-22-21-19-20-KM3-0。若要使圆工作台停止运动，可按主轴停止按钮 SB1 或 SB2，则主轴与圆工作台同时停止工作。

表 3-5　圆工作台组合开关 SA1 的通断情况

触头	位置	圆工作台	
		接　通	断　开
SA1-1(17-18)		-	+
SA1-2(19-21)		+	-
SA1-3(11-21)		-	+

由此可知，圆工作台不能反转，只能定向作回转运动，并且不允许工作台在纵向、横向和垂直方向上有任何运动。当圆工作台工作时，若因误操作而扳动进给运动操纵手柄，由于实现了电气联锁，将立即切断圆工作台的控制电路，使电动机迅速停止运转。

三、X6132 型万能铣床常见电气故障的检修

1. 主电路故障

(1) 主轴电动机停车时不能制动　按下停止按钮 SB1 或 SB2 后，观察反接制动接触器 KM2 是否吸合，若 KM2 不吸合，则故障原因一定在控制电路部分，检查时可先操作主轴变速冲动手柄，若有冲动，故障范围就缩小到速度继电器和按钮支路上。若接触器 KM2 线圈吸合，则故障原因就比较复杂一些，其故障原因有两种：一种是主电路的 KM2、R 制动支路中至少有缺二相的故障存在；另一种是速度继电器的常开触头过早断开。检查时，只要仔细观察故障现象，上述两种故障原因是能够区别的，前者的故障现象是完全没有制动作用，而后者则是制动效果不明显。

从以上分析可知，主轴停车时无制动的故障原因，多数情况下是由于速度继电器 KS 发生故障引起的。如 KS 常开触头不能正常闭合，其原因有推动触头的胶木摆杆断裂；KS 轴伸端圆销扭弯、磨损或弹性连接元件损坏；销钉松动或打滑等。若 KS 常开触头过早断开，其原因有 KS 动触头的，反力弹簧调节过紧；KS 的永久磁铁转子的磁性衰减等。

（2）按下停止按钮后主轴不能停止转动　产生这种故障的原因有：接触器 KM1 主触头熔焊；反接制动时两相运行；起动按钮 SB3 或 SB4 在起动 M1 后绝缘被击穿。对于这三种故障原因，在故障的现象上是能够加以区别的：如按下停止按钮后，KM1 不释放，则故障可断定是由熔焊引起；如按下停止按钮后，接触器的动作顺序正确，即 KM1 能释放，KM2 能吸合，同时判有嗡嗡声或转速过低，则可断定是制动时主电路和断相故障存在；若制动附接触器动作顺序正确，电动机也能进行反接制动，但放开停止按钮后，电动机又再次自行起动，则可断定是由起动按钮的绝缘被击穿引起的。

2. 工作台常见故障

（1）工作台不能作向上进给运动　由于铣床电气控制线路与机械系统的配合密切和工作台向上进给运动的控制是处于多回路电路之中，因此，不宜采用逐个检查的方法。在检查时，可先依次进行快速进给、进给变速冲动或圆工作台向前进给，向左进给及向后进给的控制，来逐步缩小故障的范围（一般可从中间环节的控制开始），然后再进行逐个检查故障范围内的元器件、触头、导线及接点，以此来查找出故障点。在检查时，还必须考虑到由于机械磨损或移位使操纵控制失灵等因素，若发现此类故障原因，应与机修钳工互相配合进行修理。

假设故障点发生在 25 区上行程开关 SQ4-1，即由于安装螺钉松动而使 SQ4-1 发生移位，从而造成操纵手柄虽然到位，但触头 SQ4-1(18-27) 却不能闭合。检查时，若进给变速冲动控制正常，即可排除与向上进给相关的公共支路上存在故障的可能性，也就是说，向上进给回路 11-21-22-23-17 是完好的。若向左进给控制正常，又能排除回路 17-18 和 27-28-0 存在故障的可能性。这样就可以将故障的范围缩小到 18-(SQ4-1)-27 范围内。再通过检查或测量，就能很快找出故障点。

（2）工作台纵向不能进给运动　应先检查横向或垂直进给运动是否正常，如果两者均正常，说明进给电动机 M2、主电路、接触器 KM3、KM4 及与纵向进给相关的公共支路都正常，此时应重点检查图区 19 上的行程开关 SQ6(11-15)、SQ4-2 及 SQ3-2，即线号为 11-15-16-17 支路，因为只要三对闭合触头中有一对不能闭合或有一根线头脱落就会使纵向不能进给。然后再检查进给变速冲动是否正常，如果也正常时，则故障的范围已缩小到 SQ6(11-15) 及 SQ1-1、SQ2-1 上，但一般情况下 SQ1-1、SQ2-1 两对常开触头同时发生故障的可能性非常小，而 SQ6(11-15) 由于进给变速时常因用力过猛而容易损坏，所以可先检查 SQ6(11-15) 触头，直至找到故障点并予以排除。

（3）工作台各个方向都不能进给　可先进行进给变速冲动或圆工作台控制，如果正常，则故障可能在图区 19 的行程开关 SA1-1 及引接线 17、18 号上，若进给变速也不能工作，要注意接触器 KM3 是否吸合，如果 KM3 不能吸合，则故障可能发生在控制电路的电源部分，即 8-13-12-11 号电路及 0 号线上，若 KM3 能吸合，则应着重检查主电路，包括电动机的接线及绕组是否存在故障。

X6132 型万能铣床的工作台能左右进给，但不能前后、上下进给，你能说明故障原因吗？

X6132 型万能铣床主轴电动机开动以后，扳动进给操作手柄，工作台只能进行前后、上下运动，却没有左右运动，你能说明故障原因吗？

技能训练 26　X6132 型万能铣床控制电路的检修

一、训练目的

1. 掌握 X6132 型万能铣床控制电路的工作原理。
2. 掌握 X6132 型万能铣床控制电路的检修。

二、训练器材

（1）工具　测电笔、电工刀、剥线钳、尖嘴钳、斜口钳、螺钉旋具等。
（2）仪表　万用表。
（3）设备　X6132 型万能铣床及配套电路图。

三、训练内容及步骤

1）熟悉铣床的主要结构和运动形式，对铣床进行实际操作，了解铣床的各种工作状态及操作手柄的基本作用。

2）熟悉铣床电器元件的安装位置、走线情况以及操作手柄处于不同位置时，位置开关的工作状态及运动部件的工作情况。

3）在有故障的铣床上或人为设置故障的铣床上，由教师示范检修，边分析边检查，直至故障排除。

4）由教师设置让学生知道的故障点，指导学生如何从故障现象着手进行分析，如何采用正确的检查步骤和检修方法进行检修。

具体检修方法如下：

①根据故障现象，先在电路图上用虚线正确标出故障电路的最小范围；然后采取正确的检查方法，在规定时间内查出并排除故障。

②在排除故障的过程中，不得采用更换元器件、借用触头或改动电路的方法修复故障点。

③检修时严禁扩大故障范围或产生新的故障，不得损坏电器元件或设备。

注意事项：

1）检修前要认真阅读电路图，熟练掌握各个控制环节的工作原理及其作用，并认真仔细地观察教师的示范动作。

2）由于该类铣床的电气控制与机械结构的配合十分紧密，因此，在出现故障时，应首先判明是机械故障还是电气故障。

3）修复故障并使机床恢复正常时，要注意消除产生故障的根本原因，以避免频繁发生相同的故障。

4）停电要验电。带电检修时，必须有指导教师在现场监护，以确保用电安全。同时要做好训练记录。

5）工具和仪表使用要正确。

检修实例分析如下：

（1）故障点位置　将19区连接SQ4-2、SQ3-2的16号线断开。

（2）故障现象　工作台不能左右运动。

（3）训练步骤

1）考生向教师询问故障现象，了解故障发生后的异常现象为：工作台不能左右运动，判断故障的大致范围应在进给电路中。

2）依照机床电气控制线路的工作原理分析故障。工作台在（左、右、上、下、前、后方向）手柄控制下，应该能够实现左、右、上、下、前、后6个方向的移动。由工作台垂直、横向（上、下、前、后）和纵向（左、右）运动控制电路的特点可知：若故障点引起工作台六个方向中的两个方向都不能移动，应考虑到进给电动机的主电路完好，垂直、横向控制电路的路径正常，工作台左、右方向控制电路的公共路径存在故障，即11号线→SQ6常闭→SQ4-2常闭触头→16号线→SQ3-2常闭触头→17号线。

3）通过试验观察法对故障进一步分析，以缩小故障范围。在不扩大故障范围、不损伤电气设备的前提下，可直接进行通电试验。

接通电源开关QS，将工作台方向手柄都处于中间位置，然后按下起动按钮SB3（或SB4），主轴电动机起动正常。操作工作台左、右及上、下、前、后手柄，工作台有上、下、前、后四个方向的运动。这一现象表明：进给电动机的主电路完好；控制回路中的11号线→SA1-3→21号线→SA2-2→22号线→SQ2常闭触头→23号线→SQ1常闭触头→与SQ1常闭触头相连的17号线，连接KM3、KM4的0号线正常。在操作工作台左、右两个方向的手柄时，由于没有听到接触器吸合声，而且知道只有一个故障点，可判定故障点在工作台左、右控制回路的公共部分。为进一步缩小故障范围，可拉出进给调速手轮，待瞬时压下SQ6后，观察到接触器KM3没有吸合。

4）故障检查范围可缩小到：与SQ6常开触头、SQ6常闭触头（19区）相连的15号线→SQ4-2常闭触头→16号线→SQ3-2常闭触头→17号线。

5）故障检测。用电阻测量法寻找故障点。断开电源开关QS，验电后。为避免其他并联支路的影响，产生误判断，将工作台左、右方向的手柄打在向左（或右）的位置，断开上、下、前、后四个方向的电路回路。将万用表调至$R \times 1$的量程上，调零→测量与SQ4-2常闭触头相连的15号线→阻值为0→正常→测量SQ4-2常闭触头→阻值为0→正常→测量与SQ4-2常闭触头、SQ3-2常闭触头相连的16号线→阻值为∞位→有断点。修复16号线。

6）通电试车。如果还存在其他故障，用试验法继续观察下一个故障现象。重复以上步骤，直到故障全部排出。

7）整理现场。合上机床电气柜门，断开机床总电源开关，拉下总电源开关。整理机床电气控制线路，将检修过程涉及的各接线点重新紧固一遍；线槽盖板、灭弧罩、熔断器帽等盖好旋紧；各导线整理规范美观。将电气壁龛内的绝缘皮、废弃的线头等杂物清理干净。最后将电工工具、仪表和材料整齐摆放桌面，清扫地面。

8）总结经验做好维修记录。记录机床型号、名称、编号、故障发生日期、故障现象、部位、损坏的电器、故障原因、修复措施及修复后的运行情况等。

【阅读材料】 电气控制设备的日常维护保养

1. 日常维护保养的内容

1）电气柜的门、盖、锁及门框周边的耐油封垫均应良好。门、盖关闭严密，柜内应保持清洁，不得有水滴、油污和金属屑等进入电气柜内，以免损坏电器造成事故。

2）操纵台上的所有操纵按钮、主令开关的手柄、信号灯及仪表护罩都应保持清洁完好。

3）检查接触器、继电器等电器的触头系统吸合是否良好，有无噪声、卡住或迟滞现象，触头接触面有无烧蚀、毛刺或穴坑；电磁线圈是否过热；各种弹簧弹力是否适当；灭弧装置是否完好无损等。

4）试验位置开关能否起位置保护作用。

5）检查各电器的操作机构是否灵活可靠，有关整定值是否符合要求。

6）检查各电路接头与端子板的连接是否牢靠，各部件之间的连接导线、电缆或保护导线的软管，不得被冷却液、油污等腐蚀，管接头处不得产生脱落或散头等现象。

7）检查电气柜及导线通道的散热情况是否良好。

8）检查各类指示信号装置和照明装置是否完好。

9）检查电气设备和工业机械上所有裸露导体件是否接到保护接地专用端子上，是否达到了保护电路连续性的要求。

2. 电气设备的维护保养周期

对设置在电气柜内的元器件，一般不经常进行开门监护，主要是靠定期的维护保养，来实现电气设备较长时间的安全稳定运行。其维护保养的周期，因根据电气设备的结构、使用情况以及环境条件等来确定。一般可采用配合工作机械的一、二级保养同时进行其电气设备的维护保养工作。

（1）配合工作机械的一级保养进行电气设备的维护保养工作 如金属切削机床的一级保养一般在一季度进行一次。机床作业时间常在6~12h，这时可对机床电气柜内的电器元件进行如下维护保养：

1）清扫床电气柜内的积灰异物。

2）修复或更换即将损坏的元器件。

3）整理内部接线，使之整齐美观。特别是在平时应急修理处，应尽量复原成正规状态。

4）紧固熔断器的可动部分，使之接触良好。

5）紧固接线端子和元器件上的压线螺钉，使所有压接线头牢固可靠，以减小接触电阻。

6）对电动机进行小修和中修检查。

7）通电试车，使电器元件的动作程序正确可靠。

（2）配合工作机械的二级保养进行电气设备的维护保养工作　如金属切削机床的二级保养一般在一年左右进行一次。机床作业时间常在 3~6 天，这时可对机床电气柜内的电器元件进行如下维护保养：

1）机床一级保养时，对机床电器进行的各项维护保养工作，在二级保养时仍需照例进行。

2）着重检查动作频繁且电流较大的接触器、继电器触头。为了承受频繁切合电路所产生的机械冲击和电流的烧损，多数接触器和继电器的触头均采用银或银合金制成，其表面会自然形成一层氧化银或硫化银，它并不影响导电性能，这是因为在电弧的作用下它还能还原成银，因此不要随意清除掉。即使这类触头表面出现烧毛或凹凸不平的现象时，仍不会影响触头的良好接触，不必修整锉平（但铜质触头表面烧毛后则应及时修平）。但触头严重磨损至原厚度的 1/2 及以下时应更换新触头。

3）检修有明显噪声的接触器和继电器，找出原因并修复后方可继续使用，否则应更换新元件。

4）校验热继电器，看其是否正常动作。校验结果应符合热继电器的动作特性。

5）校验时间继电器，看其延时时间是否符合要求。如误差超过允许值，应调整或修理，使之重新达到要求。

本 章 小 结

1. 阅读机床电气图

1）阅读机床电气原理图的基本知识。

2）阅读机床电气原理图的方法，其中查线阅读法是阅读分析机床电气原理图最基本也是应用广泛的方法。

2. 车床控制电路的检修

1）CA6140 型卧式车床及其控制电路。

2）CA6140 型卧式车床常见故障分析。

3）CA6140 型卧式车床的检修方法：

①观察故障现象：当机床发生故障后，切忌盲目随便动手检修，在检修前，应通过问、看、听、摸、闻来了解故障前后的操作情况和故障发生后出现的异常现象，以便根据故障现象判断出故障发生的部位，进而准确地排除故障。

②判断故障范围：运用逻辑分析法判断故障范围，可避免盲目性，缩短检修时间。接着选用适当的检修方法，根据实际走线路径，依次在故障范围内逐点找出故障点，并排除故障。

③查找故障点：在确定了故障范围后，通过选择合适的检修方法查找故障点。常有的检修方法有：直观法、电压测量法、电阻测量法、短接法、试灯法、波形测试法等。查找故障必须在确定的故障范围内，顺着检修思路逐点检查，直到找出故障点。

④排除故障：找到故障点后，就要进行故障排除，如更换元件设备、紧固线头修补

等。

⑤通电试车：故障排除后，应重新通电试车检查机床的各项操作，必须符合技术要求。

4）CA6140 型卧式车床的调试：

①电气系统的一般调试方法和步骤。

②调试前的准备工作。

CA6140 型卧式车床的维修和调试是本章也是全书的重点技能之一，也维修电工必须掌握的技能。

3. 钻床控制电路的检修

（1）Z3050 型钻床及其控制电路　钻床是一种用来进行钻孔、扩孔、铰孔、镗孔、刮平面及攻螺纹等机械加工的通用机床。Z3050 型钻床及其控制电路有主电路和辅助电路之分。

（2）Z3050 型钻床常见故障分析　摇臂钻床电气控制的特殊环节是摇臂升降、立柱和主轴箱的夹紧和松开。Z3050 型摇臂钻床的工作过程是由电气、机械以及液压系统紧密配合实现的。因此，在维修过程中不仅要注意电气部分能否正常工作，而且也要注意它与机械和液压部分的协调关系。常见的故障有：

1）摇臂不能升降。

2）摇臂升降后不能夹紧。

3）立柱和主轴箱不能夹紧和松开。

4）摇臂上升或下降限位保护开关失灵。

5）按下 SB6，立柱、主轴箱能夹紧，但释放后就松开。

钻床控制电路的检修是本章也是全书的重点技能之一，也是维修电工必须掌握的技能。

4. X6132 型万能铣床电气控制电路的维修

（1）X6132 型万能铣床电气控制电路的分析。

（2）X6132 型万能铣床电气控制电路的常见故障分析

1）主电路故障：

①主轴电动机停车时不能制动。

②按下停止按钮后主转不停。

2）工作台常见故障：

①工作台不能作向上进给运动。

②工作台纵向不能进给运动。

③工作台各个方向都不能进给。

复习思考题

1. 机床电气原理图所包含的电器元件和电气设备的符号较多，绘制规则有哪些？
2. 如何阅读机床电气原理图？什么是电阻分段测量法？

3. 简述检修机床电气故障的步骤？
4. 试分析起动主轴，电动机 M1 不转故障的检修？
5. 简述 C6140 型卧式车床主电路试车时应包含哪些内容？
6. 简述 C6140 型卧式车床主电路试车时应注意的问题与哪些？
7. 主轴电动机起动按钮 SB2 和 SB3 分别处在车床的哪个部位？
8. 简述摇臂下降的工作过程。
9. 试分析 Z3050 型摇臂钻床主轴电动机不能起动的故障范围。
10. 试分析 Z3050 型摇臂钻床立柱和主轴箱不能夹紧放松的故障范围。
11. Z3050 型摇臂钻床摇臂不能升降，经检查是位置开关 SQ2 不动作造成的，试分析使 SQ2 不动作的原因有哪些？

第四章 电动机控制电路的设计与测绘

学习目标

在现代设备机械设计中，电气自动化的设计越来越占有重要地位，一台先进的机械设备往往配备了先进合理的电气控制系统。因此，作为一名电气技术人员来讲，除了能对一般机械电气控制电路进行分析、安装、调试与维修外，还应能在此基础上对一般的机械设备进行的电气控制电路的设计。另外，为了对已有设备的电气控制系统进行维修，当电路图丢失时，还要对设备的电气控制电路进行测绘，所以本章主要介绍一般电动机控制电路的设计和根据实物测绘电动机控制电路原理图的方法。

本章的学习目标：
1. 熟悉掌握电气控制电路的设计步骤和方法。
2. 能够设计简单的电气电路并进行元器件的选择。
3. 熟悉电气控制电路的测绘方法。
4. 能够根据实物测绘设备的电气控制电路图。

第一节 电动机控制电路的设计

电动机控制电路的设计应符合一般电气控制电路设计的原则、方法、规律和注意事项。

一、控制电路设计的原则和方法

1. 电气控制电路的设计原则

电气控制电路设计应遵循以下原则：
1）电气设备应最大限度地满足机械设备对电气控制电路的控制要求和保护要求。
2）在满足生产工艺要求的前提下，应力求使控制电路结构简单，经济合理。
3）保证控制的可靠性和安全性。
4）操作和维修都比较方便。

2. 电气控制电路的设计方法

采用继电器—接触器控制系统的控制电路的设计，通常有两种设计方法，即分析设计法和逻辑代数设计法。对于比较简单的电路，用分析设计法比较直观和自然，所以一般情况下都采用分析设计法。

二、电气控制电路的设计步骤

电气控制电路的设计步骤如下：
1. 分析设计要求
设计电气控制电路时，主要涉及到以下几个方面：
1）熟悉所设计设备的总体要求及工作过程，弄清其对电气控制系统的要求。
2）通过技术分析，选择合理的传动方案和最佳控制方案。
3）设计简单合理、技术先进、工作可靠、维修方便的电气控制电路，并进行模拟试验，验证控制电路能否满足设计要求。
4）保证使用的安全性，贯彻最新国家标准。
2. 确定拖动方案和控制方式
（1）确定电力拖动方案　电力拖动方案包括传动的调速方式、起动、正反转和制动等，一般情况下对于设备的电力拖动方案应从以下几个方面加以考虑：
1）确定传动的调速方式。机械设备的调速要求，对确定其拖动方案是一个重要的因素。因为机械设备的调速方式分为机械调速和电气控制调速，又分为有级调速和无级调速。而本设备对调速没有设计要求，所以对调速不采取设计措施。
2）确定电动机的起动方式。由于电动机的起动方式分为直接起动和减压起动，因此，应根据设计要求选择合理的起动方式。本设备要求顺序起动、逆序停止，故只选择在控制电路采取顺序起动、逆序停止方案。
3）确定主电动机有无正反转的要求。由于本设备要求主电动机具有正反转功能，所以主电动机采用正反转控制方式。
4）确定电动机的制动方式。电动机是否需要制动要根据设备工作需要而定。如无特殊要求，一般采用反接制动，这样可以使电路比较简单。如在制动过程中要求平稳、准确，而且不允许有反转情况发生，则必须采用其他的可靠措施，如能耗制动方式、电磁制动器、锥形转子电动机等。而本设备对制动没有提出要求，故采用失电停转的控制方式。

总之，对于其他一些要求起制动频繁、转速平稳、定位准确的精密机械设备，除必须采用限制电动机起动电流外，还需要采用反馈控制系统、高转差电动机系统、步进电动机系统或其他较复杂的控制方式，以满足控制要求。

（2）电气控制方案的确定　在考虑设计设备的拖动方案中，实际上对设备的电气控制方案也同时进行了考虑，由于这两种方案具有密切的联系，只有通过这两种方案的相互实施，才能实现设备的工艺要求。

电气控制的方案有继电器—接触器控制、可编程序控制器控制、数控装置及微机控制等。电气控制方案的确定应与设备的通用性和专用性的程序相适用。

在一般普通设备中，需要的控制元件很少，其工作程序往往是固定不变的，使用过程中一般不需要改变固有程序。因此，可采用有触头的继电器—接触器控制系统。虽然这种控制系统在电路形式上是固定的，但它能控制的功率较大，控制方法简单，价格便宜，应用广泛。

对于在控制中需要进行模拟量处理及数学运算的，输入输出信号多，由于控制要求比较复杂或控制要求经常变动，控制系统要求体积小、动作频率高、响应时间快，所以可根据具体情况采用可编程序控制、数控及微机控制方案等。

（3）控制方式的选择　控制方式的选择主要有时间控制、速度控制、电流控制及行程控制。

1）时间控制方式：是利用时间继电器或 PLC 的延时单元，将感测系统接受的信号经过延长一段时间后才发出输出信号，从而实现切换电路的时间控制。

2）速度控制方式：是利用速度继电器或测速发电机，间接或直接地检测某运动部件的运动速度，来实现按速度控制原则的控制。

3）电流控制方式：借助于电流继电器，使其动作能够反映某一电路的电流变化，从而实现按电流控制原则的控制。

4）行程控制方式：是利用生产机械运动部件与事先安排好位置的行程开关或接近开关进行相互配合，达到位置控制作用。

在确定控制方式时，究竟采用何种的控制方式，这就需要根据设计要求来决定。如在控制过程中，由于工作条件不允许安置行程开关，那么只能将位置控制的物理量转换成时间的物理量，从而采用时间控制方式。又如某些压力、切削力、转矩等物理量，通过转换可变成电流物理量，这就可采用电流控制方式来控制这些物理量。因此，尽管实际情况有所不同，只要通过物理量的相互转换，便可灵活地使用各种控制方式。

在实际生产中，反接制动中不允许采用时间控制方式，而在能耗制动控制中采用时间控制方式；一般对组合机床和自动生产线等的自动工作循环，为了保证加工精度而常用行程控制；对于反接制动和速度反馈环节用速度控制；对丫—△减压起动或多速电动机的变速控制则采用时间控制，对过载保护、电流保护等环节则采用电流控制。

3. 设计主电路

设计电气原理图是在拖动方案和控制方式后进行的。继电器—控制器基本控制电路的设计方法通常有两种：一种方法是经验设计法；另一种是逻辑设计法。经验设计是根据生产工艺要求，参照各种典型的继电器—控制器基本控制电路，直接设计控制电路，这种设计方法比较简单，但是要求学生必须熟悉大量的基本控制电路，同时又要掌握一定的设计方法和技巧。在设计过程中往往还要经过多次反复修改，才能使电路符合设计要求。这种设计方法灵活性比较大，初步设计时，设计出来的功能不一定完善。此时要加以比较分析，根据生产工艺要求逐步完善，并加以适当的联锁和保护环节。经验设计法的设计顺序为：主电路→控制电路→其他辅助电路→联锁与保护电路→总体检查与完善。

逻辑设计方法是根据生产工艺要求，利用逻辑代数来分析、设计电路。这种设计方法虽然设计出来的电路比较合理，但是掌握这种方法的难度比较大，一般情况下不用，只是在完成较复杂生产工艺要求的所需的控制电路才使用。

4. 设计控制电路

电气控制电路的设计应注意遵循以下规律：

1）当要求的几个条件中，只要具备其中任何一个条件，被控电器线圈就能得电时，可用几个常开触头并联后与被控线圈串联来实现。

2）当要求的几个条件中，只要具备其中任何一个条件，被控电器线圈就能断电时，可用几个常闭触头与被控线圈串联的方法来实现。

3）当要求必须同时具备几个条件，被控电器线圈才能得电时，可采用几个常开触头与被控线圈串联的方法来实现。

4）当要求必须同时具备几个条件，被控电器线圈才能断电时，可采用几个常闭触头并联后与被控线圈串联来实现。

5. 合并电路

将主电路与控制电路合并成一个整体。

6. 检查与完善

控制电路初步设计完成后，可能还有不合理、不可靠、不安全的地方，此时应根据经验和控制要求对电路进行认真校核，以确保电路的正确性和实用性。

三、设计控制电路时的注意事项

（1）合理选择控制电源　当控制电器较少，控制电路比较简单时，控制电路可直接使用主电路电源，如380V或220V电源。

当控制电器较多，控制电路较复杂时，通常采用控制变压器将控制电压降低到110V及以下。

对用于要求吸力稳定又操作频繁的直流电磁器件，如液压阀中的电磁铁，必须采用相应的直流控制电源。

（2）尽量减少电器种类的数量，采用标准件和尽可能选用相同型号的电器　设计电路时，应减少不必要的触头以简化电路，提高电路的可靠性。若把图4-1a所示电路改接成图4-1b所示电路，就可以减少一个触头。

（3）尽量缩短连接导线的数量和长度　设计电路时，应考虑到各电器元件之间的实际接线，特别要注意电气柜、操作台和位置开关之间的连接线。例如，图4-2a所示电路的接线就不太合理，因为按钮通常安装在操作台上，而接触器安装在电气柜内，所以按此电路安装时，由电气柜内引出的连接线势必要两次引接到操作台上的按钮处。因此，合理的接法是，把起动按钮和停止按钮直接连接，而不经过接触器线圈，如图4-2b所示，这样就减少了一次引出线。

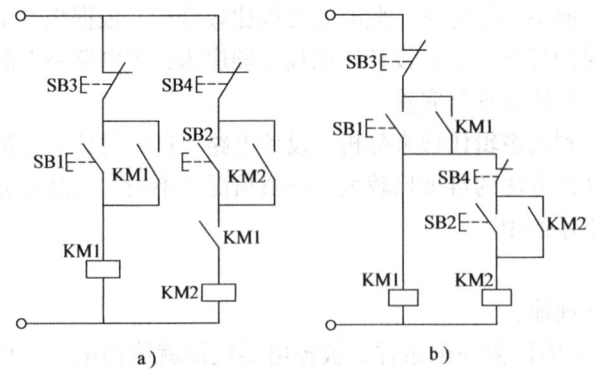

图4-1　简化电路触头
a）多一个触头　b）少一个触头

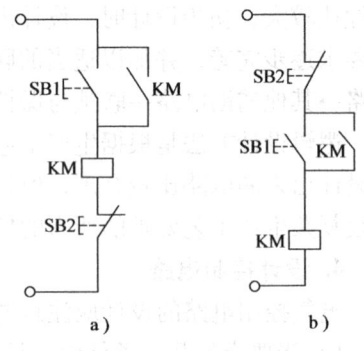

图4-2　减少各电器元件间的实际接线
a）不合理　b）合理

(4) 正确连接电器的线圈　在交流控制电路的一条支路中不能串联两个电器的线圈，如图4-3所示。即使在外加电压是两个线圈额定电压之和的情况下，也是不允许的。这是因为每个线圈上所分配到的电压与线圈阻抗成正比。当两个电器需要同时动作时，应将其线圈并联连接。

(5) 正确连接电器的触头　同一个电器的常开和常闭辅助触头通常靠得很近，如果连接不当，将会造成电路工作不正常。如图4-4a所示，位置开关SQ的常开触头和常闭触头由于不是等电位，当触头断开产生电弧时很可能在两对触头间形成飞弧而造成电源短路。因此，在一般情况下，将共用同一电源的所有接触器、继电器以及执行电器线圈的一端，均接在电源的一侧，而这些电器的控制触头接在电源的另一侧，如图4-4b所示。

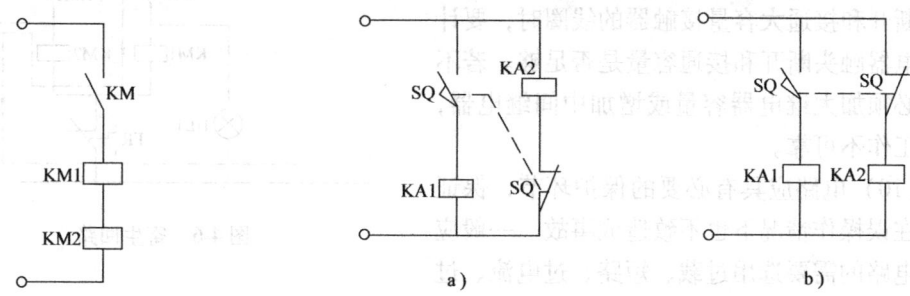

图4-3　错误连接电器的线圈　　　图4-4　正确连接电器的触头
　　　　　　　　　　　　　　　　　a) 不适当　b) 适当

(6) 在满足控制要求的情况下，应尽量减少电器通电的次数。

(7) 应尽量避免采用许多电器依次动作才能接通另一个电器的控制电路　如图4-5a、b所示，中间继电器KA1得电动作后，KA2才动作，而后KA3才能得电动作。KA3的得电动作要通过KA1和KA2两个电器的动作，若接成如图4-5c所示电路，KA3的动作只需KA1电器动作，而且只需要经过一对触头，所以工作比较可靠。

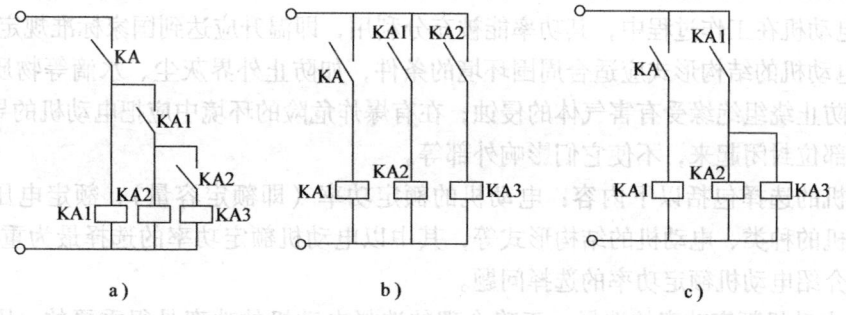

图4-5　触头的合理使用
a) 不适当　b) 不适当　c) 适当

(8) 在控制电路中应避免出现寄生回路　在控制电路的动作过程中，非正常接通的电路叫寄生回路。在设计电路时要避免出现寄生回路。因为它会破坏电器元件和控制电路的动作顺序。图4-6所示电路是一个具有指示灯和过载保护的正反转控制电路。在正常工作时，能完成正反转起动、停止和信号指示。但当热继电器FR动作时，电路就出现了寄生回路。这时虽然FR的常闭触头已断开，由于存在寄生回路，仍有电流沿图4-6中虚线所示的路径流过KM1线圈，使正转接触器KM1不能可靠释放，这样便起不到过载保护作用。

（9）保证控制电路工作可靠和安全　为了保证控制电路工作可靠，最主要的是选用可靠的电器元件。如选用电器时，尽量选用机械和电气寿命长，结构合理，动作可靠，抗干扰性能好的电器。在电路中采用小容量继电器的触头断开和接通大容量接触器的线圈时，要计算继电器触头断开和接通容量是否足够。若不够，必须加大继电器容量或增加中间继电器，否则工作不可靠。

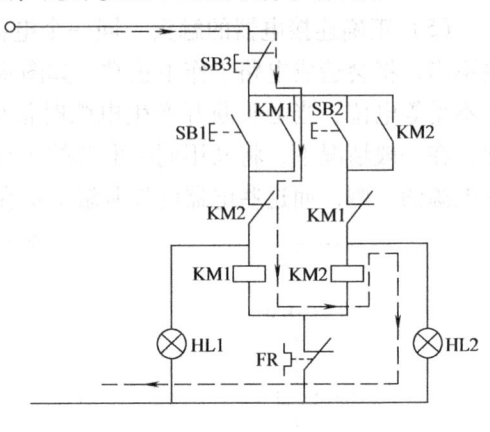

图4-6　寄生回路

（10）电路应具有必要的保护环节，保证即使在误操作情况下也不致造成事故　一般应根据电路的需要选用过载、短路、过电流、过电压、失电压、弱磁等保护环节，必要时还应考虑设置合闸、事故、安全等状态指示信号。

四、选择电动机及元器件

1. 电动机的选择

在电力拖动系统中，正确选择拖动生产机械的电动机是系统安全、经济、可靠和合理运行的重要保证。而衡量电动机的选择合理与否，要看选择电动机是否遵循了以下基本原则：

1）电动机能够完全满足生产机械在机械特性方面的要求。如生产机械所需要的工作速度、调速的指标、加速度以及起动、制动时间等。

2）电动机在工作过程中，其功率能被充分利用，即温升应达到国家标准规定的数值。

3）电动机的结构形式应适合周围环境的条件，如防止外界灰尘、水滴等物质进入电动机内部；防止绕组绝缘受有害气体的侵蚀；在有爆炸危险的环境中应把电动机的导电部位和有火花的部位封闭起来，不使它们影响外部等。

电动机的选择包括以下内容：电动机的额定功率（即额定容量）、额定电压、额定转速、电动机的种类、电动机的结构形式等，其中以电动机额定功率的选择最为重要。所以，下面重点介绍电动机额定功率的选择问题。

（1）电动机额定功率的选择　正确合理的选择电动机的功率是很重要的。因为如果电动机的功率选得很小，电动机将过载运行，使温度超过允许值，会缩短电动机的使用寿命甚至烧坏电动机；如果选得过大，虽然能保证设备正常工作，但由于电动机不在满载下运行，其用电效率和功率因数较低，电动机的容量得不到充分利用，造成电力浪费。此外设备投资大，运行费用高，很不经济。

电动机的工作方式有以下三种：连续工作制（或长期工作制）、短期工作制和周期性断续工作制。下面分别介绍在三种工作方式下电动机额定功率的选择方法。

1) 连续工作制电动机额定功率的选择。在这种工作方式下，电动机连续工作时间很长，可使其温升达到规定的稳定值，如通风机、泵等机械的拖动运转就属于这类工作制。连续工作制电动机的负载可分为恒定负载和变化负载两类。

① 恒定负载下电动机额定功率的选择。在工业生产中，相当多的生产机械是在长期恒定的或变化很小的负载下运转，为这一类机械选择电动机的功率比较简单，只要电动机的额定功率等于或略大于生产机械所需要的功率即可。若负载功率为 P_L，电动机的额定功率为 P_N，则应满足：

$$P_N \geqslant P_L$$

电机制造厂生产的电动机，一般都是按照恒定负载连续运转设计的，并进行形式试验和出厂试验，完全可以保证电动机在额定功率工作时，电动机的温升不会超过允许值。

通常电动机的容量是按周围环境温度为 40℃ 而确定的。绝缘材料最高允许温度与 40℃ 的差值称为允许温升。

应指出，我国幅员辽阔，地域之间温差较大，就是在同一地区，一年四季的气温变化也较大，因此电动机运行时周围环境的温度不可能正好是 40℃，一般是小于 40℃。为了充分利用电动机，可以对电动机能够应有的容量进行修正。

② 变化负载下电动机额定功率的选择。在变化负载下使用的电动机，一般是为恒定负载工作而设计的。因此，这种电动机在变化负载下使用时，必须进行发热校验。所谓发热校验，就是看电动机在整个运行过程中所达到的最高温升是否接近并低于允许温升，因为只有这样，电动机的绝缘材料才能充分利用而又不致过热。某周期性变化负载的生产机械负载记录图如图 4-7 所示。当电动机拖动这一机械工作时，因为输出功率周期性改变，故其温升也必然作周期性的波动。在

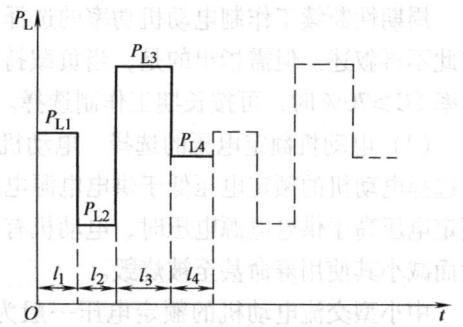

图 4-7 周期性变化负载记录图

工作周期不大的情况下，此波动的过程也不大。在这种情况下，如按最大负载选择电动机功率，电动机将又有超过允许温升的危险。因此，电动机功率可以在最大负载和最小负载之间适当选择，以使电动机得到充分利用，而又不致过载。

在变化负载下长期运转的电动机功率可按以下步骤进行选择：

第一步，计算并绘制如图 4-7 所示生产机械的负载记录图。

第二步，根据下列公式求出负载的平均功率 P_{Lj}，即

$$P_{Lj} = \frac{P_{L1}t_1 + P_{L2}t_2 + \cdots + P_{Ln}t_n}{t_1 + t_2 + \cdots + t_n} = \frac{\sum_{i=1}^{n} P_{Li}t_i}{\sum_{i=1}^{n} t_i}$$

式中　P_{L1}、P_{L2}、$\cdots P_{Ln}$——各段负载的功率；

　　　t_1、t_2、$\cdots$、t_n——各段负载工作所用时间。

第三步，按 $P_N \geq (1.1 \sim 1.6)P_{Lj}$ 预选电动机。如果在工作过程中负载所占的比例较大时，则系数应选得大些。

第四步，对预选电动机进行发热、过载能力及起动能力校验，合格后即可使用。

2）短期工作制电动机额定功率的选择。在这种工作方式下，电动机的工作时间较短，在运行期间温度未升到规定的稳定值，而在停止运转期间，温度则可能降到周围环境的温度值，如吊桥、水闸、车床的夹紧装置。

为了满足某些生产机械短期工作需要，电动机生产厂家专门制造了一些具有较大过载能力的短期工作制电动机，其标准工作时间 15min、30min、60min、90min 四种。因此，若电动机的实际工作时间符合标准工作时间时，选择电动机的额定功率 P_N 只要不小于负载功率 P_L 即可，即满足 $P_N \geq P_L$。

3）周期性断续工作制电动机额定功率的选择。这种工作方式的电动机的工作与停止交替进行。在工作期间内，温度未升到稳定值，而在停止期间，温度也来不及降到周围温度值，如很多起重设备以及某些金属切削机床的拖动运转即属于这种情况。

电动机制造厂专门设计生产的周期性断续工作制的交流电动机有 YZR 和 YZ 系列。标准负载持续率 FC（负载工作时间与整个周期之比称为负载持续率）有 15%、25%、40% 和 60% 四种，一个周期的时间规定不大于 10min。

周期性断续工作制电动机功率的选择方法和连续工作制变化负载下的功率选择相类似，在此不再叙述。但需指出的是，当负载持续率 FC≤10% 时，按短期工作制选择；当负载持续率 FC≥70% 时，可按长期工作制选择。

（2）电动机额定电压的选择　电动机额定电压应与现场供电电网电压等级相符。否则，若选择电动机的额定电压低于供电电源电压时，电动机将由于电流过大而被烧毁；若选择的额定电压高于供电电源电压时，电动机有可能因电压过低不能起动，或虽能起动但因电流过大而减小其使用寿命甚至被烧毁。

中小型交流电动机的额定电压一般为 380V，大型交流电动机的额定电压一般为 3kV、6kV 等。直流电动机的额定电压一般为 110V、220V、440V 等，最常用的直流电压等级为 220V。直流电动机一般是由车间交流供电电压经整流器整流后的直流电压供电。选择电动机的额定电压时，要与供电电网的交流电压及不同形式的整流电路相配合，当交流电压为 380V 时，若采用晶闸整流装置直接供电，电动机的额定电压应选用 440V（配合三相桥式整流电路）或 160V（配合单相整流电路），电动机采用改进的 Z3 型。

（3）电动机额定转速的选择　电动机额定转速选择合理与否，将直接影响到电动机的价格、能量损耗及生产机械的生产率各项技术和经济指标。对于额定功率相同的电动机，其转速高的电动机体积小、质量轻、价格低，所以选用高额定转速的电动机比较经济，但由于生产机械的工作速度恒定且较低（30~900r/min），因此，电动机转速越高，传动机构的传动比就越大，传动机构也越复杂。所以，选择电动机的额定转速时，必须全面考虑，在电动机性能满足生产机械要求的前提下，力求电能损耗少，设备投资少，维护费用少。通常，电动机的额定转速选在 750~1500r/min 比较合适。

（4）电动机种类的选择　选择电动机种类时，在考虑电动机性能必须满足生产机械的要求下，优先选用结构简单、价格便宜、运行可靠、维修方便的电动机。在这方面，交流电动机优于直流电动机，笼型电动机优先于绕线转子电动机，异步电动机优于同步电动机。

1) 三相笼型异步电动机。三相笼型异步电动机的电源采用的是应用最普遍的动力电源——三相交流电源。这种电动机的优点是结构简单、价格便宜、运行可靠、维修方便；其缺点是起动和调速性能差。因此，在调速和起动性能要求不高的场合，如各种机床、水泵、通风机等生产机械上应优先选用三相笼型异步电动机；对要求大起动转矩时应选用三相笼型异步电动机，如斜槽式、深槽式或双笼式异步电动机等；对需要有级调速的生产机械，如某些机床和电梯等，可选用多速笼型异步电动机。目前，随着变频调速技术发展，三相笼型异步电动机越来越多地应用在要求无级调速的生产机械上。

2) 三相绕线转子异步电动机。在起动、制动比较频繁，起动、制动转矩较大，而且有一定调速要求的生产机械上，如桥式起重机、矿井提升机等，可以优先选用三相绕线转子异步电动机。绕线转子电动机一般采用转子串接电阻（或电抗器）的方法实现起动和调速，其调速范围有限，若使用晶闸管串级调速，可扩展绕线转子异步电动机的应用范围，如水泵、风机的节能调速。

3) 三相同步电动机。在要求大功率、恒转速和改善功率因数的场合，如大功率水泵、压缩机、通风机等生产机械上应选用三相同步电动机。

4) 直流电动机。由于直流电动机的起动性能好，可以实现无级平滑调速，且调速范围广、精度高，所以对于要求在大范围内平滑调速和需要准确进行位置控制的生产机械，如高精度的数控机床、龙门刨床、可逆轧钢机、造纸机、矿井卷扬机等可使用他励或并励直流电动机；对于要求起动转矩大、机械特性较软的生产机械，如电车、重型起重机等，应选用串励直流电动机。近年来，在大功率的生产机械上，广泛采用晶闸管励磁的直流发电机—电动机组或晶闸管—直流电动机组。

(5) 电动机形式的选择　电动机按工作方式不同可分为连续工作制、短期工作制和周期性断续工作制三种。原则上，电动机应该与生产机械的工作方式保持一致，但是可选用连续工作制的电动机来代替。

电动机按安装方式不同可分为卧式和立式两种。由于立式电动机的价格比较昂贵，所以一般情况下应选用卧式电动机。只有当需要简化传动装置时，如深井水泵和钻床等，才使用立式电动机。

电动机按轴伸个数分为单轴伸和双轴伸两种。一般情况下，应选用单轴伸电动机；特殊情况下才选双轴伸电动机，如果需要一边安装测速发电机，另一边需要拖动生产机械时，则必须选用双轴伸电动机。

电动机按防护形式分为开启式、防护式、封闭式和防爆式四种。为防止周围介质对电动机造成损坏以及因电动机本身故障而引起的危害，电动机必须根据不同环境选择适当的防护形式。开启式电动机价格便宜，散热好，但灰尘、铁屑、水滴及油垢等容易进入其内部，影响电动机的正常工作和寿命，因此，只能在干燥、清洁的环境中使用；防护式电动机的通风孔在机壳的下部，通风条件较好，并能防止水滴、铁屑等杂物落入电动机内部，但不能防止潮气和灰尘侵入，因此只能用于比较干燥、灰尘不多、无腐蚀性气体和爆炸性气体的环境；封闭式电动机分为自扇冷式、他扇冷式和密闭式三种。前两种用于潮湿、尘土多、有腐蚀性气体、易引起火灾和易受风雨侵蚀的环境中，如纺织厂、水泥厂等；密闭式电动机则用于浸入水中的机械,如潜水泵电动机;防爆式电动机在易燃、易爆气体的危险环境中选用,如煤气站、油库及矿井等场所。

由以上分析可见,选择电动机时,应从额定功率、额定电压、额定转速、种类和形式等方面进行综合考虑,做到既经济又合理。

2. 元器件的选择

元器件的选择对控制电路的设计是很重要的,电器元件的选择应遵循以下原则:

1) 根据对控制元件功能的要求,确定元件的类型。

2) 确定元件承受能力的临界值及使用寿命,主要是根据控制的电压、电流及功率的大小来确定元件的规格。

3) 确定元件的工作环境及供应情况。

4) 确定元件在使用时的可靠性,并进行一些必要的计算。

对于电路元器件的选择如下:

(1) 电源开关的选择 电源开关的选用主要是选择其额定电流值,另外,还要考虑开关的形式、极数、档次、额定电压等,也都必须满足要求。

1) 断路器的选用:

①断路器的工作电压大于等于电路或电动机的额定电压;断路器的额定电流大于等于电路的实际工作电流。

②热脱扣器的整定电流等于所控制的电动机或其他负载的额定电流。

③电磁脱扣器的瞬时动作整定电流大于负载电路正常工作时可能出现的峰值电流。对单台电动机主电路电磁脱扣器额定电流 I_{NL} 可按下式选取:

$$I_{NL} \geq KI_{st}$$

式中 K——安全系数,对 DZ 型取 $K=1.7$,对 DW 型取 $K=1.35$;

I_{st}——电动机起动电流。

④断路器欠电压脱扣器的额定电压等于电路的额定电压。

2) 封闭式负荷开关的选用:选用封闭式负荷开关时应使其额定电压大于或等于电路工作电压;用于照明、电热负荷的控制时,开关额定电流应大于或等于所有负载额定电流之和;用于控制电动机时,开关的额定电流应大于或等于电动机额定电流的 3 倍。

(2) 热继电器的选择

1) 热继电器的额定电压大于或等于电动机额定电压。

2) 热继电器的额定电流大于或等于电动机的额定电流。

3) 在结构形式上,一般都选三相结构;对于三角形联结的电动机,可选用带断相保护装置的热继电器。

4) 对于短时工作制的电动机,如机床刀架或工作台快速进给的电动机,以及长期运行、过载可能性很小的电动机,如排风扇等,可不用热继电器进行过载保护。

(3) 接触器的选择

1) 接触器类型的选用。根据被控制电动机或负载电流的类型选择相应的接触器类型,即交流负载应选用交流接触器,直流负载应选用直流接触器;如果控制系统中主要是交流电动机,而直流电动机或直流负载的容量比较小时,也可以全选用交流接触器进行控制,但是触头的额定电流应适当选择大一些。

2)接触器触头额定电压的选用。接触器主触头的额定电压大于或等于负载回路的额定电压。

3)接触器主触头额定电流的选用。控制电阻性负载（如电热设备）时，主触头的额定电流等于负载的工作电流。

控制电动机时，主触头的额定电流大于或等于电动机的额定电流，也可以根据所控制电动机的最大功率查表进行选择。

4)接触器吸引线圈的电压选择。一般情况下，接触器吸引线圈的电压应等于控制电路电压。

5)接触器触头的数量、种类应满足控制电路的要求。

6)如果接触器使用在频繁起动、制动和频繁可逆的场合时，一般可选用大一个等级的交流接触器。

(4)熔断器的选择　熔断器选用时应根据使用环境和负载性质选择合适类型的熔断器；熔体的额定电流应根据负载性质选择；熔断器的额定电压必须大于或等于电路的额定电压，熔断器的额定电流必须大于或等于所装熔体的额定电流；熔断器的分断能力应大于电路中可能出现的最大短路电流。

对于不同的负载，熔体应按以下原则选用：

1)照明和电热电路。应使熔断体的额定电流 I_{RN} 稍大于所有负载的额定电流 I_N 之和，即

$$I_{RN} \geqslant \Sigma I_N$$

2)单台电动机电路。应使熔体的额定电流不小于 1.5~2.5 倍电动机的额定电流 I_N，即

$$I_{RN} \geqslant (1.5 \sim 2.5) I_N$$

起动系数取 2.5 仍不能满足时，可以放大到不超过 3。

3)多台电动机电路。应使熔体的额定电流，即

$$I_{RN} \geqslant (1.5 \sim 2.5) I_{NMAX} + \Sigma I_N$$

式中　I_{NMAX}——最大一台电动机的额定电流；

ΣI_N——其他所有电动机的额定电流之和。

如果电动机的容量较大，而实际负载又较小时，熔体额定电流可适当选小些，小到以起动时熔体不熔断为准。

根据以上计算的熔体额定电流，结合使用场合和安装条件，查表选择熔断器的型号。

(5)按钮的选择　按钮可根据下列要求进行选用：

1)根据使用场合选用按钮的种类，如开启式、保护式和防水式等。

2)根据用途选用合适的型式，如一般式、旋钮式等。

3)根据控制回路的需要确定不同的按钮数，如单联按钮、双联按钮和三联按钮等。

4)按工作状态指示和工作情况要求，选择按钮和指示灯的颜色。

(6)时间继电器的选用

1)根据系统的延时范围和精度选择时间继电器的类型和系列。在延时精度要求不高的场合，一般可选用价格较低的 JS7—A 系列空气阻尼式时间继电器，反之，对精度要求较高

的场合，可选用晶体管时间继电器。

2）根据控制电路的要求选择时间继电器的延时方式（通电延时或断电延时）。同时，还必须考虑电路对瞬时触头的要求。

3）根据控制电路电压选择时间继电器吸引线圈的电压。

4）当电磁式时间继电器不能满足要求时，及控制回路相互协调需要无触头输出等应选用晶体管时间继电器。

（7）中间继电器的选择 选用中间继电器的依据，一是继电器的额定电流应满足被控电路的要求；二是继电器触头的品种和数量必须满足控制电路的要求。另外，还要注意核查一下继电器的额定电压和励磁线圈的额定电压是否适用。

（8）其他电器的选用

1）制动电磁铁的选用

①电源的性质。制动电磁铁取电应遵循就近、容易、方便的原则。此外，当制动装置的动作频率超过 300 次/h 时，应选用直流电磁铁。

②行程的长短。制动电磁铁行程的长短，主要根据机械制动装置制动力矩的大小、动作时间的长短及安装位置来确定。

③线圈连接方式。串励电动机的制动装置都是采用串励制动电磁铁，并励电动机的制动装置则采用并励制动电磁铁。有时为安全起见，在一台电动机的制动中，既用串励制动电磁铁，又用并励制动电磁铁。

④容量的确定。制动电磁铁的形式确定以后，要进一步确定容量、吸力、行程和回转角等参数。

2）控制变压器的选用。控制变压器用来降低辅助电路的电压，以满足一些电器元件的电压要求，保证控制电路安全可靠的工作。其选用原则是：

①控制变压器一、二次电压应符合交流电源电压、控制电路和辅助电路的电压要求。

②保证接在变压器二次侧的交流电磁器件起动时可靠地吸合。

③电路正常运行时，变压器的温升不应超过允许值。

3）整流变压器的选用。整流变压器是将电网电压变换成整流器所需交流电压，经整流器件整流后，为电磁器件提供直流电源。其选用原则是：

①整流变压器一次电压应与交流电源电压相等，二次电压应满足直流电压的要求。

②整流变压器的容量 P_T 要根据直流电压、直流电流来确定，二次侧的交流电压 U_2、交流电流 I_2 与整流方式有关。整流变压器容量可按下式计算：

$$P_T = I_2 U_2$$

4）机床工作灯和信号灯的选用。应根据机床结构、电源电压、灯泡功率、灯头形式和灯架长度，确定所用的工作灯。信号灯的选用主要是确定其额定电压、功率、灯壳、灯头型号、灯罩颜色及附加电阻的功率和阻值等参数。目前有各种型号发光二极管可替代信号灯，它具有工作电流小、能耗小、寿命长、性能稳定等优点。

5）接线板的选用。根据连接电路的额定电压、额定电流和接线形式，选择接线板的形式与数量。

6）导线的选用。根据负载的额定电流选用铜芯多股软线，考虑其强度，不能采用

0.75mm² 以下的导线（弱电电路除外），应采用不同颜色的导线表示不同电压及主电路和控制电路。

技能训练 27　电气控制电路的设计与安装

一、训练目的

1. 掌握电气控制电路的设计原则和设计方法。
2. 掌握元器件的选用方法。

二、训练要求

某机床需要两台电动机拖动，根据该机床的特点，要求两地控制，一台电动机需要正反转控制，而另一台电动机只需单向控制，并且还要求一台电动机起动 3min 后另一台电动机才能起动；停车时逆序停止；两台电动机都具有短路保护、过载保护、失电压保护和欠电压保护（电动机 M1，M2 为：Y132M—6，9.4A，△联结，4kW）。试设计一个符合要求的电路，并进行安装和调试。

三、训练内容与步骤

1. 任务分析

本设备的设计要求是具有两地控制、正反转控制、顺序起动和逆序停止，并且具有短路保护、过载保护、失电压保护和欠电压保护，无调速控制要求和制动控制要求。通过分析设计要求，本设备的电气控制电路设计属于基本控制电路的组合。

2. 主电路设计

根据本设备的设计要求，主电动机 M1 需要正反转控制，故选择接触器控制的正反转电路，顺序起动、逆序停止的控制要求放在控制电路中实现，主电路中 M1、M2 的短路保护由 FU1 实现，M1、M2 的过载保护分别由 FR1、FR2 实现，欠电压和失电压保护由接触器 KM1、KM2 和 KM3 来分别实现，要求一台电动机起动 3min 后另一台电动机才能起动，所以采用时间继电器来实现时间控制。设计的主电路草图如图 4-8 所示。

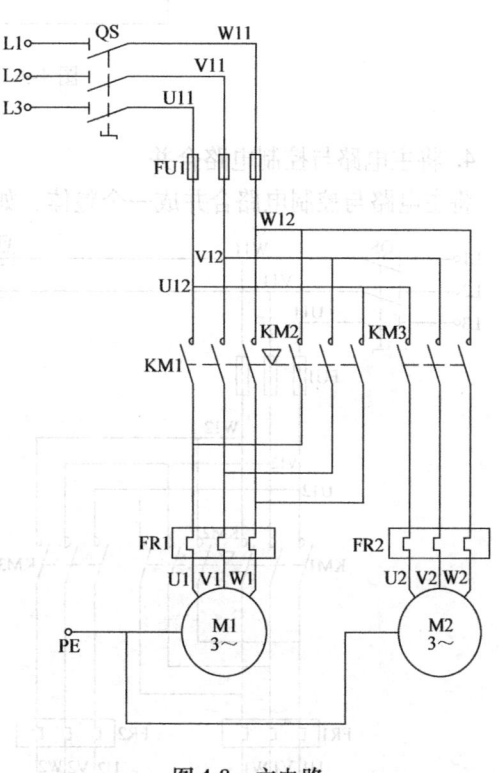

图 4-8　主电路

3. 控制电路设计

对主电动机采用接触器联锁正反转控制；对顺序控制采取通电延时时间继电器进行控制；对于逆序停车采用将 KM3 的辅助常开触头与停止按钮 SB1 并联的形式来实施；由于需要 KM3 的三个辅助触头，可采用加装中间继电器给以解决。具体控制电路如图 4-9 所示。

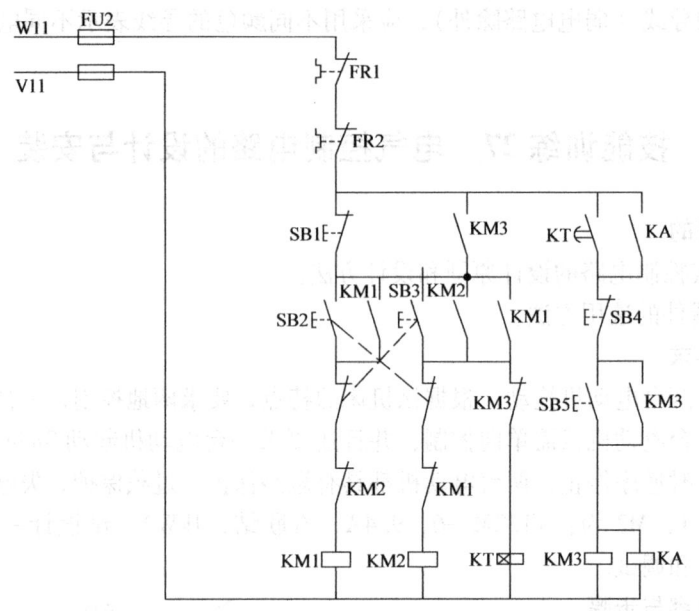

图 4-9 控制电路

4. 将主电路与控制电路合并

将主电路与控制电路合并成一个整体，如图 4-10 所示。

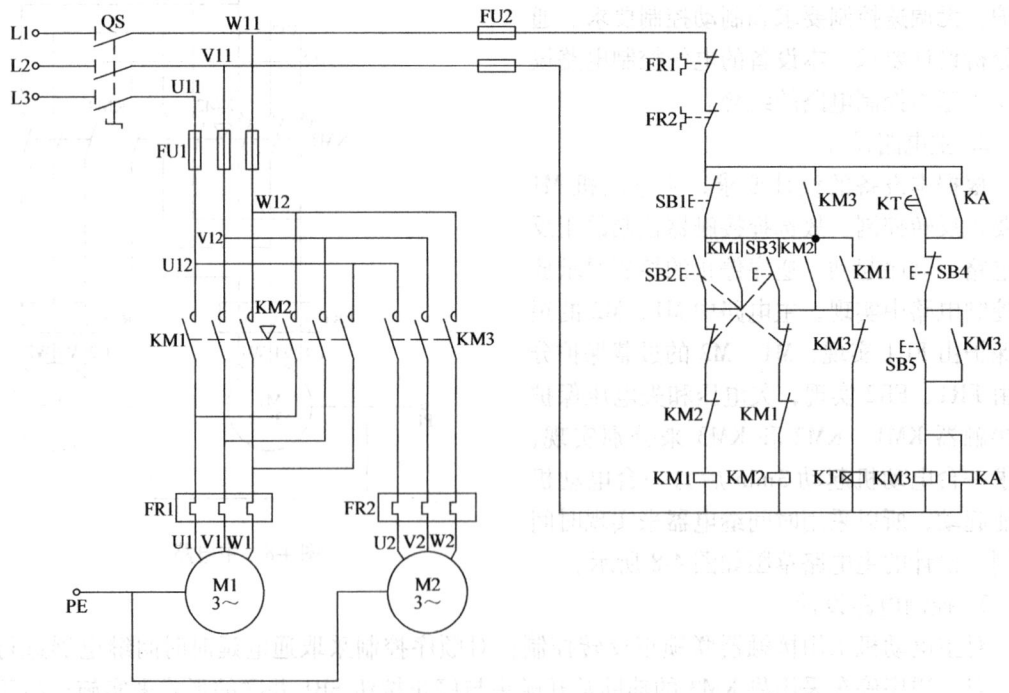

图 4-10 合并后的电路

5. 检查与完善

控制电路初步设计完成后，可能还有不合理、不可靠、不安全的地方，应当根据经验和控制要求对电路进行认真校核，以保证电路的正确性和实用性。

6. 选择电动机及元器件

1）本设备主要考虑电动机 M1 和 M2 的起动电流，选择 QS 为三极转换开关（组合开关），HZ10—25/3 型，额定电流 25A。

2）根据电动机 M1 和 M2 的额定电流，选择额定电流为 20A 的热继电器，其整定电流为 M1 的额定电流，选择 11A 的热元件，其调节范围为 6.8~9~11A，由于电动机采用△联结，应选择带断相保护的热继电器。因此，可选用型号为 JR16B—20/3D 或 JRS2—25/Z 热继电器。

3）因电动机 M1 和 M2 的额定电流为 9.4A，因此，KM1、KM2 和 KM3 选择 CJ10—20 的交流接触器，主触头额定电流为 20A，线圈电压为 380V；中间继电器选用 JZ7 系列。也可选择 B 系列接触器，型号为 B25—30—10。如果在 B 系列接触器上挂装三个辅助常开触头，可以不要中间继电器，其电路如图 4-11 所示。

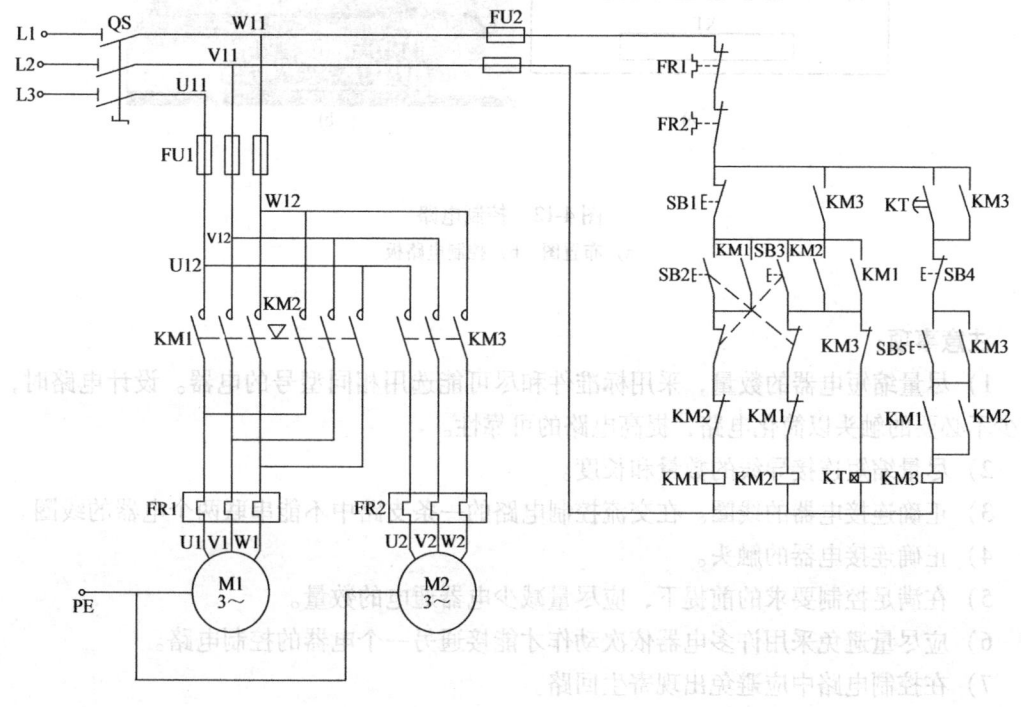

图 4-11 电路图

4）根据设计要求熔断器 FU1 对 M1 和 M2 进行短路保护，根据 M1 和 M2 的额定电流，选用 RL1—60 型熔断器，配用额定电流为 30A 的熔体。

FU2 分别对 M1 和 M2 进行短路保护，根据 M1 和 M2 的额定电流，选用 RL1—60 型熔断器，配用额定电流为 20A 的熔体。

5）两个起动按钮选用黑色，两个停止按钮选用红色 LA—18 型按钮。

6）本设计任务要求延时 3min，故选用通电延时的 JS20 晶体管时间继电器。

7）根据电路图，画出布置图，如图 4-12a 所示。

8）模拟安装控制电路，并进行传动调试，安装好的控制板如图 4-12b 所示。

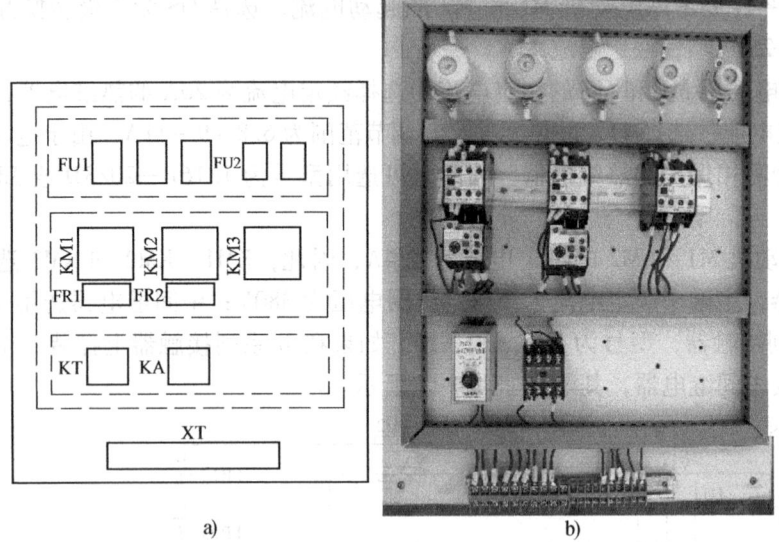

图 4-12 控制电路
a) 布置图 b) 控制电路板

注意事项：

1）尽量缩短电器的数量，采用标准件和尽可能选用相同型号的电器。设计电路时，应减少不必要的触头以简化电路，提高电路的可靠性。

2）尽量缩短连接导线的数量和长度。

3）正确连接电器的线圈。在交流控制电路的一条支路中不能串联两个电器的线圈。

4）正确连接电器的触头。

5）在满足控制要求的前提下，应尽量减少电器通电的数量。

6）应尽量避免采用许多电器依次动作才能接通另一个电器的控制电路。

7）在控制电路中应避免出现寄生回路。

8）电路应具有必要的保护环节，保证即使在误操作的情况下也不至于造成事故。

第二节 电动机控制电路的测绘

机床电气电路图可以用原理图和接线图表示，原理图便于阅读和分析其工作原理，接线图便于安装和检修电气设备，故各有用途。但在实际工作中，如果原有设备的电气控制电路图已丢失，有必要根据实物测绘机床设备的控制电路图。

一、电动机控制电路的测绘要求

1. 测绘前的准备

电气测绘是根据现有的电气、机械控制电路和电气装置进行现场测绘，然后经过整理后测绘出的安装接线图和电路控制原理图。

1）了解机床的基本结构及运动形式，有哪些运动属于电气控制的，有哪些运动是机械传动的，哪些属于液压传动的。有液压传动时，电磁阀的动作情况如何。另外，电气控制中哪些需要联锁、限位及所需的各种电气保护等，并根据测绘需要准备相应的测量工具和测量仪器等。

2）在熟悉机械动作情况的同时，让机床的操作者开动机床，展示各运动部件的动作情况。了解哪些是正反转控制，哪些是顺序控制，哪台电动机需制动控制等。有些电器功能不清楚时，可通过试车确认。

3）根据各部件的动作情况，在电气控制箱（盘）中观察各电器元件的动作情况。

2. 电气测绘的一般要求

（1）徒手绘制草图 为了便于绘出电路的原理图，可对被测绘对象绘制安装接线示意图，即用简明的符号和线条徒手画出电气控制元件的位置关系、连接关系、电路走向等，可不考虑遮盖关系。

（2）基本测绘原则 测绘时一般先测绘主电路，后测绘控制电路；先测绘输入端、再测绘输出端；先测绘主干线，再依次按节点测绘各支路；先简单后复杂，最后要一个回路一个回路的进行。

二、电动机控制电路的测绘方法

电气测绘的方法有布置图—接线图—原理图法、查对法和综合法。

1. 布置图—接线图—原理图法

先绘制布置图，再绘制接线图，最后绘制原理图。这是最常用的电气测绘方法。

2. 查对法

在调查了解的基础上，分析判断生产设备控制电路中采用的基本控制环节，并画出电路草图，再与实际控制电路进行查对，对不正确的地方加以修改，最后绘制出完整的电气原理图。

采用此法绘图需要绘制者有一定的基础，既要熟悉各种电器元件在系统中的作用及连接方法，又要对系统中各种典型环节的画法有比较清楚的了解。

3. 综合法

根据对生产设备中所用电动机的控制要求及各环节的作用，采用上述两种方法相结合进行绘制。如先用查对法画出草图，再按实物测绘检查、核对、修改，画出完整的电气原理图。

三、测绘电气控制电路时的注意事项

1）电气测绘前要检验被测设备或装置是否有电，不能带电作业。确实需要带电作业测量的，必须采取必要的防范措施。

2）要避免大拆大卸，对去掉的线头做好记号或记录。

3）两人以上协同操作时，要协调一致，防止发生事故。

4）由于测绘判断的需要，确实要开动机床或设备时，一定要断开执行元件或请熟练的操作工操作，同时需要需有监护人负责监护。对于可能发生的人身或设备事故，一定要有防范措施。

5）测绘中若发现有掉线或接线错误时，首先做好记录，不要随意把掉线接到某个电气元件上应照常进行测绘工作，待电路图出来后再去解决问题。

技能训练 28　电气控制电路的测绘

一、训练目的

1. 掌握电气控制线路的测绘原则和步骤。
2. 掌握简单电气控制线路的测绘技能。

二、训练器材

1）CW6163 型卧式车床 1 台。

2）绘图仪器、绘图纸。

3）电工通用工具、万用表、绝缘电阻表等。

三、训练内容及步骤

1. 测绘前的调查

CW6163 卧式车床是一种性能优良应用广泛的小型车床，其主轴运动的正反转依靠两组机械式多片离合器完成，主轴的制动采用液压制动器。对电气控制的要求是：

1）由于工件的最大长度较长，为了减少辅助时间，除了配备一台主轴电动机以外，还配备了一台快速移动电动机，主轴运动的起、停要求两地操作。

2）由于车削时会产生高温，故配备了一台冷却泵。

3）有局部照明和指示灯。

通过试车并观察电气柜可知：

①该车床采用的主轴电动机具有单向直接起动控制方式，用接触器 KM1 控制，并具有过载保护和短路保护。另外还采用了电流表 PA 监视用电量。

②冷却泵电动机 M2 和快速移动电动机 M3 分别用中间继电器 KA1 和 KA2 替代接触器控制，无过载保护。

2. 测绘布置图

1）将机床停电，并使所有电气元件处于正常（不受力）状态。

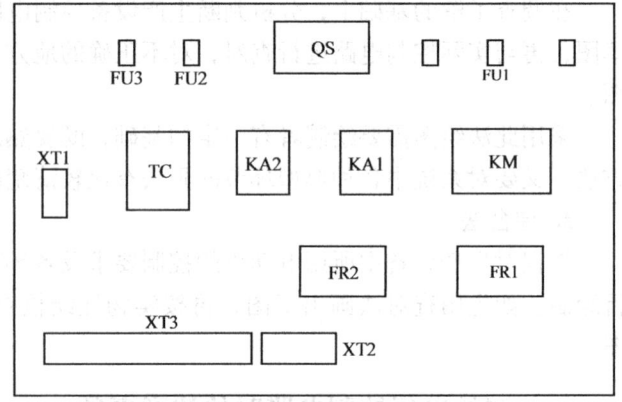

图 4-13　机床电器的布置

2）按实物画出设备的电器布置图　一般电器位置分为控制箱（柜）、电动机和设备本体上的电器。CW6163卧式车床电器布置如图4-13所示。它包括电气控制箱、床头操作显示面板、刀架拖动操作板、刀架快速按钮、冷却泵电动机、主电动机及照明控制布置。

3. 画出接线图

根据测绘出的布置图画出所有电器内部功能示意图，在所有界限端子处均标号。画出实物接线图。CW6163型车床的电气接线图如图4-14所示。

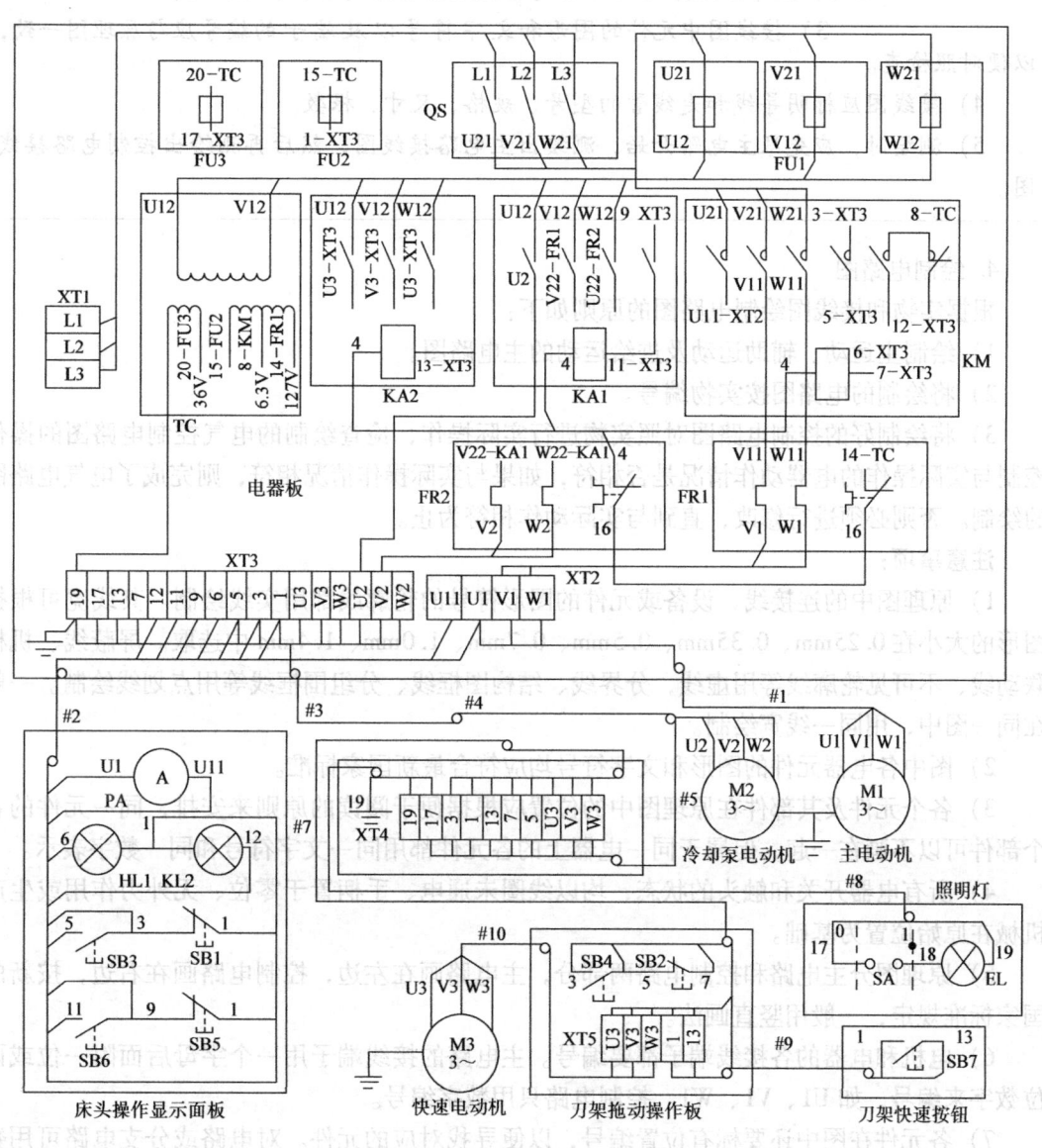

图4-14　接线图

小知识

绘制接线图

绘制接线图时应注意以下几点：

1）接线图应表示出各电器的实际位置，同一电器的各元件要画在一起。

2）要表示出各电动机、电器之间的电气连接，如图4-14中是用线条表示的（也可用去向号表示）。凡是导线走向相同的可以合并画成单线。控制板内和板外各元件之间的电气连接是通过接线端子来进行的。

3）接线图中元件的图形和文字符号以及端子的编号应与原理图一致，以便对照检查。

4）接线图应标明导线和走线管的型号、规格、尺寸、根数。

5）测绘时，应先从主电路开始，测绘出主电路接线图，然后再测绘出控制电路接线图。

4. 绘制电路图

根据实物和接线图绘制电路图的原则如下：

1）绘制主运动、辅助运动及进给运动的主电路图。

2）将绘制的电路图按实物编号。

3）将绘制好的控制电路图对照实物进行实际操作，检查绘制的电气控制电路图的操作控制与实际操作的电器动作情况是否相符，如果与实际操作情况相符，则完成了电气电路图的绘制。否则必须进行修改，直到与实际动作相符为止。

注意事项：

1）原理图中的连接线、设备或元件的图形符号的轮廓线都用实线绘制。其线宽可根据图形的大小在0.25mm、0.35mm、0.5mm、0.7mm、1.0mm、1.4mm中选取。屏蔽线、机械联动线、不可见轮廓线等用虚线，分界线、结构图框线、分组围框线等用点划线绘制。一般在同一图中，用同一线宽绘制。

2）图中各电器元件的图形和文字符号均应符合最新国家标准。

3）各个元件及其部件在原理图中的位置应根据便于阅读的原则来安排，同一元件的各个部件可以不画在一起，但属于同一电器上的各元件都用同一文字符号和同一数字表示。

4）所有电器开关和触头的状态，均以线圈未通电、手柄置于零位、无外力作用或生产机械在原始位置为基础。

5）原理图分主电路和控制电路两部分，主电路画在左边，控制电路画在右边，按新的国家标准规定，一般用竖直画法。

6）电机和电器的各接线端子都要编号。主电路的接线端子用一个字母后面附一位或两位数字来编号，如U1、V1、W1。控制电路只用数字编号。

7）各元件在图中还要标有位置编号，以便寻找对应的元件。对电路或分支电路可用数字编号表示其位置。数字编号应按从左到右或自上而下的顺序排列。如果某些元件符号之间有相关功能或因果关系的，还应表示出它们之间的关系。

根据绘制电路图的原则来绘制出CW6163型车床的电路如图4-15所示。

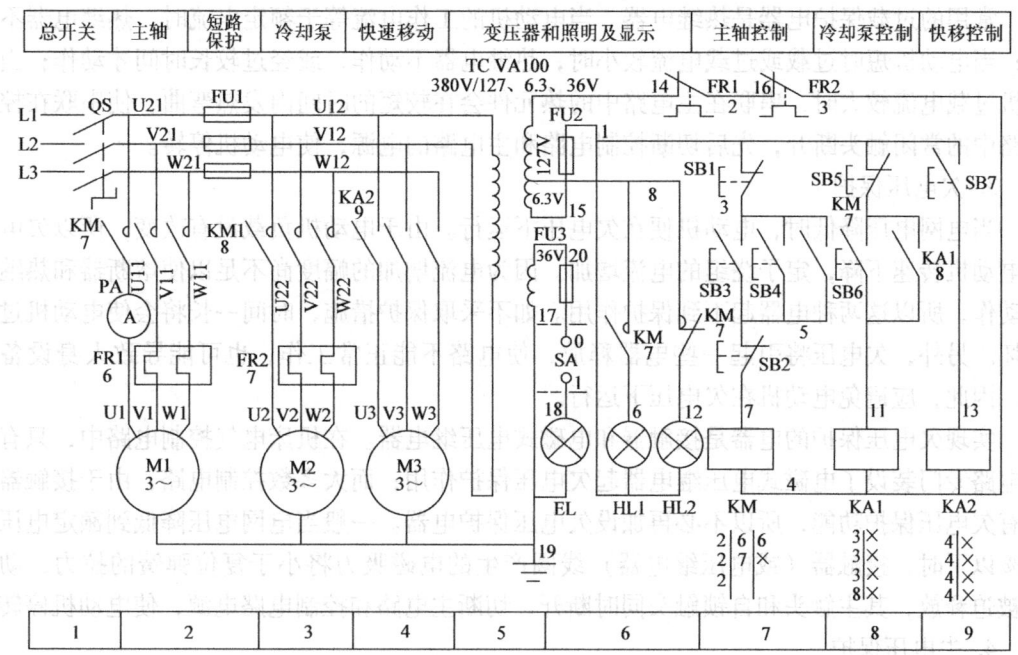

图 4-15 电路图

【阅读材料】 电动机的保护

电动机在运行的过程中，除按生产机械的工艺要求完成各种正常运转外，还必须在电路出现短路、过载、过电流、欠电压、失电压及弱磁等现象时，能自动切断停转，以防止和避免电气设备和机械设备的损坏事故，保证操作人员的人身安全。为此，在生产机械的电气控制电路中，采取了对电动机的各种保护措施。常用的有以下几种：短路保护、过载保护、过电流保护、欠电压保护、失电压保护及弱磁保护等。

1. 短路保护

当电动机绕组和导线的绝缘损坏或者控制电器及电路发生故事时，电路将出现短路现象，产生很大的短路电流，使电动机、电器及导线等电气设备严重损坏。因此，在发生短路故障时，保护电器必须立即动作，迅速将电源切断。

常用的短路保护电器是熔断器和低压断路器。熔断器的熔体与被保护的电路串联，当电路正常工作时，熔断器的熔体不起作用，相当于一根导线，其上面的压降很小，可忽略不计。当电路短路时，很大的短路电流流过熔体，使熔体立即熔断，切断电动机电源，电动机停转。同样，若电路中接入低压断路器，当出现短路时，低压断路器会立即动作，切断电源使电动机停转。

2. 过载保护

当电动机负载过大、起动操作频繁或断相运动时，会使电动机的工作电流长时间超过其额定电流，电动机绕组过热，温升超过其允许值，导致绝缘材料变脆，寿命缩短，严重时会使电动机损坏。因此，当电动机过载时，保护电器应动作切断电源，使电动机停转，避免电动机在过载下运行。

常用的过载保护电器是热继电器。当电动机的工作电流等于额定电流时，热继电器不动作；当电动机短时过载或过载电流较小时，热继电器不动作，或经过较长时间才动作；当电动机过载电流较大时，串联在主电路中的热元件会在较短的时间内发热弯曲，使串联在控制电路中的常闭触头断开，先后切断控制电路和主电路的电源，使电动机停转。

3. 欠电压保护

当电网电压降低时，电动机便在欠电压下运行。由于电动机负载没有改变，所以欠电压时电动机转速下降，定子绕组的电流增加。因为电流增加的幅度尚不足以使熔断器和热继电器动作，所以这两种电器起不到保护作用。如不采取保护措施，时间一长将会使电动机过热损坏。另外，欠电压将引起一些电器释放，使电路不能正常工作，也可能导致人身设备事故，因此，应避免电动机在欠电压下运行。

实现欠电压保护的电器是接触器和电磁式电压继电器。在机床电气控制电路中，只有少数电路专门装设了电磁式电压继电器起欠电压保护作用；而大多数控制电路，由于接触器已兼有欠电压保护功能，所以不必再加设欠电压保护电器。一般当电网电压降低到额定电压的85%以下时，接触器（或电压继电器）线圈产生的电磁吸力将小于复位弹簧的拉力，动铁心被迫释放，其主触头和自锁触头同时断开，切断主电路和控制电路电源，使电动机停转。

4. 失电压保护

生产机械在工作时，由于某种原因而发生电网突然停电，这时电源电压下降为零，电动机停转，生产机械的运动部件也随之停止运转。一般情况下，操作人员不可能及时断开电源开关，如不采取措施，当电源电压恢复正常时，电动机便会自行起动运转，很可能造成人身和设备事故，并引起电网过电流和瞬间网络电压下降。因此，必须采取失电压保护措施。

在电气控制电路中，起失电压保护作用的电器是接触器和中间继电器。当电网停电时，接触器和中间继电器线圈中的电流消失，电磁吸力减小为零，动铁心释放，触头复位，切断了主电路和控制电路电源。当电网恢复供电时，若不重新按下起动按钮，则电动机就不会自行起动，实现了失电压保护。

5. 过电流保护

为了限制电动机的起动或制动电流，在直流电动机的电枢绕组中或在交流绕线转子异步电动机的转子绕组中需要串入附加的限流电阻。如果在起动或制动时，附加电阻被短接，将会造成很大的起动或制动电流，使电动机或机械设备损坏。因此，对直流电动机或绕线转子异步电动机常常采用过电流保护。

过电流保护常用电磁式过电流继电器来实现。当电动机电流值达到电流继电器的动作值时，继电器动作，使串接在控制电路中的常闭触头断开，切断控制电路，电动机随之脱离电源停转，达到了过电流保护的目的。

6. 弱磁保护

直流电动机必须在磁场具有一定强度进才能起动、正常运转。若在起动时，电动机的励磁电流太小，产生的磁场太弱，将会使电动机的起动电流很大；若电动机在正常运转过程中，磁场突然减弱或消失，电动机的转速将会迅速升高，甚至发生"飞车"。因此，在直流电动机的电气控制电路中要采取弱磁保护。弱磁保护是在电动机励磁回路中串入弱磁继电器（即欠电流继电器）来实现的。在电动机起动运行过程中，当励磁电流值达到弱磁继电器的动作值时，继电器就吸合，使串联在控制电路中的常开触头闭合，允许电动机起动或维持正常运转；但当励磁电流减小很多或消失时，弱磁继电器就释放，其常开触头断开，切断控制电路，接解器线圈失电，电动机断电停转。

7. 多功能保护器

选择和设置保护装置的目的不仅使电动机免受损坏，而且还应使电动机得到充分的利用。因此，一个正确的保护方案应该是：使电动机在充分发挥过载能力的同时不但免于损坏，而且还能提高电力拖动系统的可靠和生产的连续性。

采用双金属片的热保护和电磁保护属于传统方式，这种方式已经越来越不适应生产发展对电动机保护要求。例如，由于现代电动机工作时绕组电流密度显著增大，当电动机过载时，绕组电流密度增长速率比比过去的电动机大 2 ~ 2.5 倍。这就要求温度检测元件具有更小的发热时间常数，保护装置具有更高的灵敏度和精度。电子式保护装置在这方面具有极大的优越性。

既然过载、断相和绝缘损坏等都对电动机造成威胁，那就必须加以防范，最好能在一个保护装置内同时实现电动机的过载、断相及堵转瞬动保护。多功能保护器就是这样一种高精度、高灵敏度的保护装置。

近年来出现的电子式多功能保护装置品种很多，性能各异。图 4-16 所示为 3DB 系列电子式电动机多功能保护器，它具有过载、断相、欠电压、过电压、漏电、电动机堵转等多种保护功能，是理想的电动机综合保护装置。该产品无机械误差与磨损，耐冲击振动，体积小，功耗低，功能全，安装调试简单，维护工作量小，使用范围广。

对电动机的保护问题，现代科学技术正在提供更加广阔的途径。例如，研制发热时间常数小的新型 PTC 热敏电阻，增加电动机绕组对热敏电阻的热传导；发展高性能和多功能综合保护装置，其主要方向是采用固态集成电路和微处理器作为电流、电压、时间、频率、相应和功率等方面的检测和逻辑单元。

图 4-16 3DB 系列电子式电动机多功能保护器

对于频繁或反复起动、制动和重载起动的笼型电动机以及大容量电动机，由于它们的转子温升比定子绕组温升高，所以较好的办法是检测转子的温度。国外已有用红外线保护装置的实际应用，它用红外线温度计从外部检测转子温度并加以保护。

在电气控制电路设计中，经常要对生产过程中的温度、压力、流量、运动速度等设置必要的控制和保护，将以上各物理量限制在一定的范围内，以保证整个系统的安全运行。

本 章 小 结

1. 电动机控制电路的设计原则和方法

（1）设计原则。

（2）设计方法 采用继电接触式控制系统的控制电路的设计，通常有两种设计方法，即分析设计法和逻辑代数设计法。一般比较简单的电路都采用分析设计法。

2. 电气控制电路的设计步骤

（1）分析设计要求。

（2）确定拖动方案和控制方式

1）确定电力拖动方案。电力拖动方案包括传动的调速方式、起动、正反转和制动等。

2）确定电气控制方案。电气控制的方案有继电接触式控制、可编程序控制、数控装置及微机控制等。在一般普通设备中，需要的控制元件很少，其工作程序往往是固定的，使用中一般不需要改变固有程序。因此，可采用有触头的继电接触式控制系统。

3）选择控制方式。控制方式的选择主要有时间控制、速度控制、电流控制及行程控制。

（3）设计主电路　设计电气原理图是在拖动方案和控制方式后进行的。继电接触式基本控制电路的设计方法通常有两种。一种方法是经验设计法；另一种是逻辑设计法。经验设计法的设计顺序为：主电路→控制电路→其他辅助电路→联锁与保护电路→总体检查与完善。

（4）设计控制电路。

（5）将主电路与控制电路合并成一个整体。

（6）检查与完善　控制电路初步设计完成后，应对电路进行认真仔细地校核，以保证电路的正确性和实用性。

3. 控制电路设计时的注意事项

1）合理选择控制电源。

2）尽量缩减电器种类的数量，采用标准件和尽可能选用相同型号的电器。

3）尽量缩短连接导线的数量和长度。

4）正确连接电器的线圈。

5）正确连接电器的触头。

6）在满足控制要求的情况下，应尽量减少电器通电的数量。

7）应尽量避免采用许多电器依次动作才能接通另一个电器的控制电路。

8）在控制电路中应避免出现寄生回路。

9）保证控制电路工作可靠和安全。

10）电路应具有必要的保护环节，保证即使在误操作情况下也不致造成事故。

4. 正确选择电动机及元器件

电动机控制电路的设计是维修电工应该熟悉的知识，是本章的难点内容。

5. 电动机的控制电路的测绘要求

1）电气测绘是根据现有的电气、机械控制电路和电气装置进行现场测绘，然后经过整理后测绘出的安装接线图和电路控制原理图。

2）电气测绘的一般要求：

①徒手绘制草图。

②测绘原则：测绘时一般先测绘主电路，后测绘控制电路；先测绘输入端、再测绘输出端；先测绘主干线，再依次按节点测绘各支路；先简单后复杂，最后要一个回路一个回路的

进行。

6. 电动机的控制电路的测绘方法

电气测绘的方法有布置图—接线图—原理图法、查对法和综合法。

7. 电气测绘时的注意事项

注意安全用电和防止损坏设备等。

电动机的控制电路的测绘是维修电工必须掌握的技能之一，是本章的重点和难点内容。

复习思考题

1. 设计电气控制电路应遵循的基本原则有哪些？
2. 设计电气控制电路的设计步骤有哪些？
3. 如何确定电力拖动的方案？
4. 如何确定电气控制方案？
5. 电气控制电路的设计方法有哪些？
6. 如何选择电气控制的方式？
7. 对电动机控制的一般原则有哪些？简述各种控制原则？
8. 选择电动机应遵循哪些基本原则？
9. 电动机的选择主要包括哪些内容？
10. 设计电气控制电路时应注意哪些问题？
11. 今要求三台笼型异步电动机 M1、M2、M3 按下列顺序依次起动：M1 起动后，M2 才能起动；M2 起动后，M3 才能起动。并要求同时停止，试画出电路图。
12. 试按下列要求画出某三相笼型异步电动机的控制电路图。
（1）既能点动又能连续运转。
（2）停车时采用反接制动。
（3）能在两处启停。
13. 试根据下列要求为一台三相笼型异步电动机设计画出控制电路。
（1）能正反转。
（2）采用能耗制动停车。
（3）有过载、短路、失电压及欠电压保护。
14. 根据下列四个要求，分别画出控制电路。
（1）电动机 M1 起动后，M2 才能起动；M2 并能单独停车。
（2）电动机 M1 起动后，M2 才能起动；M2 并能点动。
（3）电动机 M1 起动后，经过一定时间后 M2 才能起动。
（4）电动机 M1 起动后，经过一定时间后 M2 才能起动，但 M2 起动后，M1 应立即停转。
15. 设计一个小车运行的控制电路。其控制要求如下：
（1）小车由原位开始前进，到终端后自动停止。

(2) 在终端停留 2min 后自动返回原位停止。

(3) 要求能在前进或后退途中任意位置都能停止或起动。

16. 一台设备需用两台电动机拖动，根据机床特点和工艺，要求如下：

(1) M1 电动机起动后，M2 才能起动工作。

(2) M2 在轻载条件下自动减压起动。

(3) M1 需正反转。

(4) M2 停车时采用能耗制动。

(5) 两台电动机都具有短路保护、过载保护、失电压保护和欠电压保护，试设计电路图。

17. 试设计一个两地起动、停止，用时间继电器自动控制双速异步电动机的控制电路。

18. 试设计一个绕线转子异步电动机起动、机械制动的控制电路。

19. 根据实物测绘电气控制电路图的步骤有哪些？

20. 绘制接线图时应注意哪些问题？

21. 绘制电路图的注意事项有哪些？

参 考 文 献

[1] 项毅.机床电气控制[M].南京:东南大学出版社,1999.
[2] 王殷实.机床电气控制[M].北京:机械工业出版社,2004.
[3] 李曦.机床电气控制[M].北京:中国劳动社会保障出版社,2004.
[4] 李敬梅.电力拖动控制电路与技能训练[M].北京:中国劳动社会保障出版社,2001.
[5] 王建.电气控制电路安装与维修[M].北京:中国劳动社会保障出版社,2006.
[6] 李敬梅.电力拖动基本控制电路[M].北京:中国劳动社会保障出版社,2006.
[7] 周希章.机床电路故障的诊断与修理[M].北京:机械工业出版社,2003.

读者信息反馈表

感谢您购买《电气设备安装与维修》一书。为了更好地为您服务,有针对性地为您提供图书信息,方便您选购合适图书,我们希望了解您的需求和对我们教材的意见和建议,愿这小小的表格为我们架起一座沟通的桥梁。

姓　　名		所在单位名称	
性　　别		所从事工作(或专业)	
通信地址		邮　　编	
办公电话		移动电话	
E-mail			
1. 您选择图书时主要考虑的因素:(在相应项前面√) (　)出版社　(　)内容　(　)价格　(　)封面设计　(　)其他 2. 您选择我们图书的途径(在相应项前面√) (　)书目　(　)书店　(　)网站　(　)朋友推介　(　)其他			
希望我们与您经常保持联系的方式: 　　　　□电子邮件信息　　□定期邮寄书目 　　　　□通过编辑联络　　□定期电话咨询			
您关注(或需要)哪些类图书和教材:			
您对我社图书出版有哪些意见和建议(可从内容、质量、设计、需求等方面谈):			
您今后是否准备出版相应的教材、图书或专著(请写出出版的专业方向、准备出版的时间、出版社的选择等):			

非常感谢您能抽出宝贵的时间完成这张调查表的填写并回寄给我们,您的意见和建议一经采纳,我们将有礼品回赠。我们愿以真诚的服务回报您对机械工业出版社技能教育分社的关心和支持。

请联系我们——
地　　址　北京市西城区百万庄大街22号　机械工业出版社技能教育分社
邮　　编　100037
社长电话　(010) 88379080　88379083　68329397 (带传真)
E-mail　jnfs@ mail. machineinfo. gov. cn